B·I-HOCHSCHULTASCHENBÜCHER

768

ANALYSIS V

Funktionalanalysis und Integralgleichungen

Für Mathematiker, Physiker, Elektrotechniker

VON

ERICH MARTENSEN
O. PROFESSOR AN DER UNIVERSITÄT KARLSRUHE

BIBLIOGRAPHISCHES INSTITUT · MANNHEIM/WIEN/ZÜRICH

B·I· WISSENSCHAFTSVERLAG

Satz: Zechnersche Buchdruckerei, Speyer
Druck und Bindearbeit: Verlag Anton Hain, Meisenheim/Glan
Printed in Germany
ISBN 3-411-00768-0
A

Vorwort

Das vorliegende Skriptum "Analysis V" ist aus einer Vorlesung "Funktionalanalysis und Integralgleichungen" hervorgegangen, die ich im Sommersemester 1970 an der Technischen Hochschule Darmstadt für Mathematiker, Physiker und theoretisch interessierte Elektrotechniker mittlerer Semester gehalten habe. Ziel dieser Vorlesung war es, die Hörer mit den wichtigsten Begriffsbildungen und Methoden, kurz mit der "Sprache" der Funktionalanalysis, die in letzter Zeit in immer weitere Bereiche der Mathematik, Natur- und Ingenieurwissenschaften vorgedrungen ist, vertraut zu machen. Demgegenüber konnten und sollten die Anwendungen der Theorie nur exemplarisch behandelt werden. Eine Ausnahme bilden die im Untertitel genannten Integralgleichungen, die nicht nur zur Entwicklung der Funktionalanalysis wesentlich beigetragen haben, sondern auch in besonderer Weise geeignet sind, Verständnis für ihre Ideen zu wecken. An die übrigen weiterführenden Disziplinen, wie Distributionen, Lineare Operatoren in HILBERTräumen, Spektraltheorie u.a., sollte so weit herangeführt werden, daß das nötige funktionalanalytische Rüstzeug zu ihrem Studium vorhanden ist.

An Voraussetzungen wird, von wenigen Ausnahmen abgesehen, nur die Infinitesimalrechnung aus den vorangehenden Skripten "Analysis I und II" benötigt. Insbesondere genügt der RIEMANNsche Integralbegriff; Maß- und Integrationstheorie werden, hierin der historischen Entwicklung bewußt nicht folgend, ganz ausgeklammert. Das im Prinzip für das fünfte Studiensemester vorgesehene Skriptum kann daher von Mathematikern bereits vom dritten Semester an erarbeitet werden, während es für Physiker und Elektrotechniker, den üblichen Studienplänen entsprechend, möglichst im Anschluß an das Vordiplom gedacht ist.

Der inhaltliche Aufbau des Skriptums geht vom Begriff des Vektorraumes aus und führt hin zu seinen Spezialisierungen. Daher werden die Operatorgleichungen und Fixpunktsätze für normierte Räume schon bald nach den einführenden §§ 1-10 behandelt, während der HILBERTraum-Begriff erst in den beiden letzten §§ 32 und 33 erscheint. Diese können jedoch, zumal in der Physik häufig ein Bedürfnis nach einer frühzeitigen Kenntnis des HILBERTraumes besteht, im Anschluß an ein Studium der §§ 1-6, 9, 10 und 30 vorgezogen werden, nur müssen dann einige tieferliegende Resultate, wie der Darstellungssatz 32.14 und der Auswahlsatz 32.15, zunächst außer acht bleiben.

In den §§ 14 und 15 habe ich die ursprüngliche RIESZ-SCHAUDERsche Fassung der FREDHOLMschen Alternative in normierten Räumen der neueren Entwicklung auf diesem Gebiet, die man HEUSER, WENDLAND und KRESS verdankt, angeglichen (vgl. hierzu die Literaturangabe in Fußnote 1 auf S. 114). Herr Prof. Dr. R. KRESS hat mir zugleich wertvolle Hilfe bei der Abfassung dieser beiden Paragraphen geleistet.

Den Herren cand. math. W. SCHNEIDER und cand. math. E. SCHWALL danke ich für Korrekturarbeiten und zahlreiche kritische Anmerkungen. Das Manuskript schrieb in bewährter Weise Fräulein A. FLICK.

Darmstadt, im Juli 1972 E. MARTENSEN

Literatur

[1] M. SCHECHTER, Principles of Functional Analysis, Academic Press, New York/London 1971.

[2] A.E. TAYLOR, Introduction to Functional Analysis, 6. Aufl., Wiley, New York 1967.

[3] S. GROSSMANN, Funktionalanalysis im Hinblick auf Anwendungen in der Physik Bd. I u. II, Akademische Verlagsgesellschaft, Frankfurt a.M. 1970.

[4] B.S. WULICH, Einführung in die Funktionalanalysis Bd. I u. II, Mathematisch-Naturwissenschaftliche Bibliothek Bd. 32 u. 33, Teubner, Leipzig 1961 u. 1962.

[5] J. WLOKA, Funktionalanalysis und Anwendungen, de Gruyter, Berlin/New York 1971.

[6] L.A. LJUSTERNIK u. W.I. SOBOLEW, Elemente der Funktionalanalysis, Mathematische Lehrbücher und Monographien Bd. I/8, 4. Aufl., Akademie-Verlag, Berlin 1968.

[7] J. DIEUDONNÉ, Éléments d'Analyse Bd. I – Grundzüge der modernen Analysis – u. II – Treatise on Analysis –, Logik und Grundlagen der Mathematik Bd. 8, Vieweg, Braunschweig 1971 u. Academic Press, New York/London 1971.

[8] W.I. SMIRNOW, Lehrgang der höheren Mathematik Bd. V, Hochschulbücher für Mathematik Bd. 6, 2. Aufl., Deutscher Verlag der Wissenschaften, Berlin 1967.

[9] E. HILLE, Methods in Classical and Functional Analysis, Addison-Wesley, Reading/Menlo Park/London/Don Mills 1972.

[10] K. JÖRGENS, Lineare Integraloperatoren, Mathematische Leitfäden, Teubner, Stuttgart 1970.

[11] F.G. TRICOMI, Integral Equations, Pure and Applied Mathematics – A Series of Texts and Monographs Bd. 5, Interscience, New York/London 1957.

[12] W. SCHMEIDLER, Integralgleichungen mit Anwendungen in Physik und Technik Bd. I – Lineare Integralgleichungen –, Mathematik und ihre Anwendungen in Physik und Technik Bd. A/22, Geest & Portig, Leipzig 1950.

[13] E. PFLAUMANN u. H. UNGER, Funktionalanalysis Bd. I, BI-Hochschultaschenbücher Bd. 82/82a, Bibliographisches Institut, Mannheim/Wien/Zürich 1968.

[14] F. HIRZEBRUCH u. W. SCHARLAU, Einführung in die Funktionalanalysis, BI-Hochschultaschenbücher Bd. 296a*, Bibliographisches Institut, Mannheim/Wien/Zürich 1971.

[15] F. STUMMEL, Einführung in die Funktionalanalysis, Bericht Nr. HMI-B 33 des Hahn-Meitner-Instituts für Kernforschung, Berlin 1964.

[16] A.P. ROBERTSON u. W.J. ROBERTSON, Topologische Vektorräume, BI-Hochschultaschenbücher Bd. 164/164a, Bibliographisches Institut, Mannheim 1967.

[17] L. SCHWARTZ, Functional Analysis, Courant Institute of Mathematical Sciences, New York University, New York 1964.

[18] L.W. KANTOROWITSCH u. G.P. AKILOW, Funktionalanalysis in normierten Räumen, Mathematische Lehrbücher und Monographien Bd. II/17, Akademie-Verlag, Berlin 1964.

[19] N.I. ACHIESER u. I.M. GLASMANN, Theorie der linearen Operatoren im Hilbert-Raum, Mathematische Lehrbücher und Monographien Bd. I/4, 4. Aufl., Akademie-Verlag, Berlin 1965.

[20] A.N. KOLMOGOROV u. S.V. FOMIN, Elements of the Theory of Functions and Functional Analysis, Bd. I u.II, Graylock, Rochester 1957 u.1961.

[21] N. DUNFORD u. J.T. SCHWARTZ, Linear Operators Bd. I, II u. III, Pure and Applied Mathematics – A Series of Texts and Monographs Bd. 7, 3., 2. u. 1. Aufl., Wiley-Interscience, New York/London/Sydney/Toronto 1966, 1964 u. 1971.

[22] E. HILLE u. R.S. PHILLIPS, Functional Analysis and Semi-Groups, Colloquium Publications Bd. 31, 3. Aufl., American Mathematical Society, Providence 1968.

[23] F. RIESZ u. B. SZ.-NAGY, Vorlesungen über Funktionalanalysis, Hochschulbücher für Mathematik Bd. 27, 2. Aufl., Deutscher Verlag der Wissenschaften Berlin 1968.

[24] F.G. TRICOMI, Vorlesungen über Orthogonalreihen, Die Grundlehren der mathematischen Wissenschaften Bd. 76, Springer, Berlin/Göttingen/Heidelberg 1955.

[25] E. HELLWIG, Differentialoperatoren der mathematischen Physik, Springer, Berlin/Göttingen/Heidelberg 1964.

[26] K. YOSIDA, Funktionalanalysis, Die Grundlehren der mathematischen Wissenschaften Bd. 123, 3. Aufl., Springer, Berlin/Heidelberg/New York 1971.

[27] G. KÖTHE, Topologische lineare Räume Bd. I, Die Grundlehren der mathematischen Wissenschaften Bd. 107, Springer, Berlin/Göttingen/Heidelberg 1960.

[28] N.I. MUSCHELISCHWILI, Singuläre Integralgleichungen, Mathematische Lehrbücher und Monographien Bd. II/20, Akademie-Verlag, Berlin 1965.

[29] T. KATO, Perturbation Theory for Linear Operators, Die Grundlehren der mathematischen Wissenschaften Bd. 132, Springer, Berlin/Heidelberg/New York 1966.

[30] J. M. BEREZANSKIJ, Expansions in Eigenfunctions of Selfadjoint Operators, American Mathematical Society, Providence 1968.

Inhaltsverzeichnis

§ 1. Vektorräume

Die klassische Infinitesimalrechnung ist die auf dem Zahl- und Grenzwertbegriff aufbauende Analysis, kurz die Analysis der reellen und der komplexen Zahlen. Es gehört nun zu den großen mathematischen Leistungen unseres Jahrhunderts, daß die Analysis auch auf Mengen mit einer allgemeineren Struktur als die der Zahlen ausgedehnt werden konnte. Unter diesen Mengen nehmen die Vektorräume, auch lineare Räume genannt, einen hervorragenden Platz ein, und Funktionalanalysis ist die historisch gewachsene, wenn auch nicht ganz sachgerechte Bezeichnung für die Analysis des Vektorraumes. Der Aufbau ihrer Theorie und die verwendeten Methoden können auf weiten Strecken als die natürliche Weiterentwicklung der Infinitesimalrechnung angesehen werden.

Unter den verschiedenen äquivalenten Definitionen des Vektorraumes, die die mathematische Literatur kennt, wählen wir die folgende, für unsere Zwecke besonders günstige aus:

Definition 1.1. Es bedeute $\mathbb{K}$ den Körper der reellen oder der komplexen Zahlen, $\mathbb{R}$ oder $\mathbb{C}$. Dann heißt eine nichtleere Menge V ein Vektorraum über dem Grundkörper $\mathbb{K}$ oder kurz ein Vektorraum über $\mathbb{K}$, wenn folgende Axiome erfüllt sind:

1.) Für alle $u,v \in V$ ist eine Addition $u+v \in V$ erklärt; dabei gilt
   - a.) das kommutative Gesetz $u+v = v+u$, $u,v \in V$,
   - b.) das assoziative Gesetz $u+(v+w) = (u+v)+w$, $u,v,w \in V$.

2.) Für alle $\lambda \in \mathbb{K}$, $u \in V$ ist eine Multiplikation $\lambda u \in V$ erklärt; dabei gilt
   - a.) $0u$, $u \in V$, definiert eindeutig ein Nullelement $0 \in V$,
   - b.) $1u = u$, $u \in V$,
   - c.) das assoziative Gesetz $\lambda(\mu u) = (\lambda\mu)u$, $\lambda,\mu \in \mathbb{K}$, $u \in V$.

3.) Addition und Multiplikation genügen den distributiven Gesetzen
   - a.) $\lambda(u+v) = \lambda u + \lambda v$, $\lambda \in \mathbb{K}$, $u,v \in V$,
   - b.) $(\lambda+\mu)u = \lambda u + \mu u$, $\lambda,\mu \in \mathbb{K}$, $u \in V$.

Die Elemente des Grundkörpers werden auch als Skalare, die des Vektorraumes selbst als Vektoren bezeichnet. Man spricht ferner von einem reellen oder komplexen Vektorraum, je nachdem $\mathbb{K} = \mathbb{R}$ oder $\mathbb{K} = \mathbb{C}$ gilt.

Zunächst ergeben sich einige einfache Folgerungen:

Satz 1.1. Die Addition des Nullelements läßt jedes Element eines Vektorraumes V unverändert, d.h. es gilt

(1.1) $$u + 0 = u \quad , \quad u \in V \quad .$$

Beweis. Für festes, aber beliebiges $u \in V$ liefern die Axiome 2a.), 2b.) und 3b.)

$$u + 0 = 1u + 0u = (1 + 0)u = 1u = u \quad .$$

Satz 1.2. Addiert man zu einem Element $u \in V$ dessen inverses Element

(1.2) $$-u \equiv (-1)u \in V \quad ,$$

so ergibt sich stets das Nullelement:

(1.3) $$u + (-u) = 0 \quad , \quad u \in V \quad .$$

Beweis. Für festes, aber beliebiges $u \in V$ erhält man mit den Axiomen 2a.), 2b.), 3b.) und der Festsetzung (1.2)

$$u + (-u) = 1u + (-1)u = (1 + (-1))u = 0u = 0 \quad .$$

Satz 1.3. Bei gegebenen $u, v \in V$ hat die lineare Gleichung

(1.4) $$u + x = v$$

genau eine Lösung $x \in V$. Diese ist durch die Differenz

(1.5) $$x = v - u$$

mit der Bedeutung $v + (-u)$ für $v - u$ gegeben.

Beweis. E x i s t e n z . Einsetzen von (1.5) in (1.4) ergibt zusammen mit den Axiomen 1a.) und 1b.) sowie den Beziehungen (1.1) und (1.3)

$$u + (v + (-u)) = u + ((-u) + v) = (u + (-u)) + v = 0 + v = v + 0 = v \quad .$$

E i n d e u t i g k e i t . Seien $x_1, x_2 \in V$ zwei verschiedene Lösungen, so liefert (1.4)

$$u + x_1 = u + x_2 \quad .$$

Mit dem kommutativen Gesetz der Addition folgt

$$x_1 + u = x_2 + u \quad .$$

Addiert man jetzt $-u$ zu beiden Seiten der Gleichung, so führt das assoziative Gesetz der Addition auf

$$x_1 + (u + (-u)) = x_2 + (u + (-u)) \quad .$$

Anschließend ergibt (1.3)

$$x_1 + 0 = x_2 + 0$$

und schließlich (1.1) den Widerspruch

$$x_1 = x_2 .$$

<u>Satz 1.4.</u> In einem Vektorraum V über dem Grundkörper $\mathbb{K}$ gilt

$$(1.6) \qquad \lambda u = 0 \quad , \quad \lambda \in \mathbb{K} \quad , \quad u \in V \quad ,$$

genau dann, wenn $\lambda = 0$ oder $u = 0$ ist.

<u>Beweis.</u> N o t w e n d i g k e i t . Es gelte $\lambda u = 0$. Annahme: $\lambda \neq 0$ und $u \neq 0$. Multiplikation von (1.6) mit $\frac{1}{\lambda} \in \mathbb{K}$ führt zusammen mit den Axiomen 2a.), 2b.) und 2c.) nach wenigen Schlüssen auf einen Widerspruch:

$$\frac{1}{\lambda}(\lambda u) = \frac{1}{\lambda}(0u) \quad ,$$

$$(\frac{1}{\lambda}\lambda)u = (\frac{1}{\lambda} \cdot 0)u \quad ,$$

$$1u = 0u \quad ,$$

$$u = 0 \quad .$$

H i n l ä n g l i c h k e i t . Es gelte entweder $\lambda = 0$ oder $u = 0$. Falls $\lambda = 0$, folgt $\lambda u = 0u = 0$ aus Axiom 2a.). Im Falle $u = 0$ liefern die Axiome 2a.) und 2c.)

$$\lambda u = \lambda 0 = \lambda(0 \cdot 0) = (\lambda \cdot 0)0 = 0 \cdot 0 = 0 \quad .$$

Alles in allem kommen wir zu dem Ergebnis, daß man mit Skalaren und Vektoren eines Vektorraumes so rechnen kann, wie man es von der klassischen Vektorrechnung her gewohnt ist. Umgekehrt bildet der Raum der klassischen Vektorrechnung ein erstes Beispiel für einen Vektorraum:

<u>Beispiel 1.1.</u> Der n-dimensionale reelle Punktraum $\mathbb{R}^n$, n natürlich, ist erklärt als die Menge aller geordneten reellen Zahlen-n-tupel

$$x = (x_1, x_2, \ldots, x_n) \quad ,$$

die man ihrerseits als (n-dimensionale) Punkte mit den Koordinaten $x_1, x_2, \ldots, x_n$ interpretiert. Zwei Punkte

$$x = (x_1, x_2, \ldots, x_n) \quad , \quad y = (y_1, y_2, \ldots, y_n)$$

heißen genau dann gleich, wenn alle Koordinaten übereinstimmen, d.h. wenn

$$x_1 = y_1 \quad , \quad x_2 = y_2 \quad , \quad \dots \quad , \quad x_n = y_n$$

gilt. Wir wollen nun zeigen, daß der $\mathbb{R}^n$ mit den klassischen Vektoroperationen für die Addition und die Multiplikation mit einer reellen Zahl,

$$x + y = (x_1 + y_1 \, , \, x_2 + y_2 \, , \, \dots \, , \, x_n + y_n) \in \mathbb{R}^n \quad , \quad x, y \in \mathbb{R}^n \quad ,$$

$$\lambda x = (\lambda x_1 \, , \, \lambda x_2 \, , \dots \, , \lambda x_n) \in \mathbb{R}^n \quad , \quad \lambda \in \mathbb{R} \quad , \quad x \in \mathbb{R}^n \quad ,$$

zu einem reellen Vektorraum wird; dazu prüfen wir die Axiome aus Definition 1.1 im einzelnen nach:

1a.) $x + y = (x_1 + y_1 \, , \, x_2 + y_2 \, , \, \dots \, , \, x_n + y_n)$
$\qquad = (y_1 + x_1 , \, y_2 + x_2 \, , \, \dots \, , \, y_n + x_n) = y + x$;

1b.) $x + (y + z) = (x_1 + (y_1 + z_1), \, x_2 + (y_2 + z_2), \, \dots \, , \, x_n + (y_n + z_n))$
$\qquad = ((x_1 + y_1) + z_1 , \, (x_2 + y_2) + z_2 , \, \dots \, , \, (x_n + y_n) + z_n) = (x + y) + z$;

2a.) $0x = (0x_1, 0x_2, \dots, 0x_n)$, $x \in \mathbb{R}^n$, definiert eindeutig das Nullelement $0 \equiv (0,0,\dots,0) \in \mathbb{R}^n$;

2b.) $1x = (1 \cdot x_1, \, 1 \cdot x_2, \dots, 1 \cdot x_n) = (x_1, x_2, \dots, x_n) = x$;

2c.) $\lambda(\mu x) = \lambda(\mu x_1, \mu x_2, \dots, \mu x_n)$
$\qquad = (\lambda \mu x_1, \, \lambda \mu x_2, \dots, \lambda \mu x_n) = (\lambda \mu) x$;

3a.) $\lambda(x+y) = \lambda(x_1 + y_1, \, x_2 + y_2, \dots, x_n + y_n)$
$\qquad = (\lambda x_1, \, \lambda x_2, \dots, \lambda x_n) + (\lambda y_1, \lambda y_2, \dots, \lambda y_n) = \lambda x + \lambda y$;

3b.) $(\lambda + \mu) x = ((\lambda + \mu) x_1 , \, (\lambda + \mu) x_2 , \dots , \, (\lambda + \mu) x_n)$
$\qquad = (\lambda x_1, \, \lambda x_2, \dots, \lambda x_n) + (\mu y_1, \mu y_2, \dots, \mu y_n) = \lambda x + \mu x$.

Im Spezialfall n = 1 bildet die Menge $\mathbb{R}$ der reellen Zahlen einen Vektorraum über dem Grundkörper $\mathbb{R}$ der reellen Zahlen.

<u>Beispiel 1.2.</u> Der n-dimensionale komplexe Punktraum $\mathbb{C}^n$, n natürlich, besteht aus allen geordneten komplexen Zahlen-n-tupeln. Erklärt man die Addition und die Multiplikation mit einer komplexen Zahl analog zu Beispiel 1.1, so gewinnt der $\mathbb{C}^n$ die Bedeutung eines komplexen Vektorraumes. Im Spezialfall n = 1 bildet die Menge $\mathbb{C}$ der komplexen Zahlen einen Vektorraum über dem Grundkörper $\mathbb{C}$ der komplexen Zahlen.

Beispiel 1.3. Erklärt man die Multiplikation eines Elementes des $\mathbb{C}^n$, n natürlich, im Gegensatz zu Beispiel 1.2 lediglich mit einer reellen Zahl, so erweist sich der $\mathbb{C}^n$ als ein reeller Vektorraum. Dieses Beispiel macht deutlich, daß ein und dieselbe Menge in verschiedener Weise zu einem Vektorraum ausgebaut werden kann.

Beispiel 1.4. Sei $[a,b]$ ein abgeschlossenes Intervall der reellen Achse, so erklärt man den Raum $C[a,b]$ als die Menge aller stetigen Funktionen $f:[a,b] \to \mathbb{R}$, also durch alle stetigen Funktionen mit reellen Funktionswerten $f(x)$, $x \in [a,b]$. Zwei Funktionen heißen dabei genau dann gleich, wenn ihre Werte an allen Stellen des Definitionsbereiches $[a,b]$ übereinstimmen. Erklärt man die Addition zweier Elemente und die Multiplikation eines Elementes mit einer reellen Zahl durch Angabe der Funktionswerte

$$(f+g)(x) = f(x) + g(x) \quad , \quad x \in [a,b] \quad , \quad f,g \in C[a,b] \quad ,$$

$$(\lambda f)(x) = \lambda f(x) \quad , \quad x \in [a,b] \quad , \quad \lambda \in \mathbb{R} \quad , \quad f \in C[a,b] \quad ,$$

so verbleiben beide Operationen offenbar im Raume $C[a,b]$, und es zeigt sich weiter, daß dieser Raum damit den Charakter eines reellen Vektorraumes gewinnt:

1a.) $(f+g)(x) = f(x) + g(x) \quad , \quad x \in [a,b]$,
$(g+f)(x) = g(x) + f(x) \quad , \quad x \in [a,b]$;

1b.) $(f + (g+h))(x) = f(x) + (g+h)(x) \quad , \quad x \in [a,b]$,
$((f+g) + h)(x) = (f+g)(x) + h(x) \quad , \quad x \in [a,b]$;

2a.) $(0f)(x) = 0f(x) = 0$, $x \in [a,b]$, $f \in C[a,b]$, definiert diejenige Funktion eindeutig als Nullelement $0 \in C[a,b]$, die allen $x \in [a,b]$ den Funktionswert $0(x) = 0$ zuordnet;

2b.) $(1f)(x) = 1 \cdot f(x) = f(x)$, $x \in [a,b]$;

2c.) $(\lambda(\mu f))(x) = \lambda(\mu f)(x) = \lambda\mu f(x) \quad , \quad x \in [a,b]$,
$((\lambda\mu)f)(x) = (\lambda\mu)f(x) = \lambda\mu f(x) \quad , \quad x \in [a,b]$;

3a.) $(\lambda(f+g))(x) = \lambda(f+g)(x) = \lambda(f(x) + g(x))$, $x \in [a,b]$,
$(\lambda f + \lambda g)(x) = (\lambda f)(x) + (\lambda g)(x) = \lambda f(x) + \lambda g(x)$, $x \in [a,b]$;

3b.) $((\lambda + \mu)f)(x) = (\lambda + \mu)f(x) = \lambda f(x) + \mu f(x)$, $x \in [a,b]$,
$(\lambda f + \mu f)(x) = (\lambda f)(x) + (\mu f)(x) = \lambda f(x) + \mu f(x)$, $x \in [a,b]$.

Beispiel 1.5. Eine nur aus einem einzigen Element bestehende Menge $\{0\}$ wird zum Vektorraum, wenn die Addition des einzigen Elements 0 zu sich selbst und die Multiplikation mit jedem Skalar $\lambda \in \mathbb{K}$ per definitionem wiederum das einzige Element 0 ergibt. Insbesondere geht das einzige Element $0 \in \{0\}$ durch Multiplikation der Elemente von $\{0\}$ mit dem Skalar $0 \in \mathbb{K}$ hervor und gewinnt damit die Bedeutung des Nullelements (das Element wurde deshalb von vornherein mit 0 bezeichnet). Im übrigen prüft man die einzelnen Axiome aus Definition 1.1 leicht direkt nach.

§ 2. Dimension, Basis, Komponenten

Vorweg die folgende, auch über die anschließenden Begriffsbildungen hinaus äußerst wichtige

Definition 2.1. Sei n eine natürliche Zahl, so heißen die Elemente $u_1, u_2, \ldots, u_n$ eines Vektorraumes V über $\mathbb{K}$ linear abhängig bzw. linear unabhängig, wenn die Beziehung

$$\lambda^1 u_1 + \lambda^2 u_2 + \ldots + \lambda^n u_n = 0 \quad , \qquad \lambda^1, \lambda^2, \ldots, \lambda^n \in \mathbb{K} \quad ,$$

nicht nur bzw. nur für $\lambda^1 = \lambda^2 = \ldots = \lambda^n = 0$ gültig ist.

Bemerkung. Nach dieser Definition schließen sich die lineare Abhängigkeit und die lineare Unabhängigkeit von n Elementen grundsätzlich gegenseitig aus.

Zunächst einige Folgerungen. Für den Spezialfall n = 1 gilt

Satz 2.1. Ein Element eines Vektorraumes ist genau dann linear abhängig, wenn es das Nullelement ist.

Beweis. N o t w e n d i g k e i t . Falls $u \in V$ linear abhängig ist, gibt es ein $\lambda \in \mathbb{K}$ mit $\lambda \neq 0$ und $\lambda u = 0$. Nach Satz 1.4 folgt dann $u = 0$. H i n l ä n g l i c h k e i t . Sei $u = 0$, so folgt $1u = 0$, und u ist linear abhängig.

Satz 2.2. Linear unabhängige Elemente eines Vektorraumes sind stets sämtlich vom Nullelement verschieden.

Beweis. Seien $u_1, u_2, \ldots, u_n \in V$ linear unabhängige Elemente, so nehmen wir an, es gelte $u_1 = 0$. Es folgt

$$1u_1 + 0u_2 + \ldots + 0u_n = 0$$

und die lineare Abhängigkeit der n Elemente (Widerspruch). Entsprechend verfährt man mit $u_2, \ldots, u_n$.

Satz 2.3. Durch Vermehrung linear abhängiger bzw. Verminderung linear unabhängiger Elemente eines Vektorraumes entstehen wieder linear abhängige bzw. linear unabhängige Elemente.

Beweis. Es seien $u_1, \ldots, u_n \in V$ linear abhängig. Dann gibt es nicht sämtlich verschwindende Skalare $\lambda^1, \ldots, \lambda^n \in \mathbb{K}$ mit

$$\lambda^1 u_1 + \ldots + \lambda^n u_n = 0 \quad .$$

Seien jetzt $u_1, \ldots, u_m$, $m > n$, die vermehrten Elemente, so folgt

$$\lambda^1 u_1 + \ldots + \lambda^n u_n + 0u_{n+1} + \ldots + 0u_m = 0 \quad .$$

Da $\lambda^1, \ldots, \lambda^n, 0, \ldots, 0$ nicht sämtlich verschwinden, sind die $u_1, \ldots, u_m$ linear abhängig. – Gegeben seien $m > 1$ linear unabhängige Elemente, die auf $n < m$ vermindert werden. Annahme: Die verbliebenen n Elemente sind linear abhängig. Dann sind aber nach dem bereits Bewiesenen auch die ursprünglichen $m > n$ Elemente linear abhängig (Widerspruch). Also sind die verbliebenen Elemente linear unabhängig.

Eine Verallgemeinerung von Satz 1.4 bringt der folgende

Satz 2.4. Seien u_i, $i = 1, \ldots, n$, Elemente eines Vektorraumes V über dem Körper $\mathbb{K}$ und $\lambda^i_k \in \mathbb{K}$, $i,k = 1, \ldots, n$, Skalare, so sind die Vektoren

$$v_k \equiv \sum_{i=1}^{n} \lambda^i_k u_i \in V \quad , \qquad k = 1, \ldots, n \quad ,$$

genau dann linear abhängig, wenn $\det(\lambda^i_k) = 0$ gilt oder die Vektoren u_i, $i = 1, \ldots, n$, linear abhängig sind.

Beweis. N o t w e n d i g k e i t . Die v_k seien linear abhängig. Annahme: Es gelte $\det(\lambda_k^i) \neq 0$, und die u_i seien linear unabhängig. Nach Voraussetzung gibt es dann nicht sämtlich verschwindende $\mu^k \in \mathbb{K}$ mit

$$\sum_{k=1}^{n} \mu^k v_k = \sum_{i=1}^{n} \Big(\sum_{k=1}^{n} \lambda_k^i \mu^k \Big) u_i = 0 \quad .$$

Da die u_i linear unabhängig sind, folgt

$$\sum_{k=1}^{n} \lambda_k^i \mu^k = 0 \quad , \qquad i = 1,\dots,n \quad ,$$

und damit wegen $\det(\lambda_k^i) \neq 0$ der Widerspruch $\mu^k = 0$, $k = 1,\dots,n$.

H i n l ä n g l i c h k e i t . Falls $\det(\lambda_k^i) = 0$, bestimmen wir eine nichttriviale Lösung $\mu^k \in \mathbb{K}$ mit

$$\sum_{k=1}^{n} \lambda_k^i \mu^k = 0 \quad , \qquad i = 1,\dots,n \quad .$$

Mit diesen μ^k folgt

$$\sum_{k=1}^{n} \mu^k v_k = \sum_{i=1}^{n} \Big(\sum_{k=1}^{n} \lambda_k^i \mu^k \Big) u_i = 0 \; ,$$

die v_k sind also linear abhängig. – Falls die u_i linear abhängig sind, gil

$$\sum_{i=1}^{n} \mu^i u_i = 0$$

mit nicht sämtlich verschwindenden Skalaren $\mu^i \in \mathbb{K}$. Sodann bedeutet es jetzt keine Einschränkung, $\det(\lambda_k^i) \neq 0$ anzunehmen, da der Fall $\det(\lambda_k^i) =$ ja bereits vollständig erledigt ist. Mithin hat das lineare Gleichungssyste

$$\sum_{k=1}^{n} \lambda_k^i \nu^k = \mu^i \quad , \qquad i = 1,\dots,n \quad ,$$

genau eine Lösung $\nu^k \in \mathbb{K}$, und diese kann nicht insgesamt verschwinden, da dann dasselbe für die μ^i gelten würde. Mit diesen ν^k bekommen wir

$$\sum_{k=1}^{n} \nu^k v_k = \sum_{i=1}^{n} \Big(\sum_{k=1}^{n} \lambda_k^i \nu^k \Big) u_i = \sum_{i=1}^{n} \mu^i u_i = 0$$

und damit auch in diesem Fall die behauptete lineare Abhängigkeit der v_k.

Beispiel 2.1. Im Vektorraum $\mathbb{R}^n$ über $\mathbb{R}$, der auch kurz als $\mathbb{R}^n$ bezeichnet wird, betrachten wir die n Elemente

$$(2.1)\qquad \begin{aligned} e_1 &= (1,0,\dots,0) \;, \\ e_2 &= (0,1,\dots,0) \;, \\ &\text{-------------} \;, \\ e_n &= (0,0,\dots,1) \;. \end{aligned}$$

Da mit $\lambda^1, \lambda^2, \dots, \lambda^n \in \mathbb{R}$ die Beziehung

$$\lambda^1 e_1 + \lambda^2 e_2 + \dots + \lambda^n e_n = (\lambda^1, 0, \dots, 0) + (0, \lambda^2, \dots, 0) + \dots + (0, 0, \dots, \lambda^n)$$
$$= (\lambda^1, \lambda^2, \dots, \lambda^n) = 0$$

wegen $0 = (0,0,\dots,0)$ offensichtlich nur für $\lambda^1 = \lambda^2 = \dots = \lambda^n = 0$ erfüllt sein kann, erweisen sich die Elemente $e_1, e_2, \dots, e_n \in \mathbb{R}^n$ somit als linear unabhängig.

Wir kommen jetzt zu dem eigentlichen Anliegen dieses Paragraphen:

Definition 2.2. Ein Vektorraum V über dem Grundkörper $\mathbb{K}$ heißt

nulldimensional, in Zeichen

$$\dim V = 0 \;,$$

wenn er nur aus dem Nullelement besteht;

n-dimensional, n natürlich, in Zeichen

$$\dim V = n \;,$$

wenn es n linear unabhängige Elemente $e_1, e_2, \dots, e_n \in V$, genannt eine Basis von V, mit der Eigenschaft gibt, daß jedes $u \in V$ mit Hilfe von Skalaren $\lambda^1, \lambda^2, \dots, \lambda^n \in \mathbb{K}$, genannt kontravariante Komponenten oder kurz Komponenten von u bezüglich der vorliegenden Basis, in der Form

$$u = \lambda^1 e_1 + \lambda^2 e_2 + \dots + \lambda^n e_n$$

darstellbar ist;

unendlichdimensional, in Zeichen

$$\dim V = \infty \;,$$

wenn es eine Folge $u_1, u_2, u_3, \dots \in V$ derart gibt, daß die Elemente $u_1, u_2, \dots, u_n$ für jedes natürliche n linear unabhängig sind.

Daß diese Definition "vernünftig" ist, zeigt der folgende

Satz 2.5. Jeder Vektorraum besitzt (unter Einschluß von 0 und ∞) genau eine Dimension.

Beweis. E x i s t e n z . Wir nehmen an, V habe keine Dimension. Da V nicht nulldimensional, gibt es ein vom Nullelement verschiedenes und damit linear unabhängiges Element $u_1 \in V$. Da V nicht eindimensional, gibt es ein nicht durch $\lambda^1 u_1$, $\lambda^1 \in \mathbb{K}$, darstellbares Element $u_2 \in V$, denn anderenfalls gewönne u_1 ja die Bedeutung einer Basis für V. Aus

$$\lambda^1 u_1 + \lambda^2 u_2 = 0$$

folgt dann sofort $\lambda^2 = 0$, da sonst u_2 doch in der genannten Weise darstellbar wäre, und weiter $\lambda^1 = 0$, da u_1 linear unabhängig ist. Also sind $u_1, u_2 \in V$ linear unabhängig. Da V nicht zweidimensional, gibt es sicher ein nicht durch $\lambda^1 u_1 + \lambda^2 u_2$, $\lambda^1, \lambda^2 \in \mathbb{K}$, darstellbares Element $u_3 \in V$, denn anderenfalls gewönnen ja u_1, u_2 die Bedeutung einer Basis für V. Aus

$$\lambda^1 u_1 + \lambda^2 u_2 + \lambda^3 u_3 = 0$$

folgt wiederum sofort $\lambda^3 = 0$, da sonst u_3 doch in der genannten Weise darstellbar wäre, und dann weiter $\lambda^1 = \lambda^2 = 0$, da u_1, u_2 linear unabhängig sind. Also sind $u_1, u_2, u_3 \in V$ linear unabhängig. Durch Fortsetzung des Verfahrens gelangt man so zu einer Folge $u_1, u_2, u_3, \ldots \in V$ mit der Eigenschaft, daß $u_1, u_2, \ldots, u_n$ für jedes natürliche n linear unabhängig sind. Also ist V unendlichdimensional (Widerspruch).

E i n d e u t i g k e i t . Wir nehmen an, V habe (unter Einschluß von 0 und ∞) zwei verschiedene Dimensionen m und n, wobei es keine Einschränkung bedeutet, $m > n$ vorauszusetzen. Sodann unterscheiden wir vier Fälle. 1.) $n = 0$, m natürlich. Wegen $n = 0$ ist dann jedes Element das Nullelement und damit linear abhängig, wegen m natürlich existiert eine Basis $e_1, e_2, \ldots, e_m \in V$ und damit nach Satz 2.3 ein linear unabhängiges Element e_1 (Widerspruch). 2.) $n = 0$, $m = \infty$. Einerseits ist jedes Element das Nullelement, andererseits ist in der Folge $u_1, u_2, u_3, \ldots \in V$ bereits u_1 linear unabhängig (Widerspruch). 3.) n,m beide natürlich. Hier gibt es zwei Basen $e_1, e_2, \ldots, e_n \in V$ und $e_1^*, e_2^*, \ldots, e_n^*, e_{n+1}^*, \ldots, e_m^* \in V$. Dann bilden sowohl $e_1, e_2, \ldots, e_n \in V$ als auch $e_1^*, e_2^*, \ldots, e_n^*, e_{n+1}^* \in V$ linear unabhängige Elemente, letztere auf Grund von Satz 2.3. Mit der Festsetzung $e_{n+1} \equiv 0$ folgt die Existenz von Skalaren $\lambda_k^i \in \mathbb{K}$, $i,k = 1,\ldots,n+1$, mit der Eigenschaft

$$e_k^* = \sum_{i=1}^{n+1} \lambda_k^i e_i \quad , \qquad k = 1,\ldots,n+1 \quad .$$

Da nun die $e_1, e_2, \ldots, e_n, e_{n+1}$ infolge

$$0e_1 + 0e_2 + \ldots + 0e_n + 1e_{n+1} = 0$$

linear abhängig sind, müssen es nach Satz 2.4 auch die $e_1^*, e_2^*, \ldots, e_n^*, e_{n+1}^*$ sein (Widerspruch). 4.) n natürlich, $m = \infty$. Einerseits gibt es eine Basis $e_1, e_2, \ldots, e_n \in V$, zum anderen wegen $m = \infty$ aber auch n+1 linear unabhängige Elemente $u_1, u_2, \ldots, u_n, u_{n+1} \in V$. Dieselbe Schlußweise wie bei Fall 3.) führt dann auf den Widerspruch der linearen Abhängigkeit dieser Elemente.

Beispiel 2.2. Wir betrachten noch einmal den $\mathbb{R}^n$ und in ihm die durch (2.1) erklärten linear unabhängigen Elemente $e_1, e_2, \ldots, e_n$. Diese erweisen sich nun als Basis, denn offensichtlich läßt sich jedes $x = (x_1, x_2, \ldots, x_n) \in \mathbb{R}^n$ in der Form

$$x = x_1 e_1 + x_2 e_2 + \ldots + x_n e_n \tag{2.2}$$

darstellen. Nach Definition 2.2 gilt dann

$$\dim \mathbb{R}^n = n \quad . \tag{2.3}$$

Die Koordinaten von x gewinnen wegen (2.2) zugleich die Bedeutung der kontravarianten Komponenten bezüglich der Basis $e_1, e_2, \ldots, e_n \in \mathbb{R}^n$.

Bemerkung. Die Übereinstimmung von Koordinaten und kontravarianten Komponenten in Beispiel 2.2 ist eine Konsequenz der besonderen Gestalt der Basis (2.1). Sie ist allgemein für eine beliebige Basis des $\mathbb{R}^n$ nicht gegeben. Die Frage der Existenz mehrerer Basen für ein und denselben (natürlichdimensionalen) Vektorraum werden wir weiter unten behandeln.

Beispiel 2.3. Wir wollen den Vektorraum $\mathbb{C}^n$ über dem Körper $\mathbb{K}$ sowohl der komplexen Zahlen $\mathbb{C}$ als auch der reellen Zahlen $\mathbb{R}$ auf seine Dimension hin untersuchen [1]. Im ersten Falle folgt ganz analog zu Beispiel 2.2 die Dimension n. Im zweiten Fall bilden

$$\begin{array}{llll} e_1 = (1,0,\ldots,0) & , & e_2 = (i,0,\ldots,0) \\ e_3 = (0,1,\ldots,0) & , & e_4 = (0,i,\ldots,0) \\ \multicolumn{3}{l}{-\,-\,-\,-\,-\,-\,-\,-\,-\,-\,-\,-\,-\,-\,-\,-\,-\,-} \\ e_{2n-1} = (0,0,\ldots,1) & , & e_{2n} = (0,0,\ldots,i) \end{array} \tag{2.4}$$

insgesamt 2n linear unabhängige Elemente des $\mathbb{C}^n$, die jedes Element $z = (z_1, z_2, \ldots, z_n) \in \mathbb{C}^n$ in der Form

---

1) Der Vektorraum $\mathbb{C}^n$ über $\mathbb{C}$ wird auch kurz als $\mathbb{C}^n$ bezeichnet.

$$(2.5)\qquad z = (\mathrm{Re}\, z_1)e_1 + (\mathrm{Im}\, z_1)e_2 + (\mathrm{Re}\, z_2)e_3 + (\mathrm{Im}\, z_2)e_4 + \dots + (\mathrm{Re}\, z_n)e_{2n-1} + (\mathrm{Im}\, z_n)e_{2n}$$

darzustellen gestatten. Damit erhalten wir das Resultat

$$(2.6)\qquad \dim \mathbb{C}^n = \begin{cases} n \quad , & \mathbb{K} = \mathbb{C} \quad , \\ 2n \quad , & \mathbb{K} = \mathbb{R} \quad . \end{cases}$$

<u>Beispiel 2.4.</u> Aus dem reellen Vektorraum $C[a,b]$ wählen wir die Folge $f_o, f_1, f_2, \dots$ mit den Funktionswerten

$$f_o(x) = 1 \quad , \quad f_1(x) = x \quad , \quad f_2(x) = x^2 \quad , \dots , \quad x \in [a,b] \quad ,$$

aus. Zu festem, aber beliebigem $n \geqq 0$ sei dann die Bedingung

$$\lambda^o f_o + \lambda^1 f_1 + \dots + \lambda^n f_n = 0 \quad , \qquad \lambda^o, \lambda^1, \dots, \lambda^n \in \mathbb{R} \quad ,$$

erfüllt; sie ist gleichbedeutend mit

$$\lambda^o + \lambda^1 x + \dots + \lambda^n x^n = 0 \quad , \quad x \in [a,b] \quad .$$

Damit haben wir ein reelles Polynom von höchstens n^{tem} Grade mit mehr als n Nullstellen, nämlich unendlich vielen, im Intervall $[a,b]$ vor uns, es kann sich daher nur um das Nullpolynom mit $\lambda^o = \lambda^1 = \dots = \lambda^n = 0$ handeln. Daher sind die Elemente $f_o, f_1, \dots, f_n \in C[a,b]$ für jedes $n \geqq 0$ linear unabhängig, und dies bedeutet nach Definition 2.2

$$(2.7)\qquad \dim C[a,b] = \infty \quad .$$

Wir behandeln anschließend einige Fragen, die mit dem Basisbegriff in natürlichdimensionalen Vektorräumen zusammenhängen (man beachte, daß unsere Definition 2.2 den Räumen der Dimensionen 0 und ∞ keine Basis zuordnet). Eine einfache Basiseigenschaft enthält zunächst

<u>Satz 2.6.</u> In einem n-dimensionalen Vektorraum, n natürlich, sind alle Elemente einer Basis vom Nullelement verschieden.

<u>Beweis.</u> Da die Basiselemente linear unabhängig sind, liefert Satz 2.2 die Behauptung.

Für die Komponenten eines Vektors im Hinblick auf eine feste Basis gilt der folgende

Satz 2.7. Sei V über $\mathbb{K}$ ein Vektorraum der natürlichen Dimension n und bedeute $e_1, e_2, \ldots, e_n \in V$ eine Basis, so sind die kontravarianten Komponenten $\lambda^1, \lambda^2, \ldots, \lambda^n \in \mathbb{K}$ eines jeden Vektors aus V bezüglich dieser Basis eindeutig bestimmt.

Beweis. Wir nehmen an, ein Vektor $u \in V$ habe bezüglich der Basis $e_1, e_2, \ldots, e_n$ zwei verschiedene Darstellungen:

$$u = \lambda^1 e_1 + \lambda^2 e_2 + \ldots + \lambda^n e_n \quad ,$$

$$u = \mu^1 e_1 + \mu^2 e_2 + \ldots + \mu^n e_n \quad .$$

Durch Differenzbildung erhält man

$$(\lambda^1 - \mu^1)e_1 + (\lambda^2 - \mu^2)e_2 + \ldots + (\lambda^n - \mu^n)e_n = 0 \quad ,$$

und hieraus wegen der linearen Unabhängigkeit der Basiselemente $\lambda^1 - \mu^1 = 0$, $\lambda^2 - \mu^2 = 0$, ..., $\lambda^n - \mu^n = 0$. Damit erweisen sich beide Darstellungen als identisch (Widerspruch).

Wir kommen nun zu der Frage nach der Gesamtheit aller Basen für einen natürlichdimensionalen Vektorraum:

Satz 2.8. Sei n eine natürliche Zahl, so ist die allgemeine Basis für einen n-dimensionalen Vektorraum V über dem Körper $\mathbb{K}$ durch alle linear unabhängigen Elemente $u_j \in V$, $j = 1,\ldots,n$, gegeben. Sie kann aus einer speziellen Basis $e_i \in V$, $i = 1,\ldots,n$, durch Multiplikation mit einer nichtsingulären skalaren Matrix $\alpha^i_j \in \mathbb{K}$, $i,j = 1,\ldots,n$, erzeugt werden, d.h. es gilt

$$(2.8) \qquad u_j = \sum_{i=1}^{n} \alpha^i_j e_i \quad , \qquad j = 1,\ldots,n \quad , \qquad \det(\alpha^i_j) \neq 0 \quad .$$

Beweis. Seien $u_j \in V$ linear unabhängig, so gilt mit der festen Basis $e_i \in V$ die Darstellung (2.8), wobei insbesondere das Nichtverschwinden der Determinante eine Konsequenz von Satz 2.4 ist. Durch Multiplikation mit der (nunmehr existierenden) Inversen $\breve{\alpha}^j_k$ zu α^i_j entsteht dann

$$\sum_{j=1}^{n} \breve{\alpha}^j_k u_j = \sum_{i=1}^{n} \Big(\sum_{j=1}^{n} \alpha^i_j \breve{\alpha}^j_k \Big) e_i = \sum_{i=1}^{n} \delta^i_k e_i = e_k \quad , \qquad k = 1,\ldots,n \, .$$

Hat nun ein fest, aber beliebig gewähltes $u \in V$ die Darstellung

$$u = \sum_{k=1}^{n} \lambda^k e_k \quad ,$$

so folgt

$$u = \sum_{k=1}^{n} \lambda^k \left(\sum_{j=1}^{n} \breve{\alpha}^j_k u_j\right) = \sum_{j=1}^{n} \left(\sum_{k=1}^{n} \lambda^k \breve{\alpha}^j_k\right) u_j \quad ,$$

und u_j gewinnt damit die Bedeutung einer Basis für V. Da ferner jede Basis $u_j \in V$ linear unabhängig ist, befindet sie sich nach der am Beginn des Beweises benutzten Schlußweise auch unter den durch (2.8) erzeugten. – Wir müssen nun umgekehrt zeigen, daß eine beliebige Basis für V linear unabhängig ist und daß (2.8) bei gegebener Basis $e_i \in V$ und beliebiger nichtsingulärer Matrix $\alpha^i_j \in \mathbb{K}$ eine Basis darstellt. Während das erste trivial ist, liefert (2.8) nach Satz 2.4 jedenfalls linear unabhängige Elemente $u_j \in V$. Nach dem bereits Bewiesenen bilden diese dann aber eine Basis für V.

Ein vielfach nützliches Kriterium für endlichdimensionale Vektorräume, das der Leser selbst noch einmal auf die Beispiele 2.2 und 2.3 anwenden möge, liefert

Satz 2.9. Ein Vektorraum besitzt genau dann die Dimension $0 \leqq n < \infty$, wenn er

1.) n linear unabhängige Elemente enthält und wenn

2.) je n+1 Elemente linear abhängig sind.

Beweis. N o t w e n d i g k e i t . Es gelte dim V = n $\geqq$ 0. Falls n = 0, folgen 1.) und 2.) aus der Tatsache, daß V nur aus dem Nullelement und damit nach Satz 2.1 nur aus einem linear abhängigen Element besteht. Falls n > 0, folgt 1.) sofort aus der Existenz der Basis $e_1, e_2, \ldots, e_n \in V$. Seien nun $u_1, u_2, \ldots, u_n, u_{n+1} \in V$ fest, aber beliebig gewählt und setzen wir $e_{n+1} \equiv 0$, so bekommen wir

$$u_k = \sum_{i=1}^{n+1} \lambda^i_k e_i \quad , \quad k = 1, \ldots, n+1 \quad .$$

Wegen der linearen Abhängigkeit der $e_1, e_2, \ldots, e_n, e_{n+1} = 0$ folgt dann nach Satz 2.4 die lineare Abhängigkeit auch der $u_1, u_2, \ldots, u_n, u_{n+1}$ und damit die Eigenschaft 2.).

H i n l ä n g l i c h k e i t . Es gelten die Bedingungen 1.) und 2.). Falls n = 0, folgt hieraus, daß jedes Element linear abhängig und damit das Nullelement ist. Da V nicht leer ist, folgt $V = \{0\}$ und damit dim V = 0. Falls n > 0, seien $e_1, e_2, \ldots, e_n \in V$ linear unabhängige Elemente. Dann genügt es, den Basischarakter der $e_1, e_2, \ldots, e_n$ nachzuweisen. Sei also $u \in V$ fest, aber beliebig gewählt. Dann gibt es nach 2.) nicht sämtlich verschwindende Skalare $\lambda^1, \lambda^2, \ldots, \lambda^n, \lambda^{n+1} \in \mathbb{K}$ mit

$$\lambda^1 e_1 + \lambda^2 e_2 + \ldots + \lambda^n e_n + \lambda^{n+1} u = 0 \ .$$

Wäre nun $\lambda^{n+1} = 0$, so könnten nicht alle $\lambda^1, \lambda^2, \ldots, \lambda^n$ verschwinden, und

$$\lambda^1 e_1 + \lambda^2 e_2 + \ldots + \lambda^n e_n = 0$$

ergäbe den Widerspruch der linearen Abhängigkeit der $e_1, e_2, \ldots, e_n$. Also ist $\lambda^{n+1} \neq 0$, und man erhält für u die gewünschte Darstellung

$$u = -\frac{\lambda^1}{\lambda^{n+1}} e_1 - \frac{\lambda^2}{\lambda^{n+1}} e_2 - \ldots - \frac{\lambda^n}{\lambda^{n+1}} e_n \ .$$

Damit ist $\dim V = n$ bewiesen.

§ 3. Untervektorräume

Die Betrachtung von Teilmengen eines gegebenen Vektorraumes spielt in der gesamten Funktionalanalysis eine wichtige Rolle. Wir wollen zunächst eine besonders wichtige Klasse von Teilmengen einführen.

Definition 3.1. Eine nichtleere Teilmenge U eines Vektorraumes V über dem Grundkörper $\mathbb{K}$ heißt ein Untervektorraum, wenn mit $u, v \in U$ auch $u+v \in U$ und mit $\lambda \in \mathbb{K}$, $u \in U$ auch $\lambda u \in U$ gilt.

Satz 3.1. Jeder Untervektorraum U eines Vektorraumes V über dem Grundkörper $\mathbb{K}$ bildet selbst einen Vektorraum über dem Grundkörper $\mathbb{K}$. Dabei stimmt das Nullelement von U stets mit dem Nullelement von V überein.

Beweis. Da alle Elemente aus U zugleich in V liegen, prüft man alle Axiome aus Definition 1.1 leicht unmittelbar nach. Insbesondere ergibt $0u$, $u \in U$, ein und dasselbe Element, nämlich das Nullelement $0 \in V$, und dieses gewinnt nach Definition die Bedeutung des Nullelements von U. Also haben U und V dasselbe Nullelement.

Unmittelbar klar ist, daß jeder Vektorraum ein Untervektorraum seiner selbst ist. Ebenso bildet die nur aus dem Nullelement bestehende Teilmenge $\{0\}$ eines Vektorraumes stets einen Untervektorraum. Interessanter ist schon

<u>Beispiel 3.1.</u> Im $\mathbb{R}^3$ werde ein Element

$$n = (n_1, n_2, n_3) \quad , \quad n_1^2 + n_2^2 + n_3^2 = 1 \tag{3.1}$$

fest gewählt. Sodann betrachten wir die Teilmenge

$$U = \left\{ (x_1, x_2, x_3) \in \mathbb{R}^3 \mid n_1 x_1 + n_2 x_2 + n_3 x_3 = 0 \right\} \quad ; \tag{3.2}$$

sie ist nichtleer, da sie z.B. das Nullelement des $\mathbb{R}^3$ enthält. Mit $x = (x_1, x_2, x_3)$, $y = (y_1, y_2, y_3) \in U$, $\lambda \in \mathbb{R}$ haben Summe und Produkt,

$$x + y = (x_1 + y_1, \; x_2 + y_2, \; x_3 + y_3) \in \mathbb{R}^3 \quad ,$$

$$\lambda x = (\lambda x_1, \lambda x_2, \lambda x_3) \in \mathbb{R}^3 \quad , \quad \lambda \in \mathbb{R} \quad ,$$

die Eigenschaften

$$n_1(x_1+y_1) + n_2(x_2+y_2) + n_3(x_3+y_3) = (n_1x_1+n_2x_2+n_3x_3) + (n_1y_1+n_2y_2+n_3y_3) = 0 \; ,$$

$$n_1 \lambda x_1 + n_2 \lambda x_2 + n_3 \lambda x_3 = \lambda(n_1 x_1 + n_2 x_2 + n_3 x_3) = 0 \quad ,$$

liegen also wiederum in U. Also ist U ein Untervektorraum des $\mathbb{R}^3$ (und damit nach Satz 3.1 selbst ein Vektorraum).

Zur Bestimmung der Dimension von U konstruieren wir zwei linear unabhängige Vektoren $u = (u_1, u_2, u_3)$, $v = (v_1, v_2, v_3) \in U$, die folgenden Bedingungen genügen:

$$n_1 u_1 + n_2 u_2 + n_3 u_3 = 0 \quad , \tag{3.3}$$

$$n_1 v_1 + n_2 v_2 + n_3 v_3 = 0 \quad , \tag{3.4}$$

$$u_1 v_1 + u_2 v_2 + u_3 v_3 = 0 \quad . \tag{3.5}$$

Zunächst könenn wir ein $u \neq 0$ mit der Eigenschaft (3.3) immer angeben (schreibt man hierzu etwa (3.3) dreimal hin, so erhält man ein homogenes lineares Gleichungssystem für u_1, u_2, u_3 mit verschwindender Determinante). Zu diesem u bestimmen wir ein $v \neq 0$ mit den Eigenschaften (3.4) und (3.5) hinzu (auch dies ist wiederum möglich, wenn man beide Gleichungen durch Hinzunahme einer der beiden zu einem homogenen System mit verschwindender Determinante ergänzt). Gelte nun

$$\lambda u + \mu v = (\lambda u_1 + \mu v_1, \; \lambda u_2 + \mu v_2 + \lambda u_3 + \mu v_3) = 0 \quad ,$$

so folgt nach Multiplikation von (3.5) mit $-\mu$ bzw. $-\lambda$ und anschließender

Elimination von v bzw. u

$$\lambda(u_1^2 + u_2^2 + u_3^2) = 0 \quad , \qquad \mu(v_1^2 + v_2^2 + v_3^2) = 0$$

und damit $\lambda = \mu = 0$, d.h. die lineare Unabhängigkeit von u und v. Seien jetzt drei Vektoren $x = (x_1,x_2,x_3)$, $y = (y_1,y_2,y_3)$, $z = (z_1,z_2,z_3) \in U$ fest, aber beliebig gewählt, so folgt

$$\begin{aligned} n_1x_1 + n_2x_2 + n_3x_3 &= 0 \ , \\ n_1y_1 + n_2y_2 + n_3y_3 &= 0 \ , \\ n_1z_1 + n_2z_2 + n_3z_3 &= 0 \end{aligned}$$

und damit ein homogenes lineares Gleichungssystem mit wegen (3.1) nichttrivialer Lösung n_1,n_2,n_3. Also muß die Determinante dieses und auch des folgenden homogenen Systems verschwinden:

$$\begin{aligned} \lambda x_1 + \mu y_1 + \nu z_1 &= 0 \ , \\ \lambda x_2 + \mu y_2 + \nu z_2 &= 0 \ , \\ \lambda x_3 + \mu y_3 + \nu z_3 &= 0 \ . \end{aligned}$$

Mit einer nichttrivialen Lösung λ,μ,ν dieses Systems folgt $\lambda x+\mu y+\nu z = 0$ und damit die lineare Abhängigkeit der x,y,z. Anwendung von Satz 2.9 ergibt schließlich

(3.6) $$\dim U = 2 \ .$$

Geometrisch beschreibt der Untervektorraum $U \subseteq \mathbb{R}^3$ eine Ebene durch den Nullpunkt. Seine Elemente $x \in U$ stehen senkrecht auf dem Einheitsvektor $n = (n_1,n_2,n_3)$, der damit die Bedeutung der Ebenennormalen erlangt (Fig. 1).

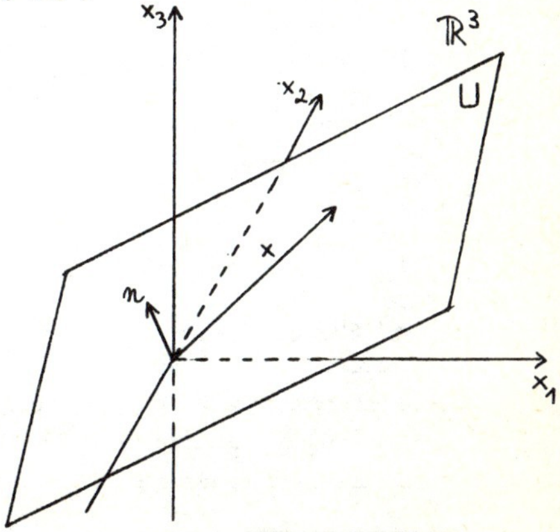

Fig. 1. Ebene durch den Ursprung als Untervektorraum des $\mathbb{R}^3$

Beispiel 3.2. Eine nichtleere Teilmenge des reellen Vektorraumes $C[a,b]$ ist die Menge der in $[a,b]$ erklärten Polynome mit reellen Koeffizienten

$$(3.7)\quad P[a,b] \equiv \left\{ f \in C[a,b] \,\middle|\, f(x) = \sum_{\nu=0}^{n} c_\nu x^\nu \;,\; x \in [a,b] \;,\; c_0, c_1, \ldots, c_n \in \mathbb{R} \;,\; n = 0,1,2,\ldots \right\} \;;$$

daß es sich um eine echte Teilmenge handelt, zeigt etwa die Funktion e^x, $x \in [a,b]$, die zu $C[a,b]$, nicht aber zu $P[a,b]$ gehört[1]. Unmittelbar erkennt man, daß die Summe zweier Elemente aus $P[a,b]$ und das Produkt eines Elementes aus $P[a,b]$ mit einer reellen Zahl wieder zu $P[a,b]$ gehört, $P[a,b]$ also einen Untervektorraum von $C[a,b]$ darstellt. Das Nullelement von $P[a,b]$ ist nach Satz 3.1 gleich dem Nullelement von $C[a,b]$ und damit das in ganz $[a,b]$ verschwindende Polynom; dies ist dann notwendig das Nullpolynom. Für die Dimension des Untervektorraumes bekommt man ganz analog zu Beispiel 2.4

$$(3.8)\qquad \dim P[a,b] = \infty \;.$$

Beispiel 3.3. Zu festem nichtnegativ ganzem n bildet die Menge aller in $[a,b]$ erklärten reellen Polynome von höchstens n^{tem} Grade

$$(3.9)\quad P_n[a,b] \equiv \left\{ f \in C[a,b] \,\middle|\, f(x) = \sum_{\nu=0}^{n} c_\nu x^\nu \;,\; x \in [a,b] \;,\; c_0, c_1, \ldots, c_n \in \mathbb{R} \right\}$$

ebenfalls einen echten Untervektorraum von $C[a,b]$. Darüber hinaus ist $P_n[a,b]$ aber auch ein echter Untervektorraum von $P[a,b]$. Wie bei Beispiel 2.4 schließt man auf die lineare Unabhängigkeit der Elemente

$$(3.10)\qquad e_0(x) = 1 \;,\; e_1(x) = x \;,\; \ldots \;,\; e_n(x) = x^n \;,\quad x \in [a,b] \;,$$

deren Basischarakter dann evident ist. Insbesondere gewinnen die Koeffizienten $c_0, c_1, \ldots, c_n$ eines Polynoms aus $P_n[a,b]$ die Bedeutung der kontravarianten Komponenten bezüglich dieser Basis. Außerdem hat man

$$(3.11)\qquad \dim P_n[a,b] = n+1 \quad,\quad n = 0,1,2,\ldots \;.$$

Beispiel 3.4. Im Gegensatz zu den Polynomen von höchstens n^{tem} Grade bildet die Teilmenge der in $[a,b]$ erklärten Polynome n^{ten} Grades keinen Untervektorraum von $C[a,b]$. Die Summe zweier Polynome n^{ten} Grades, bei denen sich die Koeffizienten der höchsten Potenz nur im Vorzeichen unterscheiden, führt nämlich offensichtlich aus dieser Teilmenge heraus.

---

1) Denn alle Ableitungen der Exponentialfunktion sind im Gegensatz zu denen eines Polynoms von Null verschieden.

Wir bringen anschließend zwei einfache Sätze über die Dimension von Untervektorräumen.

Satz 3.2. Ist U ein Untervektorraum von V, gilt also

(3.12) $$U \subseteq V \quad ,$$

so folgt hieraus

(3.13) $$\dim U \leqq \dim V \quad .$$

Beweis. Falls $\dim V = n < \infty$, sind je n+1 Elemente aus U wegen $U \subseteq V$ und Satz 2.9 sicher linear abhängig. Dann gibt es entweder n linear unabhängige Elemente aus U, und Satz 2.9 liefert $\dim U = n$, oder je n Elemente aus U sind linear abhängig. Trifft letzteres zu, so gibt es entweder n-1 linear unabhängige Elemente aus U, und es gilt $\dim U = n-1$, oder je n-1 Elemente aus U sind linear abhängig. Dieser Prozeß ist nach endlich vielen Schritten zu Ende, spätestens dann, wenn jedes Element linear abhängig und damit das Nullelement ist; in diesem Fall gilt $\dim U = \dim \{0\} = 0$. Falls $\dim V = \infty$, ist die Behauptung trivial.

Satz 3.3. Ist U ein echter endlichdimensionaler Untervektorraum von V, d.h. gilt

(3.14) $$U \subset V \quad , \quad \dim U < \infty \quad ,$$

so folgt

(3.15) $$\dim U < \dim V \quad .$$

Beweis. Im Falle $\dim U = 0$ und damit $U = \{0\}$ enthält V ein von Null verschiedenes Element. Dann muß $\dim V > 0$ gelten. Sei $\dim U = n > 0$ und $e_1,\ldots,e_n \in U$ eine Basis für U. Wegen $U \subset V$ gibt es ein Element $u \in V$ mit $u \notin U$. Dann sind $e_1,\ldots,e_n$, $u \in V$ linear unabhängig, denn

$$\lambda^1 e_1 + \ldots + \lambda^n e_n + \lambda u = 0$$

hat zunächst $\lambda = 0$ zur Folge (anderenfalls hätte man $u \in U$) und dann weiter $\lambda^1 = \ldots = \lambda^n = 0$, da $e_1,\ldots,e_n$ linear unabhängig sind. Es sind also nicht je n+1 Elemente aus V linear abhängig, V hat also nicht die Dimension n. Wegen $\dim U \leqq \dim V$ infolge Satz 3.2 bleibt daher nur $\dim U < \dim V$.

Beispiel 3.5. Für die Untervektorräume der Beispiele 3.2 und 3.3 gilt

(3.16) $$P_n[a,b] \subset P[a,b] \subset C[a,b] \quad , \quad n = 0,1,2,\ldots \quad .$$

Zusammen mit (2.7) und (3.11) erlauben die Sätze 3.2 und 3.3 dann den Schluß

(3.17) $$n+1 < \dim P[a,b] \leqq \infty \quad , \quad n = 0,1,2,\ldots \quad ,$$

und bestätigen damit auf andere Weise noch einmal unser früheres Resultat (3.8).

Eine große Klasse von Untervektorräumen erschließt

<u>Definition 3.2.</u> Sei V ein Vektorraum über dem Körper $\mathbb{K}$ und $\mathfrak{M} \subseteq V$ eine nichtleere Teilmenge, so heißt die Menge aller möglichen Linearkombinationen von Elementen aus $\mathfrak{M}$

(3.18) $$\mathcal{L}\mathfrak{M} \equiv \left\{ u \in V \mid u = \sum_{i=1}^{n} \lambda^i u_i \; , \; \lambda^i \in \mathbb{K}, \; u_i \in \mathfrak{M} \; , \; n = 1,2,3,\ldots \right\}$$

die <u>lineare Hülle</u> der Menge $\mathfrak{M}$. Man setzt ferner $\mathcal{L}\emptyset \equiv \emptyset$.

Zunächst einige unmittelbare Konsequenzen.

<u>Satz 3.4.</u> Für eine Menge $\mathfrak{M} \subseteq V$ gilt

(3.19) $$\mathfrak{M} \subseteq \mathcal{L}\mathfrak{M} \quad .$$

<u>Beweis.</u> Aus $u \in \mathfrak{M}$ folgt $u = 1 \cdot u$ und damit $u \in \mathcal{L}\mathfrak{M}$.

<u>Satz 3.5.</u> Für eine Menge $\mathfrak{M} \subseteq V$ gilt

(3.20) $$\mathcal{L}\mathcal{L}\mathfrak{M} = \mathcal{L}\mathfrak{M}$$

<u>Beweis</u> von rechts nach links folgt aus Satz 3.4. Zum Beweis von links nach rechts sei $u \in \mathcal{L}\mathcal{L}\mathfrak{M}$ fest, aber beliebig gewählt. Dann gilt infolge Definition 3.2 die Darstellung

$$u = \sum_{i=1}^{n} \lambda^i u_i \quad , \quad \lambda^i \in \mathbb{K} \quad , \quad u_i \in \mathcal{L}\mathfrak{M} \; .$$

Eliminiert man hier die $u_i \in \mathcal{L}\mathfrak{M}$ wiederum auf Grund von Definition 3.2 durch

$$u_i = \sum_{k=1}^{m_i} \lambda_i^k u_{ik} \quad , \quad \lambda_i^k \in \mathbb{K} \quad , \quad u_{ik} \in \mathfrak{M} \; ,$$

so folgt die Behauptung $u \in \mathcal{L}\mathfrak{M}$.

Satz 3.6. Die lineare Hülle $\mathcal{L}\mathfrak{M}$ einer nichtleeren Menge $\mathfrak{M} \subseteq V$ bildet einen Untervektorraum von V.

Beweis. Zunächst gilt $\mathcal{L}\mathfrak{M} \supseteq \mathfrak{M} \supset \emptyset$ und damit $\mathcal{L}\mathfrak{M} \supset \emptyset$. Seien dann $u,v \in \mathcal{L}\mathfrak{M}$ beliebig gewählt, so gelten die Darstellungen

$$u = \sum_{i=1}^{m} \lambda^i u_i \quad , \quad \lambda^i \in \mathbb{K} \quad , \quad u_i \in \mathfrak{M} \quad , \quad i = 1,\ldots,m \ ,$$

$$v = \sum_{k=1}^{n} \mu^k v_k \quad , \quad \mu^k \in \mathbb{K} \quad , \quad v_k \in \mathfrak{M} \quad , \quad k = 1,\ldots,n \ ,$$

und damit $u+v \in \mathcal{L}\mathfrak{M}$, $\lambda u \in \mathcal{L}\mathfrak{M}$, $\lambda \in \mathbb{K}$.

Satz 3.7. Eine Teilmenge $U \subseteq V$ ist genau dann ein Untervektorraum von V, wenn sie nichtleer ist und mit ihrer linearen Hülle übereinstimmt, d.h. wenn gilt

$$U \neq \emptyset \quad , \quad \mathcal{L}U = U \ . \tag{3.21}$$

Beweis. N o t w e n d i g k e i t . Ein Untervektorraum $U \subseteq V$ ist stets nichtleer. Sei $u \in \mathcal{L}U$ fest, aber beliebig gewählt, so gilt die Darstellung

$$u = \sum_{i=1}^{n} \lambda^i u_i \quad , \quad \lambda^i \in \mathbb{K} \quad , \quad u_i \in U \ ,$$

und damit $u \in U$. Zusammen mit (3.19) folgt dann (3.21). - H i n l ä n g l i c h k e i t . Sei $U \neq \emptyset$ eine Teilmenge von V, so bildet $\mathcal{L}U$ nach Satz 3.5 einen Untervektorraum von V. Wegen $U = \mathcal{L}U$ ist dann auch U ein Untervektorraum.

Beispiel 3.6. Im Vektorraum $V = C[a,b]$ werde die Teilmenge aller Potenzen

$$\mathfrak{M} = \left\{ f \in C[a,b] \;\middle|\; f(x) = x^n \ , \ x \in [a,b] \ , \ n = 0,1,2,\ldots \right\}$$

betrachtet. Die lineare Hülle ergibt sofort den Untervektorraum der Polynome

$$\mathcal{L}\mathfrak{M} = P[a,b] \ .$$

Bildet man erneut die lineare Hülle, so liefert Satz 3.5

$$\mathcal{L}P[a,b] = P[a,b] \ .$$

Abschließend betrachten wir den Spezialfall nichtleerer endlicher Mengen.

Satz 3.8. Die lineare Hülle einer nichtleeren endlichen Menge $\{u_1,u_2,\dots,u_n\} \subseteq V$ lautet

$$(3.22) \qquad \mathcal{L}\{u_1,u_2,\dots,u_n\} = \{u \in V \mid u = \sum_{i=1}^{n} \lambda^i u_i \,,\ \lambda^i \in \mathbb{K}\}\,.$$

Beweis. Jedes Element rechts in (3.22) ist nach Definition 3.2 offensichtlich in $\mathcal{L}\{u_1,u_2,\dots,u_n\}$ enthalten. Hat umgekehrt ein Element aus $\mathcal{L}\{u_1,u_2,\dots,u_n\}$ eine Darstellung gemäß (3.18), so kann man diese, gegebenenfalls durch Zusammenfassung von Gliedern mit gleichen Elementen und Ergänzung von Nullelementen der Form $Ou_1, Ou_2,\dots,Ou_n$, stets in die Form eines Elementes rechts in (3.22) bringen.

Satz 3.9. Es sei V ein Vektorraum über dem Körper $\mathbb{K}$ und n eine natürliche Zahl. Dann ist der allgemeine n-dimensionale Untervektorraum $U \subseteq V$ gegeben durch die lineare Hülle von jeweils n linear unabhängigen Elementen $u_1,u_2,\dots,u_n \in V$:

$$(3.23) \qquad U = \mathcal{L}\{u_1,u_2,\dots,u_n\}\ .$$

Beweis. Seien $u_1,u_2,\dots,u_n \in V$ linear unabhängig, so bildet die lineare Hülle (3.23) nach Satz 3.6 einen Untervektorraum $U \subseteq V$. Nach Satz 3.4 gilt dann auch $u_1,u_2,\dots,u_n \in U$, und Satz 2.8 liefert die Basiseigenschaft dieser Elemente für U. Also gilt dim U = n. – Sei umgekehrt $U \subseteq V$ ein n-dimensionaler Untervektorraum, so besitzt dieser eine Basis von n linear unabhängigen Elementen $u_1,u_2,\dots,u_n \in U$. Ein Element $u \in \mathcal{L}\{u_1,u_2,\dots,u_n\}$ ist dann eine Linearkombination der $u_1,u_2,\dots,u_n$ und damit ein Element aus U. Andererseits ist jedes Element $u \in U$ aber auch als Linearkombination der Basiselemente $u_1,u_2,\dots,u_n$ darstellbar und folglich ein Element von $\mathcal{L}\{u_1,u_2,\dots,u_n\}$. Damit ist die Darstellung (3.23) bewiesen.

Satz 3.10. In einem Vektorraum V ist eine natürliche Anzahl (voneinander verschiedener) Elemente $u_1,u_2,\dots,u_n$ genau dann linear unabhängig, wenn

$$(3.24) \qquad \dim \mathcal{L}\{u_1,u_2,\dots,u_n\} = n$$

gilt.

Beweis. Notwendigkeit. Sind $u_1,u_2,\dots,u_n \in V$ linear unabhängig, so ist $\mathcal{L}\{u_1,u_2,\dots,u_n\}$ nach Satz 3.9 ein n-dimensionaler Untervektorraum. – Hinlänglichkeit. Ist (3.24) erfüllt, so können $u_1,u_2,\dots,u_n$ nicht linear abhängig sein, da es sonst außer den in Satz 3.7 genannten noch weitere n-dimensionale Untervektorräume von V gäbe.

Denkt man sich im Falle einer endlichen Menge

$$\{0\} \subset \mathfrak{M} = \{u_1, u_2, \ldots, u_n\} \subseteq V$$

die linear abhängigen Elemente nach und nach ausgesondert, so bleibt die lineare Hülle offenbar unverändert, und man bekommt das (für $\mathfrak{M} = \{0\}$ und unendliche Mengen triviale)

Korollar 3.1. Für eine nichtleere Menge $\mathfrak{M} \subseteq V$ gilt

(3.25) $\quad \dim \mathcal{L}\mathfrak{M} \leqq$ Anzahl der Elemente von $\mathfrak{M}$.

§ 4. Normierte Vektorräume

Bisher haben wir uns allein mit algebraischen Eigenschaften von Vektorräumen beschäftigt. Um nun auch Analysis in Vektorräumen betreiben zu können, benötigen wir zuallererst eine Verallgemeinerung des Betragsbegriffs der klassischen Infinitesimalrechnung:

Definition 4.1. Ein Vektorraum V über dem Grundkörper $\mathbb{K}$ heißt normiert, wenn jedem Element $u \in V$ genau eine reelle Zahl $\|u\|$, genannt die Norm von u, zugeordnet ist und dabei folgende Axiome gelten:

1.) $\|u\| \neq 0$, $u \in V - \{0\}$;
2.) $\|\lambda u\| = |\lambda| \, \|u\|$, $\lambda \in \mathbb{K}$, $u \in V$ (Homogenität);
3.) $\|u+v\| \leqq \|u\| + \|v\|$, $u, v \in V$ (Dreiecksungleichung).

Zunächst einfache Folgerungen:

Satz 4.1 (Positivität der Norm). In einem normierten Vektorraum V gilt

$$\|u\| \geqq 0 \quad , \quad u \in V \ ,$$

und $\|u\| = 0$ genau dann, wenn $u = 0$ ist.

Beweis. Zunächst folgt aus 2.)

$$||0|| = ||0 \cdot 0|| = |0|\ ||0|| = 0 \cdot ||0|| = 0 .$$

Weiter folgt für festes, aber beliebiges $u \in V$ mit 2.) und 3.)

$$||0|| = ||\tfrac{1}{2}\, u - \tfrac{1}{2}\, u|| \leqq \tfrac{1}{2}\, ||u|| + \tfrac{1}{2}\, ||u|| = ||u|| ,$$

also $||u|| \geqq 0$, $u \in V$. Schließlich führt die Annahme, es gelte $||u|| = 0$ auch für ein $u \neq 0$, wegen 1.) sofort auf den Widerspruch $||u|| \neq 0$. Also gilt $||u|| = 0$ nur für $u = 0$.

Satz 4.2. In einem normierten Vektorraum V gilt die (zweite) Dreiecksungleichung

$$||u-v|| \geqq \Big|\, ||u|| - ||v|| \,\Big| \quad , \quad u,v \in V .$$

Beweis mit 2.) und 3.). Je nachdem, ob $||u|| \geqq ||v||$ oder $||u|| < ||v||$ gilt, wird

$$\Big|\, ||u||-||v|| \,\Big| = ||(u-v)+v||-||v|| \leqq ||u-v||+||v||-||v|| = ||u-v|| ,$$

$$\Big|\, ||u||-||v|| \,\Big| = ||(v-u)+u||-||u|| \leqq ||v-u||+||u||-||u|| = ||u-v|| .$$

Satz 4.3. Ein Untervektorraum eines normierten Vektorraumes ist selbst ein normierter Vektorraum.

Beweis folgt unmittelbar durch Nachprüfung der Axiome in Definition 4.1.

Beispiel 4.1. Im $\mathbb{R}^n$ mit den Elementen $x = (x_1, x_2, \ldots, x_n)$ werde

$$(4.1) \qquad ||x|| \equiv \sqrt{x_1^2 + x_2^2 + \ldots + x_n^2} \quad , \quad x \in \mathbb{R}^n ,$$

erklärt. Wir zeigen, daß dies eine Norm entsprechend Definition 4.1 ist:

1.) Falls $x \neq 0$ ist, verschwinden nicht sämtliche $x_1, x_2, \ldots, x_n$; dann wird $||x|| > 0$.

2.) Für $\lambda \in \mathbb{R}$, $x \in \mathbb{R}^n$ wird

$$||\lambda x|| = \sqrt{(\lambda x_1)^2 + (\lambda x_2)^2 + \ldots + (\lambda x_n)^2} = |\lambda|\ ||x|| .$$

3.) Für $x = (x_1, x_2, \ldots, x_n)$ und $y = (y_1, y_2, \ldots, y_n)$ aus $\mathbb{R}^n$ wird auf Grund der SCHWARZschen Ungleichung

$$\begin{aligned} ||x+y|| &= \sqrt{(x_1+y_1)^2 + (x_2+y_2)^2 + \ldots + (x_n+y_n)^2} \\ &\leqq \sqrt{x_1^2+x_2^2+\ldots+x_n^2 + 2|\, x_1y_1+x_2y_2+\ldots+x_ny_n| + y_1^2+y_2^2+\ldots+y_n^2} \\ &\leqq \sqrt{x_1^2+x_2^2+\ldots+x_n^2 + 2\sqrt{x_1^2+x_2^2+\ldots+x_n^2}\ \sqrt{y_1^2+y_2^2+\ldots+y_n^2} + y_1^2+y_2^2+\ldots+y_n^2} \end{aligned}$$

$$= \sqrt{\left(\sqrt{x_1^2+x_2^2+\ldots+x_n^2} + \sqrt{y_1^2+y_2^2+\ldots+y_n^2}\right)^2} = \|x\|+\|y\| \quad .$$

Die durch (4.1) im $\mathbb{R}^n$ eingeführte Norm bezeichnet man als <u>euklidische Norm</u> und den derart ergänzten $\mathbb{R}^n$ selbst als <u>euklidischen Raum</u>.

<u>Bemerkung.</u> Es ist möglich, beliebig viele andere Normen für den $\mathbb{R}^n$ anzugeben.

<u>Beispiel 4.2.</u> Wir betrachten den Vektorraum $C[a,b]$ mit der <u>Maximumnorm</u>, auch <u>TSCHEBYSCHEFFnorm</u> [1] oder kurz <u>T-Norm</u> genannt,

$$(4.2) \qquad \|f\| \equiv \max_{x\in[a,b]} |f(x)| \quad , \quad f\in C[a,b] \quad ;$$

dabei ist die Existenz des Maximums grundsätzlich durch den Satz von WEIERSTRASS (Satz I.17.4) gesichert. Wir bestätigen die Normaxiome:

1.) Falls $f \not\equiv 0$, folgt $|f(x_o)| > 0$ für (mindestens) ein $x_o \in [a,b]$ und damit

$$\|f\| = \max_{x\in[a,b]} |f(x)| \geqq |f(x_o)| > 0 \quad .$$

2.) Seien $\lambda \in \mathbb{R}$ und $f\in C[a,b]$ fest, aber beliebig gewählt und bedeute $\bar{x} \in [a,b]$ eine Stelle, an der $|f(x)|$ sein Maximum annimmt. Dann folgt

$$|\lambda f(x)| = |\lambda||f(x)| \leqq |\lambda||f(\bar{x})| = |\lambda f(\bar{x})| \quad , \quad x\in[a,b] \quad ,$$

d.h. die Funktion $|\lambda f(x)|$ nimmt ebenfalls ihr Maximum an der Stelle $\bar{x}$ an. Damit erhalten wir

$$\|\lambda f\| = \max_{x\in[a,b]} |\lambda f(x)| = |\lambda f(\bar{x})| = |\lambda||f(\bar{x})| = |\lambda| \, \|f\| \quad .$$

3.) Seien $f,g\in V$ fest, aber beliebig gewählt und nehmen $|f(x)|$, $|g(x)|$, $|f(x)+g(x)|$ ihre Maxima jeweils an den Stellen x_1, x_2, x_3 an. Dann wird

---

1) Pafnuti Levowitsch TSCHEBYSCHEFF (1821-1894), bedeutender russischer Mathematiker des 19. Jahrhunderts, wirkte in Moskau und von 1857 an in Petersburg, wo er zum Begründer der berühmten Petersburger mathematischen Schule wurde. TSCHEBYSCHEFF, der Mitglied der Akademie der Wissenschaften war, legte in richtungweisenden Arbeiten über die später nach ihm benannte Approximation den Grundstein zur Approximationstheorie, die heute im Zeitalter des automatischen Rechnens besondere Bedeutung erlangt hat. Er leistete ferner wesentliche Beiträge zur Zahlentheorie, Wahrscheinlichkeitsrechnung und zur Mechanik.

$$\|f+g\| = \max_{x \in [a,b]} |f(x)+g(x)| = |f(x_3)+g(x_3)| \leqq |f(x_3)|+|g(x_3)|$$

$$\leqq |f(x_1)|+|g(x_2)| = \max_{x\in [a,b]} |f(x)| + \max_{x\in [a,b]} |g(x)| = \|f\|+\|g\| .$$

Zur Angabe weiterer Beispiele bedarf es zunächst einiger Vorbereitungen.

Satz 4.4 (HÖLDERsche [1] Ungleichung). Seien $a_1, a_2, \dots, a_n$, $b_1, b_2, \dots, b_n$ reelle Zahlen und p,q reelle Zahlen mit

$$(4.3) \qquad p > 1 \quad , \quad q > 1 \quad , \quad \frac{1}{p} + \frac{1}{q} = 1 \quad ,$$

so gilt

$$(4.4) \qquad \left| \sum_{\nu=1}^{n} a_\nu b_\nu \right| \leqq \sqrt[p]{\sum_{\nu=1}^{n} |a_\nu|^p} \; \sqrt[q]{\sum_{\nu=1}^{n} |b_\nu|^q} \quad .$$

Bemerkung. Im Spezialfall p = q = 2 fällt die HÖLDERsche mit der SCHWARZschen Ungleichung zusammen.

Beweis. Die Funktion

$$(4.5) \qquad f(x) \equiv 1 - \frac{1}{p} x^{-p} - \frac{1}{q} x^q \quad , \qquad 0 < x < \infty \quad ,$$

verschwindet offensichtlich einschließlich ihrer ersten Ableitung an der Stelle $x_o = 1$, während die zweite Ableitung überall negativ ist. Die TAYLORsche Formel mit dem Entwicklungspunkt $x_o = 1$ liefert daher ausschließlich nichtpositive Funktionswerte. Insbesondere gilt, wenn a,b positiv reelle Zahlen bedeuten,

$$1 - \frac{1}{p} \left(\frac{\sqrt[p]{b}}{\sqrt[q]{a}} \right)^{-p} - \frac{1}{q} \left(\frac{\sqrt[p]{b}}{\sqrt[q]{a}} \right)^{q} \leqq 0 \quad .$$

Multiplikation mit ab ergibt

$$ab \leqq \frac{1}{p} a^{\frac{p}{q}+1} + \frac{1}{q} b^{\frac{q}{p}+1} \quad ;$$

---

1) Otto HÖLDER (1859-1937), Professor in Tübingen, Königsberg und Leipzig, arbeitete über Gruppentheorie, Funktionentheorie und FOURIERsche Reihen. Für viele Anwendungen der Analysis und insbesondere der Potentialtheorie hat sich der Begriff der HÖLDERstetigkeit, eine Zwischenstufe zwischen Stetigkeit und stetiger Differenzierbarkeit, als sehr fruchtbar erwiesen.

zusammen mit (4.3) folgt die Ungleichung

$$(4.6) \qquad ab \leqq \frac{1}{p} a^p + \frac{1}{q} b^q$$

zunächst für $a > 0$, $b > 0$, dann aber trivialerweise auch für $a \geqq 0$, $b \geqq 0$. Da nun die Behauptung (4.4) trivial ist, wenn entweder alle a_ν oder alle b_ν verschwinden, brauchen wir nur den Fall, daß weder alle a_ν noch alle b_ν verschwinden, zu behandeln. Wir erhalten dann mit (4.6)

$$\frac{|a_\mu|}{\sqrt[p]{\sum\limits_{\nu=1}^{n} |a_\nu|^p}} \; \frac{|b_\mu|}{\sqrt[q]{\sum\limits_{\nu=1}^{n} |b_\nu|^q}} \leqq \frac{1}{p} \frac{|a_\mu|^p}{\sum\limits_{\nu=1}^{n} |a_\nu|^p} + \frac{1}{q} \frac{|b_\mu|^q}{\sum\limits_{\nu=1}^{n} |b_\nu|^q} \quad , \quad \mu = 1,2,\dots,n \; ,$$

und hieraus durch Summation über $\mu = 1,2,\dots,n$

$$(4.7) \qquad \frac{\sum\limits_{\mu=1}^{n} |a_\mu b_\mu|}{\sqrt[p]{\sum\limits_{\nu=1}^{n} |a_\nu|^p} \; \sqrt[q]{\sum\limits_{\nu=1}^{n} |b_\nu|^q}} \leqq \frac{1}{p} + \frac{1}{q} = 1 \quad .$$

Schätzt man dann die linke Seite von (4.4) zunächst durch die Summe der Beträge ab, so folgt die Behauptung unmittelbar aus (4.7).

<u>Satz 4.5</u> (Integralform der HÖLDERschen Ungleichung). Seien $f(x), g(x)$, $x \in [a,b]$, stetige Funktionen und p,q reelle Zahlen gemäß (4.3), so gilt

$$(4.8) \qquad \left| \int_a^b f(x)g(x)\,dx \right| \leqq \sqrt[p]{\int_a^b |f(x)|^p dx} \; \sqrt[q]{\int_a^b |g(x)|^q dx} \quad .$$

<u>Bemerkung.</u> Im Spezialfall $p = q = 2$ fällt (4.8) mit der Integralform der SCHWARZschen Ungleichung zusammen.

<u>Beweis.</u> Nach Wahl von Intervallteilungen und Zwischenstellen liefert die Anwendung der HÖLDERschen Ungleichung (4.4)

$$\left| \sum_{\nu=1}^{n} f(\xi_\nu) g(\xi_\nu) \Delta x_\nu^{\frac{1}{p}} \Delta x_\nu^{\frac{1}{q}} \right| \leqq \sqrt[p]{\sum_{\nu=1}^{n} |f(\xi_\nu)|^p \Delta x_\nu} \; \sqrt[q]{\sum_{\nu=1}^{n} |g(\xi_\nu)|^q \Delta x_\nu} \;\; ;$$

der anschließende Grenzübergang $n \to \infty$ liefert (4.8).

Satz 4.6 (MINKOWSKIsche [1] Ungleichung). Seien $a_1, a_2, \ldots, a_n$, $b_1, b_2, \ldots, b_n$ und $p \geqq 1$ reelle Zahlen, so gilt

$$\sqrt[p]{\sum_{\nu=1}^{n} |a_\nu + b_\nu|^p} \leqq \sqrt[p]{\sum_{\nu=1}^{n} |a_\nu|^p} + \sqrt[p]{\sum_{\nu=1}^{n} |b_\nu|^p} . \tag{4.9}$$

Bemerkung. Speziell für $p = 2$ erhält man die Dreiecksungleichung im $\mathbb{R}^n$ bei euklidischer Normierung (vgl. Beispiel 4.1).

Beweis für $p = 1$ trivial. Gelte also $p > 1$, so können wir $q > 1$ gemäß (4.3) hinzubestimmen. Sodann liefert die Anwendung der HÖLDERschen Ungleichung (4.4)

$$\sum_{\nu=1}^{n} |a_\nu + b_\nu|^p = \sum_{\nu=1}^{n} |a_\nu + b_\nu| \, |a_\nu + b_\nu|^{p-1}$$

$$\leqq \sum_{\nu=1}^{n} |a_\nu| \, |a_\nu + b_\nu|^{p-1} + \sum_{\nu=1}^{n} |b_\nu| \, |a_\nu + b_\nu|^{p-1}$$

$$\leqq \sqrt[p]{\sum_{\nu=1}^{n} |a_\nu|^p} \; \sqrt[q]{\sum_{\nu=1}^{n} |a_\nu + b_\nu|^{(p-1)q}} + \sqrt[p]{\sum_{\nu=1}^{n} |b_\nu|^p} \; \sqrt[q]{\sum_{\nu=1}^{n} |a_\nu + b_\nu|^{(p-1)q}} ;$$

Division durch

$$\sqrt[q]{\sum_{\nu=1}^{n} |a_\nu + b_\nu|^p} = \sqrt[q]{\sum_{\nu=1}^{n} |a_\nu + b_\nu|^{(p-1)q}}$$

ergibt, sofern diese Zahl von Null verschieden ist, zusammen mit $1 - \frac{1}{q} = \frac{1}{p}$ die Behauptung (4.9). Anderenfalls gilt (4.9) mit verschwindender linken Seite trivialerweise.

---

1) Hermann MINKOWSKI (1864-1909), der mit 19 Jahren eine Preisaufgabe der Pariser Akademie über die Zerlegung natürlicher Zahlen in eine Summe von 5 Quadratzahlen löste, wirkte in Bonn, Königsberg, Zürich und Göttingen. Nach weiteren Arbeiten u.a. zur Theorie der konvexen Körper widmete sich MINKOWSKI den mathematischen Anwendungen in der Hydro- und Elektrodynamik und bereicherte vor allem die spezielle Relativitätstheorie. Mit Hilfe des Relativitätsprinzips gelang ihm die Verallgemeinerung der MAXWELLschen Gleichungen der Elektrodynamik auf bewegte Medien (MINKOWSKIsche Gleichungen).

Satz 4.7 (Integralform der MINKOWSKIschen Ungleichung). Seien $f(x), g(x)$, $x \in [a,b]$, stetige Funktionen und $p \geqq 1$ eine reelle Zahl, so gilt

$$(4.10) \qquad \sqrt[p]{\int_a^b |f(x)+g(x)|^p dx} \leqq \sqrt[p]{\int_a^b |f(x)|^p dx} + \sqrt[p]{\int_a^b |g(x)|^p dx} .$$

Beweis. Mit den üblichen Bezeichnungen liefert die MINKOWSKIsche Ungleichung (4.9)

$$\sqrt[p]{\sum_{\nu=1}^{n} \left| f(\xi_\nu)\Delta x_\nu^{\frac{1}{p}} + g(\xi_\nu)\Delta x_\nu^{\frac{1}{p}} \right|^p} \leqq \sqrt[p]{\sum_{\nu=1}^{n} |f(\xi_\nu)|^p \Delta x_\nu} + \sqrt[p]{\sum_{\nu=1}^{n} |g(\xi_\nu)|^p \Delta x_\nu} ;$$

durch Grenzübergang $n \to \infty$ folgt die Behauptung (4.10).

Beispiel 4.3. Wir betrachten noch einmal den Raum $C[a,b]$, führen in ihm jedoch jetzt mit einer reellen Zahl $p \geqq 1$ eine andere, die p^{te} LEBESGUEnorm [1], kurz die L^p-Norm, ein:

$$(4.11) \qquad \|f\| \equiv \sqrt[p]{\int_a^b |f(x)|^p \, dx} \quad , \quad f \in C[a,b] \quad .$$

1.) Falls $f \not\equiv 0$, gilt $|f(x)| \geqq 0$, $x \in [a,b]$, und $|f(x_0)| > 0$ für ein $x_0 \in [a,b]$; Satz I.22.1 liefert dann $\|f\| > 0$.

2.) Für $\lambda \in \mathbb{R}$, $f \in C[a,b]$ erhält man

$$\|\lambda f\| = \sqrt[p]{\int_a^b |\lambda f(x)|^p dx} = |\lambda| \sqrt[p]{\int_a^b |f(x)|^p dx} = |\lambda| \, \|f\| .$$

3.) Für $f,g \in C[a,b]$ wird infolge der MINKOWSKIschen Ungleichung in Integralform (4.10)

$$\|f+g\| = \sqrt[p]{\int_a^b |f(x)+g(x)|^p dx} \leqq \sqrt[p]{\int_a^b |f(x)|^p dx} + \sqrt[p]{\int_a^b |g(x)|^p dx} = \|f\| + \|g\| .$$

---

1) Henri LEBESGUE (1875-1941), der in Rennes, Poitiers und Paris wirkte, war Mitglied der Académie des Sciences in Paris, der London Mathematical Society und der Royal Society. In seiner berühmten Dissertation aus dem Jahre 1902 gewann er den nach ihm benannten Maß- und Integralbegriff, der sich als überaus fruchtbar für die moderne Analysis erwiesen hat. Der auf dem LEBESGUEschen Integral aufbauende LEBESGUEsche Raum wurde von besonderer Bedeutung für die Entwicklung der Funktionalanalysis. Weitere Arbeiten widmete er den Anwendungen des neuen Integralbegriffs, insbesondere auf die Theorie der FOURIERschen Reihen.

Beispiel 4.4. Die Menge $\mathbb{K}$ der reellen bzw. komplexen Zahlen kann, wie wir in Beispiel 1.1 bzw. 1.2 sahen, als Vektorraum über sich selbst, d.h. über dem Körper $\mathbb{K}$ der reellen bzw. komplexen Zahlen, aufgefaßt werden. Definiert man dann die Norm einer reellen bzw. komplexen Zahl durch deren Betrag

(4.12) $$||z|| \equiv |z| \quad , \quad z \in \mathbb{K} \quad ,$$

so erkennt man unmittelbar, daß die drei Axiome aus Definition 4.1 erfüllt sind.

In naheliegender Weise verwendet man die Norm eines Vektorraumes V dazu, den Abstand zweier Elemente $u,v \in V$ durch die nichtnegativ reelle Zahl $||v-u||$ zu erklären. Offensichtlich sind zwei Elemente $u,v \in V$ genau dann gleich, wenn ihr Abstand verschwindet. Für drei Elemente $u,v,w \in V$ führt die Abschätzung der Identität $w-u = (w-v)+(v-u)$ durch die Dreiecksungleichung in der ursprünglichen Form auf die allgemeinere Form

(4.13) $$||w-u|| \leqq ||w-v|| + ||v-u|| \quad , \quad u,v,w \in V \ .$$

Als Anwendung betrachten wir mit einer positiv reellen Zahl ϱ die ϱ-Umgebung eines Elementes $u \in V$, d.h. die Menge

(4.14) $$\mathfrak{U} = \{ v \in V \mid ||v-u|| < \varrho \}$$

aller Elemente $v \in V$, deren Abstand von u kleiner als ϱ ausfällt. Danach werde $v \in \mathfrak{U}$ fest gewählt und zu diesem v wiederum eine ϱ^*-Umgebung $\mathfrak{U}^*$ mit

(4.15) $$0 < \varrho^* \leqq \varrho - ||v-u|| \ .$$

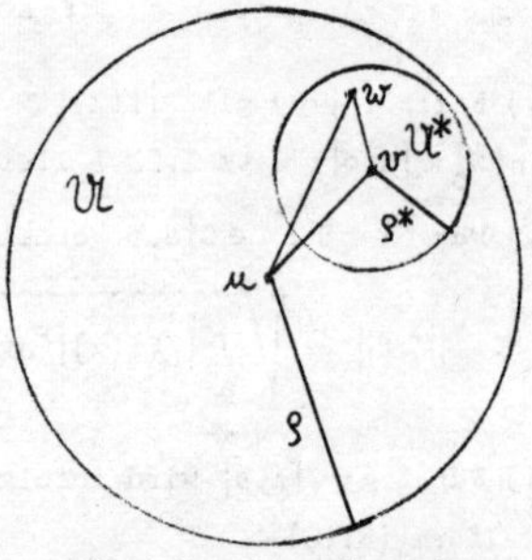

Fig. 2. Anwendung der Dreiecksungleichung

Sodann gilt die von der klassischen Raumvorstellung (Fig. 2) her erwartete Inklusion $\mathfrak{U}^* \subseteq \mathfrak{U}$, denn (4.14) und (4.15) ergeben für alle $w \in \mathfrak{U}^*$

$$||w-u|| < \varrho^* + ||v-u|| \leqq \varrho - ||v-u|| + ||v-u|| = \varrho \ .$$

Für die in den Beispielen 4.1, 4.2 und 4.3 betrachteten normierten Vektorräume lauten die Abstände zwischen zwei Elementen

$$(4.16) \qquad ||y-x|| = \sqrt{(y_1-x_1)^2+(y_2-x_2)^2+\ldots+(y_n-x_n)^2} \quad , \quad x,y \in \mathbb{R}^n \; ,$$

$$(4.17) \qquad ||g-f|| = \max_{x \in [a,b]} |g(x)-f(x)| \quad , \quad f,g \in C[a,b] \; ,$$

$$(4.18) \qquad ||g-f|| = \sqrt[p]{\int_a^b |g(x)-f(x)|^p \, dx} \quad , \quad f,g \in C[a,b] \; .$$

§ 5. Konvergenz in normierten Vektorräumen

Der Abstands- bzw. Umgebungsbegriff führt jetzt unmittelbar zur Verallgemeinerung des klassischen Konvergenzbegriffes auf Vektorräume:

Definition 5.1. Sei V ein normierter Vektorraum über dem Grundkörper $\mathbb{K}$, so heißt eine Folge von Elementen $u_1,u_2,u_3,\ldots \in V$ konvergent, wenn ein Element $u \in V$ mit folgender Eigenschaft existiert: Zu jedem reellen $\varepsilon > 0$ gibt es eine natürliche Zahl N derart, daß

$$(5.1) \qquad ||u_n - u|| < \varepsilon$$

ausfällt für alle $n \geq N$. Das Element $u \in V$ heißt Grenzelement oder Limes der Folge, in Zeichen

$$(5.2) \qquad \lim_{n \to \infty} u_n = u \; .$$

Man sagt auch, die Folge $u_1,u_2,u_3,\ldots \in V$ konvergiere oder strebe gegen u und verwendet hierfür die Kurzbezeichnung

$$(5.3) \qquad u_n \to u \; .$$

Wie im klassischen Bereich erhält man sofort einige Konsequenzen:

Satz 5.1. Eine konvergente Folge besitzt genau ein Grenzelement.

Beweis. Wir nehmen an, die konvergente Folge $u_1, u_2, u_3, \ldots \in V$ habe zwei verschiedene Grenzwerte $u', u'' \in V$. Dann gilt $||u'-u''|| > 0$ und es gibt ein N mit

$$||u_N - u'|| < \frac{||u'-u''||}{2} \quad , \quad ||u_N - u''|| < \frac{||u'-u''||}{2} \quad .$$

Dies führt zum Widerspruch

$$||u'-u''|| = ||(u'-u_N)-(u''-u_N)|| \leqq ||u_N-u'||+||u_N-u''|| < ||u'-u''|| \quad .$$

Satz 5.2. Jede Teilfolge einer konvergenten Folge ist konvergent mit demselben Grenzelement.

Beweis. Sei $u_1, u_2, u_3, \ldots \in V$ konvergent gegen $u \in V$ und $u_{\nu_1}, u_{\nu_2}, u_{\nu_3}, \ldots$ eine Teilfolge. Zu $\varepsilon > 0$ gibt es dann ein N gemäß

$$||u_n - u|| < \varepsilon \quad , \quad n \geqq N \quad .$$

Für alle $n \geqq N$ folgt $\nu_n \geqq n \geqq N$ und damit

$$||u_{\nu_n} - u|| < \varepsilon \quad .$$

Satz 5.3. Eine konvergente Folge $u_1, u_2, u_3, \ldots$ eines normierten Vektorraumes V ist beschränkt, d.h. es existiert eine reelle Zahl $M \geqq 0$, genannt eine Schranke, mit der Eigenschaft

$$||u_n|| \leqq M \quad , \quad n = 1,2,3,\ldots \quad .$$

Beweis. Sei $u \in V$ das Grenzelement, so gibt es eine natürliche Zahl N gemäß

$$||u_n - u|| < 1 \quad , \quad n \geqq N+1 \quad .$$

Dann leistet

$$M = \max\left\{||u_1|| \, , \, ||u_2|| \, , \, \ldots \, , \, ||u_N|| \, , \, ||u||+1\right\}$$

das Gewünschte, und zwar für $n = 1,2,\ldots,N$ unmittelbar und für $n \geqq N+1$ infolge

$$||u_n|| = ||u_n - u + u|| \leqq ||u_n - u|| + ||u|| \leqq ||u|| + 1 \quad .$$

Wir vergegenwärtigen uns anschließend die jeweilige Bedeutung des Konvergenzbegriffes in den konkreten Fällen der Beispiele 4.1 bis 4.4. Konvergiert $x_\nu = (x_{\nu 1}, x_{\nu 2}, \ldots, x_{\nu n}) \in \mathbb{R}^n$ gegen ein Grenzelement

$x = (x_1, x_2, \ldots, x_n) \in \mathbb{R}^n$, so liefert (4.16), daß es zu $\varepsilon > 0$ ein N gemäß

$$(5.4) \quad \|x_\nu - x\| = \sqrt{(x_{\nu 1}-x_1)^2 + (x_{\nu 2}-x_2)^2 + \ldots + (x_{\nu n}-x_n)^2} < \varepsilon \quad , \quad \nu \geqq N \, ,$$

gibt, daß also, geometrisch gesprochen, alle Punkte x_ν von $\nu = N$ an aufwärts im Innern einer n-dimensionalen Kugel vom Radius ε um den Punkt x liegen. Wir treffen damit auf den in § II.1 erklärten Konvergenzbegriff im $\mathbb{R}^n$, der, wie wir dort bereits sahen, mit der koordinatenweisen Konvergenz äquivalent ist. – Sei $f_n \in C[a,b]$ eine konvergente Folge mit dem Grenzwert $f \in C[a,b]$, so existiert im Falle der TSCHEBYSCHEFFnorm wegen (4.17) zu jedem $\varepsilon > 0$ ein N mit der Eigenschaft

$$(5.5) \quad \|f_n - f\| = \max_{x \in [a,b]} |f_n(x) - f(x)| < \varepsilon \quad , \quad n \geqq N \; ;$$

da dies offensichtlich mit

$$(5.6) \quad |f_n(x) - f(x)| < \varepsilon \quad , \quad x \in [a,b] \quad , \quad n \geqq N \, ,$$

äquivalent ist, erweist sich dieser Konvergenzbegriff als die in Definition III.25.1 eingeführte gleichmäßige Konvergenz für Funktionenfolgen (alle in einem abgeschlossenen Intervall erklärten, gleichmäßig konvergenten, stetigen Funktionenfolgen bilden somit Beispiele konvergenter Folgen eines normierten Vektorraumes). – Handelt es sich um die L^p-Norm, $p \geqq 1$, für den gleichen Raum $C[a,b]$, so erhält man infolge (4.18) die mittlere Konvergenz p^{ter} Ordnung, kurz die mittlere Konvergenz: Zu $\varepsilon > 0$ gibt es stets ein natürliches N mit

$$(5.7) \quad \|f_n - f\| = \sqrt[p]{\int_a^b |f_n(x) - f(x)|^p dx} < \varepsilon \quad , \quad n \geqq N \, .$$

Schließlich erkennt man unmittelbar, daß die Konvergenz im Vektorraum $\mathbb{K}$ mit dem klassischen (CAUCHYschen) Konvergenzbegriff für reelle bzw. komplexe Zahlen zusammenfällt, wenn in $\mathbb{K}$ die Betragsnorm (4.12) eingeführt wird.

Diese Aufzählung gibt einen Eindruck von der Vielseitigkeit des Konvergenzbegriffes in der Analysis und macht zugleich deutlich, was die Funktionalanalysis will, nämlich ein auf dem Begriff des normierten Vektorraumes beruhendes, ordnendes Prinzip schaffen. Von Fall zu Fall wird es dann darauf ankommen, die jeweils geeignete Norm und damit den entsprechenden Konvergenzbegriff aus der Vielfalt der Möglichkeiten auszuwählen. Jetzt noch ein konkretes

Beispiel 5.1. Wir definieren eine Folge $f_1, f_2, f_3, \ldots \in C[0,1]$ durch die Vorschrift, daß die Werte der n^{ten} Funktion von 0 bei $x = 0$ geradlinig auf $\sqrt{2n}$ bei $x = \frac{1}{2n}$ ansteigen, von dort wieder geradlinig auf 0 bei $x = \frac{1}{n}$ abfallen und dann bis $x = 1$ auf 0 verbleiben (vgl. hierzu den qualitativ ähnlichen Verlauf der Folge in Fig. III.38):

$$(5.8) \qquad f_n(x) = \begin{cases} \sqrt{8n^3}\, x & , \quad 0 \leqq x \leqq \frac{1}{2n} \\ \sqrt{8n}\,(1 - nx) & , \quad \frac{1}{2n} \leqq x \leqq \frac{1}{n} \\ 0 & , \quad \frac{1}{n} \leqq x \leqq 1 \end{cases} .$$

Wir wollen zeigen, daß sich bei verschiedener Normierung (und damit verschiedener Festlegung des Konvergenzbegriffes) des Vektorraumes $C[0,1]$ ein unterschiedliches Konvergenzverhalten ergeben kann. Im Falle der T-Norm liegt sicher keine Konvergenz vor, da $f_n(x)$ offenbar nicht gleichmäßig konvergiert; im übrigen hat man hier

$$(5.9) \qquad ||f_n|| = \sqrt{2n} \quad , \quad n = 1,2,3,\ldots \; .$$

Nimmt man dagegen die L^1-Norm und beachtet dabei, daß die "Dreiecke" in (5.8) die Grundlinie $\frac{1}{n}$ und die Höhe $\sqrt{2n}$ besitzen, so folgt

$$(5.10) \qquad ||f_n|| = \int_0^1 |f_n(x)|dx = \frac{1}{2} \cdot \frac{1}{n} \cdot \sqrt{2n} = \frac{1}{\sqrt{2n}} \quad , \quad n = 1,2,3,\ldots ,$$

und hieraus die Konvergenz der vorgelegten Folge gegen das Nullelement $f = 0$ bzw. $f(x) = 0$, $0 \leqq x \leqq 1$. Legt man schließlich die L^2-Norm zugrunde, so erhält man zunächst

$$||f_n||^2 = \int_0^1 |f_n(x)|^2 dx = \int_0^{\frac{1}{2n}} 8n^3x^2 dx + \int_{\frac{1}{2n}}^{\frac{1}{n}} 8n(1-nx)^2 dx$$

$$= \left[\frac{8}{3} n^3x^3\right]_0^{\frac{1}{2n}} + \left[-\frac{8}{3}(1-nx)^3\right]_{\frac{1}{2n}}^{\frac{1}{n}} = \frac{1}{3} + \frac{1}{3} = \frac{2}{3}$$

und damit

$$(5.11) \qquad ||f_n|| = \sqrt{\frac{2}{3}} \quad , \quad n = 1,2,3,\ldots \; .$$

Die Folge $f_1, f_2, f_3, \ldots \in C[0,1]$ kann also jedenfalls nicht gegen das Nullelement konvergieren. Wir nehmen nun an, sie konvergiere, und $f \in C[0,1]$ sei das von 0 verschiedene Grenzelement. Dann gibt es zu beliebig vorgegebenem $\varepsilon > 0$ ein N gemäß

$$||f_n - f|| = \sqrt{\int_0^{\frac{1}{n}} |f_n(x) - f(x)|^2 dx + \int_{\frac{1}{n}}^1 |f(x)|^2 dx} < \varepsilon \quad , \quad n \geqq N \ .$$

Es folgt

$$\int_{\frac{1}{n}}^1 |f(x)|^2 dx < \varepsilon^2 \quad , \quad n \geqq N \ ,$$

und hieraus bei Beachtung der Stetigkeit von $|f(x)|^2$, $0 \leqq x \leqq 1$, durch Grenzübergang $n \to \infty$

$$\int_0^1 |f(x)|^2 dx \leqq \varepsilon^2 \ .$$

Wegen der Willkür von $\varepsilon > 0$ muß dann

$$\int_0^1 |f(x)|^2 dx = 0$$

gelten, und dies wiederum bewirkt, daß f das Nullelement des Raumes $C[0,1]$ ist (Widerspruch). Also ist die Folge im Falle der L^2-Norm nicht konvergent.

Das eben betrachtete Beispiel hat u.a. gezeigt, daß die mittlere Konvergenz nicht die gleichmäßige nach sich zu ziehen braucht. Umgekehrt konvergiert eine gleichmäßig konvergente Folge $f_1, f_2, f_3, \ldots \in C[a,b]$ mit der Grenzfunktion $f \in C[a,b]$ jedoch stets auch im Mittel gegen f. Zu $\varepsilon > 0$ können wir nämlich ein N gemäß

$$|f_n(x) - f(x)| < \frac{\varepsilon}{\sqrt[p]{b-a}} \quad , \quad x \in [a,b] \quad , \quad n \geqq N \ ,$$

hinzubestimmen, und es wird dann für alle $n \geqq N$

$$\sqrt[p]{\int_a^b |f_n(x) - f(x)|^p dx} < \sqrt[p]{\int_a^b \frac{\varepsilon^p}{b-a} dx} = \varepsilon \ .$$

Der praktischen Handhabung des Grenzwertbegriffes in Vektorräumen dienen, ähnlich wie in der Infinitesimalrechnung, die folgenden Regeln der Limesrechnung:

Satz 5.4. In einem normierten Vektorraum V über $\mathbb{K}$ gilt, wenn $\lambda_n \in \mathbb{K}$ eine konvergente Folge reeller bzw. komplexer Zahlen ist und $u_n \in V$, $v_n \in V$ konvergente Folgen von Elementen des Raumes bedeuten,

$$(5.12) \qquad \lim_{n\to\infty} \|u_n\| = \|\lim_{n\to\infty} u_n\| ,$$

$$(5.13) \qquad \lim_{n\to\infty} (\mu u_n) = \mu \lim_{n\to\infty} u_n , \quad \mu \in \mathbb{K} ,$$

$$(5.14) \qquad \lim_{n\to\infty} (u_n + v_n) = \lim_{n\to\infty} u_n + \lim_{n\to\infty} v_n ,$$

$$(5.15) \qquad \lim_{n\to\infty} (\lambda_n u_n) = (\lim_{n\to\infty} \lambda_n)(\lim_{n\to\infty} u_n) .$$

Beweis für (5.12). Es gelte $\lim_{n\to\infty} u_n = u$. Zu $\varepsilon > 0$ gibt es dann N gemäß $\|u_n - u\| < \varepsilon$, $n \geqq N$. Dieses N leistet bereits das Gewünschte, denn es folgt für alle $n \geqq N$ mit Hilfe der zweiten Dreiecksungleichung (Satz 4.2)

$$\big| \|u_n\| - \|u\| \big| \leqq \|u_n - u\| < \varepsilon .$$

Der Beweis für (5.13) kann hier übergangen werden, da (5.13) als Spezialfall $\lambda_n = \mu$ in (5.15) enthalten ist.

Beweis für (5.14). Es gelte $\lim_{n\to\infty} u_n = u$, $\lim_{n\to\infty} v_n = v$. Zu $\varepsilon > 0$ gibt es N gemäß $\|u_n - u\| < \frac{\varepsilon}{2}$, $\|v_n - v\| < \frac{\varepsilon}{2}$, $n \geqq N$. Es folgt für alle $n \geqq N$

$$\|(u_n + v_n) - (u + v)\| = \|(u_n - u) + (v_n - v)\| \leqq \|u_n - u\| + \|v_n - v\| < \frac{\varepsilon}{2} + \frac{\varepsilon}{2} = \varepsilon .$$

Beweis für (5.15). Es gelte $\lim_{n\to\infty} \lambda_n = \lambda$, $\lim_{n\to\infty} u_n = u$. Da $\lambda_n \in \mathbb{K}$ konvergent und damit beschränkt ist, gibt es eine reelle Zahl $M > 0$ mit

$$|\lambda_n| < M , \quad n = 1,2,3,\ldots , \quad \|u\| < M .$$

Zu $\varepsilon > 0$ gibt es dann N gemäß $|\lambda_n - \lambda| < \frac{\varepsilon}{2M}$, $||u_n - u|| < \frac{\varepsilon}{2M}$, $n \geqq N$.
Es folgt für alle $n \geqq N$

$$||\lambda_n u_n - \lambda u|| = ||\lambda_n(u_n - u) + (\lambda_n - \lambda)u|| \leqq ||\lambda_n(u_n - u)|| + ||(\lambda_n - \lambda)u||$$
$$= |\lambda_n|\ ||u_n - u|| + |\lambda_n - \lambda|\ ||u|| < M\frac{\varepsilon}{2M} + \frac{\varepsilon}{2M}M = \varepsilon \quad .$$

Bedeute $u_1, u_2, u_3, \ldots$ eine Folge von Elementen eines Vektorraumes über dem Körper $\mathbb{K}$, so versteht man unter der Reihe

$$(5.16) \qquad \sum_{\nu=1}^{\infty} u_\nu \equiv u_1 + u_2 + u_3 + \ldots$$

ganz analog zum Klassischen die Folge der Partialsummen

$$(5.17) \qquad s_n \equiv \sum_{\nu=1}^{n} u_\nu = u_1 + u_2 + \ldots + u_n \in V \quad , \quad n = 1,2,3,\ldots \; .$$

Ebenso sagt man, die Reihe (5.16) sei konvergent mit dem Grenzelement $s \in V$, in Zeichen

$$(5.18) \qquad s = \sum_{\nu=1}^{\infty} u_\nu = u_1 + u_2 + u_3 + \ldots \quad ,$$

wenn die Folge der Partialsummen (5.17) gegen das Grenzelement $s \in V$ konvergiert.

Die Limesregeln ergeben sofort, daß man konvergente Reihen in der gewohnten Weise gliedweise addieren und mit einem Skalar $\lambda \in \mathbb{K}$ gliedweise multiplizieren darf. Beispiele konvergenter Reihen in normierten Vektorräumen liefern für den Raum $C[a,b]$ mit T-Norm alle in einem Intervall $[a,b]$ erklärten gleichmäßig konvergenten, stetigen Funktionenreihen, wie etwa reelle Potenzreihen in jedem abgeschlossenen Intervall ihres Konvergenzbereiches und reelle FOURIERreihen in ihrem Periodenintervall unter den in § III.27 genannten Voraussetzungen.

Norm-, Umgebungs- und Konvergenzbegriff erlauben es schließlich, alle in den §§ II.2 und II.3 vorgenommenen Klassifikationen von Punkten in Bezug auf eine Teilmenge und von Teilmengen selbst ohne jede Einschränkung auf normierte Vektorräume zu übertragen, und auch die dort formulierten Sätze behalten – mit Ausnahme von Satz II.3.1 – in Vektorräumen ihre Gültigkeit (der Leser möge diese beiden Paragraphen unter dem neuen Gesichtspunkt noch einmal durchgehen). Wir werden daher in Zukunft von inneren, Rand-, Berühr- und Häufungspunkten sowie vom offenen Kern $\underline{\mathfrak{M}}$, dem Rand $\partial \mathfrak{M}$, der abgeschlossenen Hülle $\overline{\mathfrak{M}}$ und der Menge der Häufungspunkte $\mathcal{H}\mathfrak{M}$ einer Teilmenge $\mathfrak{M}$ eines Vektorraumes V in gleicher Weise sprechen können, wie wir es bisher im klassischen Bereich hinsichtlich des $\mathbb{R}^n$ getan haben; dasselbe gilt für die Begriffe der beschränkten, der offenen und der abgeschlossenen Menge.

Besonders hingewiesen werde noch auf die Verallgemeinerung von Satz II.3.6, derzufolge jeder normierte Vektorraum die einzige zugleich offene und abgeschlossene nichtleere Teilmenge seiner selbst darstellt. Für den Beweis dieses Satzes benötigt man den Begriff der geraden Verbindungslinie zweier Elemente $u \neq v$ eines Vektorraumes V, die jedoch in naheliegender Weise durch

$$(5.19) \qquad \mathcal{G} = \left\{ w \in V \mid w = u + t(v-u) \ , \ t \in [0,1] \right\}$$

erklärt wird. Die erforderliche Intervallschachtelung kann dann auf der reellen t-Achse, beginnend mit $[0,1]$, durchgeführt werden. – Auf der Basis von (5.19) lassen sich auch Polygonzüge in Vektorräumen definieren; damit wird insbesondere der in Definition II.3.2 gegebene Gebietsbegriff auf normierte Vektorräume übertragbar.

Abschließend formulieren wir noch

Satz 5.5. Sei V ein normierter Vektorraum, so bildet die abgeschlossene Hülle $\overline{U}$ eines Untervektorraumes $U \subseteq V$ einen abgeschlossenen Untervektorraum von V.

Beweis mit den Limesregeln (5.13) und (5.14). Seien $u, v \in \overline{U}$ fest, aber beliebig gewählt, so können diese nach der Definition II des Berührpunktes (vgl. Definition II.2.1) als Grenzelemente von Folgen $u_n, v_n \in U$ erhalten werden. Dann wird $u+v$ als Grenzelement von $u_n + v_n \in U$ erhalten, und man hat $u+v \in \overline{U}$. Mit einem fest, aber beliebig gewählten $\lambda \in \mathbb{K}$, $u \in \overline{U}$ bildet wiederum u das Grenzelement einer Folge $u_n \in U$. Dann konvergiert $\lambda u_n \in U$ gegen λu, und dies bedeutet $\lambda u \in \overline{U}$. Also stellt $\overline{U}$ einen Untervektorraum von V dar. Schließlich ist $\overline{U}$ als abgeschlossene Hülle einer Menge eine abgeschlossene Menge (vgl. Satz II.3.5).

§ 6. Vollständigkeit

Neben den konvergenten gibt es noch eine weitere Klasse besonders wichtiger Folgen in normierten Vektorräumen:

Definition 6.1. Eine Folge $u_1, u_2, u_3, \ldots$ eines normierten Vektorraumes heißt eine CAUCHYfolge [1], wenn es zu jedem $\varepsilon > 0$ eine natürliche Zahl N derart gibt, daß der Abstand

$$(6.1) \qquad ||u_m - u_n|| < \varepsilon$$

ausfällt für alle $m \geqq N$, $n \geqq N$.

Bemerkung. Offensichtlich ist die Bedingung (6.1) für alle $m \geqq N$, $n \geqq N$ erfüllt, wenn sie lediglich für alle $m > n \geqq N$ erfüllt ist.

Satz 6.1. Eine konvergente Folge ist eine CAUCHYfolge.

Beweis. Mit $u_n, u \in V$ gelte $\lim\limits_{n \to \infty} u_n = u$. Dann gibt es zu $\varepsilon > 0$ ein N gemäß

$$||u_n - u|| < \frac{\varepsilon}{2} \quad , \quad n \geqq N \ .$$

Es folgt für alle $m \geqq N$, $n \geqq N$

$$||u_m - u_n|| = ||(u_m - u) - (u_n - u)|| \leqq ||u_m - u|| + ||u_n - u|| < \frac{\varepsilon}{2} + \frac{\varepsilon}{2} = \varepsilon \quad .$$

Daß umgekehrt nicht jede CAUCHYfolge zu konvergieren braucht, zeigt das folgende

Beispiel 6.1. Im Vektorraum $C[-1,1]$ mit L^1-Norm werde eine Folge $f_1, f_2, f_3, \ldots$ durch

$$(6.2) \quad f_n(x) = \begin{cases} -1 \ , & -1 \leqq x \leqq -\frac{1}{n} \ , \\ nx \ , & -\frac{1}{n} \leqq x \leqq \frac{1}{n} \ , \\ 1 \ , & \frac{1}{n} \leqq x \leqq 1 \ , \end{cases}$$

definiert (Fig. 3). Man erhält so-

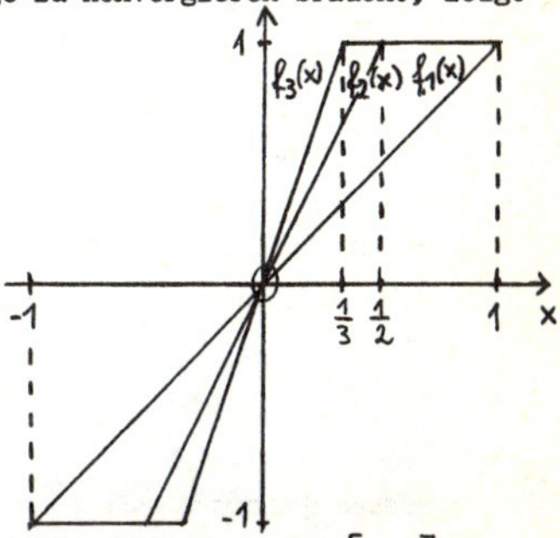

Fig. 3. Folge aus $C[-1,1]$

---

1) Der Sprachgebrauch in der mathematischen Literatur ist in dieser Hinsicht nicht ganz einheitlich: CAUCHYfolgen werden auch als "konvergent" oder "konvergent in sich" bezeichnet, und statt konvergent (in unserem Sinne) heißt es dann "konvergent gegen ein Grenzelement".

fort

$$\int_0^1 f_n(x)\,dx = 1 - \frac{1}{2n} \quad , \quad n = 1,2,3,\ldots \quad .$$

Wählt man zu $\varepsilon > 0$ ein natürliches $N > \frac{1}{\varepsilon}$, so folgt für alle $m > n \geqq N$

$$||f_m - f_n|| = \int_{-1}^{1} |f_m(x)-f_n(x)|\,dx = 2\int_0^1 |f_m(x)-f_n(x)|\,dx = 2\int_0^1 (f_m(x)-f_n(x))\,dx$$

$$= 2\left\{(1-\frac{1}{2m}) - (1-\frac{1}{2n})\right\} = \frac{1}{n} - \frac{1}{m} \leqq \frac{1}{n} \leqq \frac{1}{N} < \varepsilon \quad .$$

Die vorgelegte Folge $f_1, f_2, f_3, \ldots \in C[-1,1]$ ist also eine CAUCHYfolge. Um zu beweisen, daß sie nicht konvergiert, nehmen wir an, sie konvergiere. Bedeute dann $f \in C[-1,1]$ das Grenzelement, so erhält man für alle natürlichen n

$$(6.3) \quad ||f_n - f|| = \int_{-1}^{1} |f_n(x)-f(x)|\,dx = \int_{-1}^{-\frac{1}{n}} |-1-f(x)|\,dx + J_n + \int_{\frac{1}{n}}^{1} |1-f(x)|\,dx$$

mit

$$J_n = \int_{-\frac{1}{n}}^{\frac{1}{n}} |f_n(x) - f(x)|\,dx \quad .$$

Mit einer Schranke $M \geqq 0$ für die stetige Funktion $f(x)$, $-1 \leqq x \leqq 1$, folgt zusammen mit Fig. 3

$$0 \leqq J_n \leqq \int_{-\frac{1}{n}}^{\frac{1}{n}} \left\{|f_n(x)| + |f(x)|\right\} dx \leqq \int_{-\frac{1}{n}}^{\frac{1}{n}} (1+M)\,dx = \frac{2}{n}(1+M) \ ,$$

so daß also J_n eine Nullfolge ist. Beachtet man weiter, daß $|-1-f(x)|$, $-1 \leqq x \leqq 0$, und $|1-f(x)|$, $0 \leqq x \leqq 1$, stetige Funktionen bilden, so liefert der Grenzübergang $n \to \infty$ in (6.3) bei Beachtung der Limesregel (5.12)

$$0 = \int_{-1}^{0} |-1-f(x)|\,dx + \int_0^1 |1-f(x)|\,dx \quad .$$

Hier müssen jetzt notwendig beide Integranden verschwinden, und dies bewirkt, da sie die Stelle $x = 0$ gemeinsam haben, sowohl $f(0) = -1$ als auch $f(0) = 1$ (Widerspruch).

Satz 6.2. Eine CAUCHYfolge ist beschränkt.

Beweis. Nach Voraussetzung existiert für die Folge $u_1, u_2, u_3, \ldots \in V$ ein natürliches N gemäß

$$||u_m - u_n|| < 1 \quad , \quad m \geqq N \quad , \quad n \geqq N \quad .$$

Dann bildet

$$M = \max\left\{||u_1|| + 1 \, , \, ||u_2|| + 1 , \ldots , \, ||u_N|| + 1\right\}$$

sicher eine Schranke, denn man erhält für alle $n \geqq N$

$$||u_n|| = ||u_n - u_N + u_N|| \leqq ||u_n - u_N|| + ||u_N|| \leqq ||u_N|| + 1 \leqq M \quad ,$$

und für die verbleibenden Elemente gilt diese Ungleichung trivialerweise.

Satz 6.3. Jede Teilfolge einer CAUCHYfolge ist wieder eine CAUCHYfolge.

Beweis. Aus der CAUCHYfolge $u_1, u_2, u_3, \ldots \in V$ werde die Teilfolge $u_{\nu_1}, u_{\nu_2}, u_{\nu_3}, \ldots$ ausgewählt. Zu $\varepsilon > 0$ gibt es dann ein N gemäß

$$||u_m - u_n|| < \varepsilon \quad , \quad m \geqq N \quad , \quad n \geqq N \quad .$$

Wegen $\nu_n \geqq n$ folgt für alle $m \geqq N$, $n \geqq N$

$$||u_{\nu_m} - u_{\nu_n}|| < \varepsilon \quad , \quad m \geqq N \quad , \quad n \geqq N \quad .$$

Satz 6.4. Enthält eine CAUCHYfolge eine konvergente Teilfolge, so ist sie selbst konvergent und ihr Grenzelement mit dem der Teilfolge identisch.

Beweis. Sei $u \in V$ das Grenzelement der Teilfolge, so kann zu $\varepsilon > 0$ immer ein N mit folgenden Eigenschaften hinzubestimmt werden:

$$||u_m - u_n|| < \frac{\varepsilon}{2} \quad , \quad m \geqq N \quad , \quad n \geqq N \quad ,$$

$$||u_{\nu_n} - u|| < \frac{\varepsilon}{2} \quad , \qquad n \geqq N \quad .$$

Bei Beachtung von $\nu_n \geqq n$ folgt dann für alle $n \geqq N$ die Behauptung

$$||u_n - u|| = ||(u_n - u_{\nu_n}) - (u - u_{\nu_n})|| \leqq ||u_n - u_{\nu_n}|| + ||u - u_{\nu_n}|| < \frac{\varepsilon}{2} + \frac{\varepsilon}{2} = \varepsilon \, .$$

Auf dem Umstand, daß eine CAUCHYfolge in normierten Vektorräumen nicht zu konvergieren braucht, es also ein "CAUCHYsches Konvergenzkriterium" in dieser Allgemeinheit nicht gibt, beruht nun die folgende grundlegende

Definition 6.2. Eine Teilmenge $\mathfrak{M}$ eines normierten Vektorraumes über dem Körper $\mathbb{K}$ heißt vollständig, wenn jede CAUCHYfolge aus $\mathfrak{M}$ gegen ein Grenzelement aus $\mathfrak{M}$ konvergiert. Ein vollständiger normierter Vektorraum über $\mathbb{K}$ heißt BANACHraum[1] über $\mathbb{K}$ oder kurz BANACHraum.

Zunächst einige unmittelbare Konsequenzen:

Satz 6.5. Eine vollständige Teilmenge eines normierten Vektorraumes ist abgeschlossen.

Beweis. Sei $\mathfrak{M}$ eine vollständige Teilmenge eines Vektorraumes V und $u_1, u_2, u_3, \ldots \in \mathfrak{M}$ eine konvergente Folge mit dem Grenzelement $u \in V$. Da die Folge nach Satz 6.1 eine CAUCHYfolge und $\mathfrak{M}$ nach Voraussetzung vollständig ist, liefert Definition 6.2 für das Grenzelement $u \in \mathfrak{M}$.

Daß umgekehrt eine abgeschlossene Menge auch unvollständig sein kann, zeigt Beispiel 6.1, wenn man dort den Vektorraum $C[-1,1]$ mit L^1-Norm als Teilmenge seiner selbst auffaßt.

Satz 6.6. Eine abgeschlossene Teilmenge einer vollständigen Menge ist vollständig.

Beweis. Sei $\mathfrak{A}$ eine abgeschlossene Teilmenge einer vollständigen Menge $\mathfrak{B}$ und eine CAUCHYfolge $u_n \in \mathfrak{A}$ fest, aber beliebig gewählt. Wegen $u_n \in \mathfrak{B}$ und der Vollständigkeit von $\mathfrak{B}$ konvergiert dann u_n gegen ein Grenzelement $u \in \mathfrak{B}$. Da aber $\mathfrak{A}$ abgeschlossen ist, folgt $u \in \mathfrak{A}$. Also ist $\mathfrak{A}$ vollständig.

---

1) Stefan BANACH (1892-1945) ist der bedeutendste Vertreter der berühmten funktionalanalytischen Schule in Lemberg, die er zusammen mit seinem Lehrer STEINHAUS (vgl. Fußnote 1 auf S.196) begründete. Er promovierte, ohne zuvor ein reguläres Studium zu absolvieren, wurde kurz darauf im Jahre 1922 Professor und später Korrespondierendes Mitglied der Polnischen Akademie der Wissenschaften. Seine Neigung zur Verallgemeinerung und Wertschätzung umfassender Theorien ließen ihn und die große Schar seiner Schüler, darunter ORLICZ, MAZUR, KURATOWSKI, TARSKI und SCHAUDER (vgl. Fußnote 1 auf S. 163), den Weg zum Aufbau der Funktionalanalysis konsequent beschreiten. BANACH selbst hat über 60 Arbeiten, vor allem über lineare Operatoren, reelle Funktionen, Orthogonalreihen und Maßtheorie, verfaßt. Sein 1932 in Warschau erschienenes Buch "Théorie des opérations linéaires" ist als das bedeutendste mathematische Werk aus der Zeit zwischen den beiden Weltkriegen bezeichnet worden. Vom hochschuldidaktischen Standpunkt aus erinnerte BANACH, wie STEINHAUS in seinem Nachruf ausführte, "in nichts an den Typ des pedantischen Professors, der den Nimbus seiner Würde zu verlieren fürchtet. Er hat eine neue Art wissenschaftlicher Arbeit geschaffen: Gespräche und Diskussionen am Tische eines Cafés, die ohne professoralen Zwang von seiten des Lehrers geführt wurden, ohne die Furcht der Blamage für den Schüler."

Korollar 6.1. Eine abgeschlossene Teilmenge eines BANACHraumes ist vollständig.

Korollar 6.2. Ein abgeschlossener Untervektorraum eines BANACHraumes ist selbst ein BANACHraum.

Korollar 6.3. In BANACHräumen sind die Begriffe "abgeschlossen" und "vollständig" äquivalent.

Satz 6.7 (Majorantenkriterium in BANACHräumen). In einem BANACHraum ist eine Reihe $\sum_{\nu=1}^{\infty} u_\nu$ konvergent, wenn sie mit $\|u_\nu\| \leqq M_\nu$, $\nu = 1,2,3,\ldots$, eine konvergente Majorante $\sum_{\nu=1}^{\infty} M_\nu$ besitzt.

Beweis ganz analog zum Beweis von Satz I.11.4.

Der Erschließung einer großen Klasse von BANACHräumen dient das folgende, auch in anderem Zusammenhang bedeutsame

Lemma 6.1. In einem n-dimensionalen normierten Vektorraum V über dem Körper $\mathbb{K}$, n natürlich, existiert zu jeder Basis $e_1, e_2, \ldots, e_n \in V$ eine reelle Zahl $\Lambda > 0$ derart, daß die kontravarianten Komponenten $\lambda^1, \lambda^2, \ldots, \lambda^n \in \mathbb{K}$ eines Elementes $u \in V$ bezüglich dieser Basis durch

(6.4) $$|\lambda^i| \leqq \Lambda \|u\| \quad , \quad i = 1,\ldots,n \quad , \quad u \in V \quad ,$$

abgeschätzt werden können.

Beweis. Zu fester Basis $e_1, e_2, \ldots, e_n \in V$ definieren wir

(6.5) $$I \equiv \inf_{\substack{\lambda^1,\ldots,\lambda^n \in \mathbb{K} \\ \sum_{i=1}^{n} |\lambda^i| = 1}} \left\| \sum_{i=1}^{n} \lambda^i e_i \right\| \geqq 0$$

und nehmen dann $I = 0$ an. Da das Infimum einer linearen Punktmenge nach Satz II.4.2 stets Berührpunkt dieser Menge ist, gibt es eine Folge von n-tupeln $\lambda_\nu^1, \ldots, \lambda_\nu^n$, $\nu = 1,2,3,\ldots$, mit den Eigenschaften

(6.6) $$\sum_{i=1}^{n} |\lambda_\nu^i| = 1 \quad , \quad \nu = 1,2,3,\ldots \quad ,$$

(6.7) $$\lim_{\nu \to \infty} \left\| \sum_{i=1}^{n} \lambda_\nu^i e_i \right\| = 0 \quad .$$

Da alle n Folgen $\lambda_\nu^1, \lambda_\nu^2, \dots, \lambda_\nu^n \in \mathbb{K}$ wegen (6.6) durch 1 beschränkt sind, gestatten sie einschließlich aller denkbaren Teilfolgen nach dem Satz von BOLZANO-WEIERSTRASS die Auswahl konvergenter Teilfolgen. Wählt man also zunächst eine konvergente Teilfolge aus λ_ν^1 aus, dann – nach Streichung der entsprechenden, nicht betroffenen Elemente bei allen n Folgen – eine konvergente Teilfolge aus der verbleibenden Teilfolge von λ_ν^2 und so fort, so gelangt man nach insgesamt n Schritten zu n konvergenten Teilfolgen $\lambda_{\mu_\nu}^1, \lambda_{\mu_\nu}^2, \dots, \lambda_{\mu_\nu}^n \in \mathbb{K}$ mit Grenzwerten $\lambda^1, \lambda^2, \dots, \lambda^n \in \mathbb{K}$; außerdem gilt infolge (6.6) und (6.7)

$$(6.8) \qquad \sum_{i=1}^{n} |\lambda_{\mu_\nu}^i| = 1 \quad , \qquad \nu = 1,2,3,\dots \quad ,$$

$$(6.9) \qquad \lim_{\nu \to \infty} \left\| \sum_{i=1}^{n} \lambda_{\mu_\nu}^i e_i \right\| = 0 \quad .$$

Durchführung des Grenzüberganges $\nu \to \infty$ in (6.8) und Anwendung der Limesregeln (5.12), (5.14) und (5.15) auf (6.9) ergeben

$$(6.10) \qquad \sum_{i=1}^{n} |\lambda^i| = 1 \quad ,$$

$$(6.11) \qquad \left\| \sum_{i=1}^{n} \lambda^i e_i \right\| = 0 \quad .$$

Aus (6.11) folgt jetzt zusammen mit der linearen Unabhängigkeit der Basiselemente, daß alle $\lambda^1, \lambda^2, \dots, \lambda^n$ verschwinden müssen (Widerspruch zu (6.10)). Damit haben wir zunächst $I > 0$ bewiesen.

Es werde jetzt $u \in V$ mit der Einschränkung $u \neq 0$ fest, aber beliebig gewählt, und $\lambda^i \in \mathbb{K}$ seien die kontravarianten Komponenten bezüglich der Basis $e_1, e_2, \dots, e_n \in V$. Wegen $u \neq 0$ können nicht alle Komponenten verschwinden, so daß

$$\sum_{i=1}^{n} |\lambda^i| \neq 0$$

ausfällt. Mit der Definition des Infimums (6.5) folgt dann

$$\frac{\|u\|}{\sum_{j=1}^{n} |\lambda^j|} = \left\| \sum_{i=1}^{n} \frac{\lambda^i}{\sum_{j=1}^{n} |\lambda^j|} e_i \right\| \geqq I \quad ,$$

und man erhält wegen $I > 0$

$$(6.12)\qquad |\lambda^i| \leqq \sum_{j=1}^{n} |\lambda^j| \leqq \frac{1}{I}\,||u|| \quad , \quad i = 1,\ldots,n \quad , \quad u \in V \quad ,$$

zunächst noch unter der einschränkenden Voraussetzung $u \neq 0$, dann aber trivialerweise auch für $u = 0$. Damit besitzt $\Lambda = \frac{1}{I} > 0$ die behauptete Eigenschaft (6.4).

Satz 6.8. Ein endlichdimensionaler normierter Vektorraum ist ein BANACHraum.

Beweis. Der Vektorraum sei V, seine Dimension $0 \leqq n < \infty$. Im Falle $n = 0$ ist die Behauptung trivial. Falls n natürlich, wählen wir eine Basis $e_1, e_2, \ldots, e_n \in V$ und bestimmen dazu eine reelle Zahl $\Lambda > 0$ mit der in Lemma 6.1 genannten Eigenschaft. Bedeute nun

$$(6.13)\qquad u_\nu = \sum_{i=1}^{n} \lambda_\nu^i e_i \quad , \quad \nu = 1,2,3,\ldots \quad ,$$

eine CAUCHYfolge aus V, so gibt es zu $\varepsilon > 0$ eine natürliche Zahl N gemäß

$$||u_\mu - u_\nu|| < \frac{\varepsilon}{\Lambda} \quad , \quad \mu \geqq N \quad , \quad \nu \geqq N \ .$$

Wegen

$$u_\mu - u_\nu = \sum_{i=1}^{n} (\lambda_\mu^i - \lambda_\nu^i) e_i \in V$$

liefert Lemma 6.1 dann für alle $i = 1,\ldots,n$, $\mu \geqq N$, $\nu \geqq N$

$$|\lambda_\mu^i - \lambda_\nu^i| \leqq \Lambda\, ||u_\mu - u_\nu|| < \varepsilon \ ,$$

so daß alle Zahlenfolgen $\lambda_\nu^1, \lambda_\nu^2, \ldots, \lambda_\nu^n \in \mathbb{K}$ nach dem CAUCHYschen Konvergenzkriterium gegen Grenzwerte $\lambda^1, \lambda^2, \ldots, \lambda^n \in \mathbb{K}$ konvergieren. Der Grenzübergang $\nu \to \infty$ in (6.13) liefert dann nach den Limesregeln die Behauptung

$$\lim_{\nu \to \infty} u_\nu = \sum_{i=1}^{n} \lambda^i e_i \in V \ .$$

Korollar 6.4. Ein endlichdimensionaler Untervektorraum eines normierten Vektorraumes ist vollständig und damit insbesondere abgeschlossen.

Wie das Beispiel des Raumes $C[-1,1]$ mit L^1-Norm gezeigt hat, brauchen nicht alle unendlichdimensionalen Vektorräume BANACHräume zu sein. Daß es aber unendlichdimensionale BANACHräume gibt, zeigt

<u>Beispiel 6.2.</u> Wir betrachten den Raum $C[a,b]$ mit TSCHEBYSCHEFFnorm. Um ihn auf Vollständigkeit hin zu untersuchen, gehen wir von einer festen, aber beliebigen CAUCHYfolge $f_1, f_2, f_3, \ldots \in C[a,b]$ aus und fragen nach der Existenz eines Grenzelementes $f \in C[a,b]$. Es sei also möglich, zu $\varepsilon > 0$ ein N gemäß

$$(6.14) \qquad \|f_m - f_n\| = \max_{x \in [a,b]} |f_m(x) - f_n(x)| < \varepsilon \quad , \quad m \geqq N \, , \quad n \geqq N \, ,$$

oder, was auf dasselbe hinausläuft, gemäß

$$(6.15) \qquad |f_m(x) - f_n(x)| < \varepsilon \quad , \quad x \in [a,b] \quad , \quad m \geqq N \, , \quad n \geqq N \, ,$$

hinzuzubestimmen. Für jedes festgehaltene $x \in [a,b]$ ist somit die Zahlenfolge $f_1(x), f_2(x), f_3(x), \ldots$ nach dem (klassischen) CAUCHYschen Kriterium konvergent. Ordnet man sodann jeder Stelle den Grenzwert der Folge zu, so erhält man eine Grenzfunktion $f(x)$, $x \in [a,b]$, die jedoch allein auf Grund der punktweisen Konvergenz der stetigen Funktionenfolge $f_1(x), f_2(x), f_3(x), \ldots$, $x \in [a,b]$, noch nicht zu $C[a,b]$ zu gehören braucht. Nun folgt aber sofort auch die gleichmäßige Konvergenz, wenn man zu $\varepsilon > 0$ ein N gemäß

$$|f_m(x) - f_n(x)| < \frac{\varepsilon}{2} \quad , \quad x \in [a,b] \quad , \quad m \geqq N \, , \quad n \geqq N \, ,$$

hinzubestimmt und hier bei festgehaltenen x und m den Grenzübergang $n \to \infty$ durchführt:

$$(6.16) \qquad |f_m(x) - f(x)| \leqq \frac{\varepsilon}{2} < \varepsilon \quad , \quad x \in [a,b] \quad , \quad m \geqq N \, .$$

Nach Satz III.25.2 ist dann auch die Grenzfunktion $f(x)$, $x \in [a,b]$, stetig, es gilt also $f \in C[a,b]$. Bringen wir schließlich (6.16) in die gleichbedeutende Form

$$(6.17) \qquad \|f_m - f\| = \max_{x \in [a,b]} |f_m(x) - f(x)| < \varepsilon \quad , \quad m \geqq N \, ,$$

so haben wir gezeigt, daß die CAUCHYfolge $f_1, f_2, f_3, \ldots \in C[a,b]$ gegen das Grenzelement $f \in C[a,b]$ konvergiert. Also ist der Raum $C[a,b]$ mit T-Norm ein BANACHraum. Den hiermit zum Ausdruck gebrachten Sachverhalt bezeichnet man, zumal in der klassischen Formulierung (6.15) und (6.16), auch als <u>CAUCHYsches Konvergenzkriterium für stetige Funktionenfolgen</u>.

§ 7. Kompaktheit

Die Funktionalanalysis der normierten Räume benötigt jetzt noch drei weitere wichtige Grundbegriffe:

Definition 7.1. Eine Teilmenge $\mathfrak{M}$ eines normierten Vektorraumes V über dem Körper $\mathbb{K}$ heißt praekompakt [1], wenn jede Folge $u_1, u_2, u_3, \ldots \in \mathfrak{M}$ die Auswahl einer CAUCHYschen Teilfolge $u_{\nu_1}, u_{\nu_2}, u_{\nu_3}, \ldots \in \mathfrak{M}$ gestattet.

Definition 7.2. Eine Teilmenge $\mathfrak{M}$ eines normierten Vektorraumes V über dem Körper $\mathbb{K}$ heißt relativkompakt [2], wenn jede Folge $u_1, u_2, u_3, \ldots \in \mathfrak{M}$ die Auswahl einer konvergenten Teilfolge $u_{\nu_1}, u_{\nu_2}, u_{\nu_3}, \ldots \in \mathfrak{M}$ gestattet.

Definition 7.3. Eine Teilmenge $\mathfrak{M}$ eines normierten Vektorraumes V über dem Körper $\mathbb{K}$ heißt kompakt [3], wenn jede Folge $u_1, u_2, u_3, \ldots \in \mathfrak{M}$ die Auswahl einer gegen ein Element aus $\mathfrak{M}$ konvergenten Teilfolge $u_{\nu_1}, u_{\nu_2}, u_{\nu_3}, \ldots \in \mathfrak{M}$ gestattet.

Bemerkung. Offenbar ist eine kompakte Menge zugleich relativ- und praekompakt und eine relativkompakte Menge zugleich praekompakt. Umgekehrt braucht eine nichtpraekompakte Menge weder relativkompakt noch kompakt und eine nichtrelativkompakte Menge nicht kompakt zu sein.

Wir beginnen wieder mit unmittelbaren Folgerungen:

Satz 7.1. Praekompakte, relativkompakte und kompakte Mengen sind beschränkt.

Beweis nur für eine praekompakte Menge $\mathfrak{M} \subseteq V$ erforderlich. Wir nehmen an, $\mathfrak{M}$ sei unbeschränkt. Dann existiert ein $u_1 \in \mathfrak{M}$ mit

$$||u_1|| > 1 \quad ,$$

da anderenfalls 1 eine Schranke für $\mathfrak{M}$ wäre. Ferner gibt es ein $u_2 \in \mathfrak{M}$ mit

$$||u_2|| > 2 \quad ,$$

denn anderenfalls wäre 2 eine Schranke für $\mathfrak{M}$. Durch Fortsetzung des Verfahrens erhalten wir eine Folge $u_n \in \mathfrak{M}$ mit

---

1) Anderer Sprachgebrauch: "Kompakt".

2) Anderer Sprachgebrauch: "Kompakt".

3) Anderer Sprachgebrauch: "Kompakt in sich".

$$||u_n|| > n \quad , \quad n = 1,2,3,\ldots \; .$$

Diese Folge gestattet wegen der Praekompaktheit von $\mathfrak{M}$ die Auswahl einer CAUCHYfolge $u_{\nu_n} \in \mathfrak{M}$. Diese ist aber wegen

$$||u_{\nu_n}|| > \nu_n \geqq n \quad , \quad n = 1,2,3,\ldots \; ,$$

unbeschränkt (Widerspruch zu Satz 6.2).

<u>Satz 7.2.</u> Eine Menge ist genau dann kompakt, wenn sie relativkompakt und abgeschlossen ist.

<u>Beweis.</u> N o t w e n d i g k e i t . Es sei $\mathfrak{M} \subseteq V$ kompakt. Eine konvergente Folge $u_1, u_2, u_3, \ldots \in \mathfrak{M}$ gestattet daher nach Definition 7.3 die Auswahl einer gegen ein Element $u \in \mathfrak{M}$ konvergenten Teilfolge $u_{\nu_1}, u_{\nu_2}, u_{\nu_3}, \ldots \in \mathfrak{M}$. Nach Satz 5.2 konvergiert dann auch die Folge $u_1, u_2, u_3, \ldots \in \mathfrak{M}$ selbst gegen $u \in \mathfrak{M}$. Also ist $\mathfrak{M}$ abgeschlossen. Die Relativkompaktheit versteht sich von selbst. – H i n l ä n g l i c h - k e i t . Es sei $\mathfrak{M} \subseteq V$ relativkompakt und abgeschlossen. Eine beliebig gewählte Folge $u_1, u_2, u_3, \ldots \in \mathfrak{M}$ gestattet daher nach Definition 7.2 die Auswahl einer konvergenten Teilfolge $u_{\nu_1}, u_{\nu_2}, u_{\nu_3}, \ldots \in \mathfrak{M}$. Wegen der Abgeschlossenheit von $\mathfrak{M}$ gehört dann das Grenzelement der Teilfolge ebenfalls zu $\mathfrak{M}$. Also ist $\mathfrak{M}$ kompakt.

<u>Satz 7.3.</u> Eine Menge ist genau dann kompakt, wenn sie praekompakt und vollständig ist.

<u>Beweis.</u> N o t w e n d i g k e i t . Es sei $\mathfrak{M} \subseteq V$ kompakt. Eine CAUCHYfolge $u_1, u_2, u_3, \ldots \in \mathfrak{M}$ gestattet daher nach Definition 7.3 die Auswahl einer gegen ein Element $u \in \mathfrak{M}$ konvergenten Teilfolge $u_{\nu_1}, u_{\nu_2}, u_{\nu_3} \in \mathfrak{M}$. Nach Satz 6.4 konvergiert sie dann selbst ebenfalls gegen $u \in \mathfrak{M}$. Also ist $\mathfrak{M}$ vollständig. Die Praekompaktheit ist trivial. – H i n l ä n g l i c h k e i t . Es sei $\mathfrak{M} \subseteq V$ praekompakt und vollständig. Eine beliebig gewählte Folge $u_1, u_2, u_3, \ldots \in \mathfrak{M}$ gestattet daher nach Definition 7.1 die Auswahl einer CAUCHYfolge $u_{\nu_1}, u_{\nu_2}, u_{\nu_3}, \ldots \in \mathfrak{M}$. Wegen der Vollständigkeit konvergiert diese gegen ein Grenzelement aus $\mathfrak{M}$. Also ist $\mathfrak{M}$ kompakt.

Der Erläuterung der Kompaktheitsbegriffe sowie der Bereitstellung größerer Klassen von Beispielen dienen die anschließend behandelten Spezialfälle endlicher Mengen und endlichdimensionaler Räume.

Satz 7.4. Eine endliche Teilmenge eines normierten Vektorraumes ist praekompakt, relativkompakt und kompakt.

Beweis nur für die Kompaktheit erforderlich. Sei $\mathfrak{M} \subseteq V$ eine endliche Menge und $u_1, u_2, u_3, \ldots \in \mathfrak{M}$ eine beliebige Folge. Dann führt die Annahme, daß jedes Element aus $\mathfrak{M}$ in der Folge in höchstens endlichen vielen Exemplaren vorkommt, sofort auf den Widerspruch, daß die Folge nur aus endlich vielen Elementen besteht. Also kommt ein Element aus $\mathfrak{M}$ unendlich oft in der Folge vor, und die nur dieses Element enthaltende Teilfolge leistet das Gewünschte.

Lemma 7.1. Eine beschränkte Teilmenge eines endlichdimensionalen normierten Vektorraumes ist relativkompakt.

Beweis. Sei V der normierte Vektorraum über dem Körper $\mathbb{K}$ und $\mathfrak{M} \subseteq V$ eine durch $M \geqq 0$ beschränkte Menge. Für $\dim V = 0$ ist die Behauptung trivial. Im Falle $\dim V = n > 0$ wählen wir eine Basis $e_1, e_2, \ldots, e_n \in V$ und dazu eine durch Lemma 6.1 bestimmte Zahl $\Lambda > 0$. Werde dann eine Folge

$$(7.1) \qquad u_\nu = \sum_{i=1}^{n} \lambda_\nu^i e_i \quad , \qquad \nu = 1,2,3,\ldots \; ,$$

beliebig gewählt, so liefert Lemma 6.1

$$|\lambda_\nu^i| \leqq \Lambda ||u_\nu|| \leqq \Lambda M \quad , \qquad i = 1,\ldots,n \quad , \qquad \nu = 1,2,3,\ldots \; .$$

Somit sind alle n Folgen $\lambda_\nu^1, \lambda_\nu^2, \ldots, \lambda_\nu^n \in \mathbb{K}$ beschränkt, und die n-malige Anwendung des Satzes von BOLZANO-WEIERSTRASS (vgl. die entsprechende Schlußweise im Beweis zu Lemma 6.1) führt auf n konvergente Teilfolgen $\lambda_{\mu_\nu}^1, \lambda_{\mu_\nu}^2, \ldots, \lambda_{\mu_\nu}^n \in \mathbb{K}$ mit Grenzwerten $\lambda^1, \lambda^2, \ldots, \lambda^n \in \mathbb{K}$. Ersetzt man in (7.1) nunmehr ν durch μ_ν, so folgt mit den Limesregeln

$$\lim_{\nu \to \infty} u_{\mu_\nu} = \lim_{\nu \to \infty} \sum_{i=1}^{n} \lambda_{\mu_\nu}^i e_i = \sum_{i=1}^{n} \lambda^i e_i \in V \; .$$

Also ist $u_{\mu_1}, u_{\mu_2}, u_{\mu_3}, \ldots \in \mathfrak{M}$ eine konvergente Teilfolge.

Satz 7.5. In endlichdimensionalen normierten Vektorräumen sind die Begriffe "beschränkt", "praekompakt" und "relativkompakt" äquivalent.

Beweis folgt unmittelbar aus Satz 7.1 und Lemma 7.1.

Satz 7.6. In endlichdimensionalen normierten Vektorräumen sind die Begriffe "abgeschlossen und beschränkt" und "kompakt" äquivalent.

Beweis. Da eine beschränkte Menge eines endlichdimensionalen Raumes nach Lemma 7.1 relativkompakt ist, folgt für eine abgeschlossene und beschränkte Menge aus Satz 7.2 die Kompaktheit. Umgekehrt ist eine kompakte Menge nach den Sätzen 7.1 und 7.2 abgeschlossen und beschränkt.

In den Rahmen der zuletzt genannten Sätze fällt noch der

Satz 7.7. In BANACHräumen sind die Begriffe "praekompakt" und "relativkompakt" äquivalent.

Beweis. Sei $\mathfrak{M}$ eine praekompakte Teilmenge eines BANACHraumes, so gestattet jede Folge aus $\mathfrak{M}$ die Auswahl einer CAUCHYteilfolge. Diese ist aber wegen der Vollständigkeit des Raumes konvergent und weist damit $\mathfrak{M}$ als relativkompakt aus.

In unendlichdimensionalen Räumen sind die Kompaktheitsbegriffe unserer Anschauung weniger zugänglich. Um dies näher erläutern zu können, benötigen wir das für viele Zwecke der Funktionalanalysis wichtige

Lemma 7.2 (Lemma von RIESZ [1]). Es sei V ein normierter Vektorraum, $U \subset V$ ein (echter) abgeschlossener Untervektorraum und $0 < \alpha < 1$ eine reelle Zahl. Dann gibt es stets ein Element $v \in V$ mit den drei Eigenschaften

$$(7.2) \qquad v \notin U \quad , \quad \|v\| = 1 \quad , \quad \|v-u\| \geqq \alpha \quad , \quad u \in U \; .$$

Beweis. Nach Voraussetzung gibt es ein Element $v_0 \in V$ mit $v_0 \notin U$. Es existiert dann die größte untere Schranke

$$(7.3) \qquad I \equiv \inf_{u \in U} \|v_0 - u\| \geqq 0 \; .$$

Wir nehmen $I = 0$ an. Dann gibt es eine Folge $u_n \in U$ mit

---

1) Friedrich RIESZ (1880-1956), ungarischer Mathematiker, lehrte in Klausenburg, Szeged und Budapest. In Szeged schuf er, der Mitglied der Ungarischen Akademie der Wissenschaften war, gemeinsam mit HAAR ein international anerkanntes mathematisches Zentrum. Er leistete grundlegende Untersuchungen zur modernen Analysis, führte den Begriff der subharmonischen Funktion ein und fand zusammen mit FEJÉR einen einfachen Beweis für den RIEMANNschen Abbildungssatz. Vor allem aber wurde er durch seine bahnbrechenden Arbeiten zur Theorie der Funktionenräume und der linearen Operatoren [23], und hier insbesondere durch die aus dem Jahre 1917 stammende RIESZsche Theorie (vgl. § 14), zu einem Mitbegründer der Funktionalanalysis.

$$\lim_{n \to \infty} ||v_o - u_n|| = 0$$

bzw.

$$\lim_{n \to \infty} u_n = v_o \quad .$$

Da u_n somit konvergent und U abgeschlossen ist, folgt $v_o \in U$ (Widerspruch). Also ist $I > 0$.

Aus der Bedeutung des Infimums (7.3) folgt die Existenz eines Elementes $u_o \in U$ mit der Eigenschaft (Fig. 4)

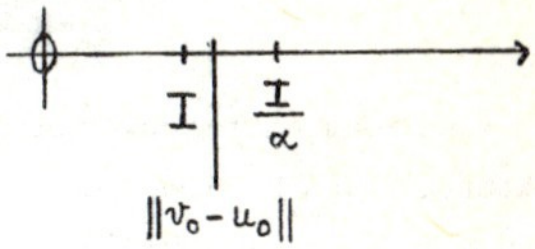

Fig. 4. Zum Beweis des RIESZschen Lemmas

(7.4) $$I \leqq ||v_o - u_o|| \leqq \frac{I}{\alpha} \quad .$$

Wegen $v_o \notin U$, $u_o \in U$ und damit $v_o \neq u_o$ können wir

(7.5) $$v \equiv \frac{v_o - u_o}{||v_o - u_o||} \in V$$

definieren und wollen nun zeigen, daß dieses Element die gewünschten Eigenschaften (7.2) besitzt. Offensichtlich ist $v \notin U$, denn aus $v \in U$ würde sofort der Widerspruch $v_o \in U$ folgen. Die Eigenschaft $||v|| = 1$ ist sofort klar. Schließlich sei $u \in U$ fest, aber beliebig gewählt. Dann ist

$$u_o + ||v_o - u_o|| u \in U \quad ,$$

und es folgt mit (7.3) und (7.4)

$$||v_o - (u_o + ||v_o - u_o|| u)|| \geqq I \geqq \alpha ||v_o - u_o|| \quad .$$

Division durch $||v_o - u_o|| \neq 0$ ergibt zusammen mit der Definition (7.5) für v die letzte der drei behaupteten Eigenschaften.

Nunmehr kommen wir zu dem überraschenden

<u>Satz 7.8.</u> In einem unendlichdimensionalen normierten Vektorraum V über dem Körper $\mathbb{K}$ ist die <u>Einheitskugel</u>

(7.6) $$\mathcal{K} = \left\{ u \in V \;\middle|\; ||u|| = 1 \right\}$$

weder kompakt noch relativkompakt noch praekompakt.

Beweis nur für die Praekompaktheit erforderlich. Die Kugel (7.6) ist eine nichtleere Teilmenge von V, da V sicher ein vom Nullelement verschiedenes Element besitzt, das, durch seine Norm dividiert, ein Element von $\mathcal{K}$ ergibt. Ferner ist $\mathcal{K}$ abgeschlossen, denn für irgendeine konvergente Folge $u_n \in \mathcal{K}$, deren Grenzelement $u \in V$ sei, gilt $||u_n|| = 1$, und der Grenzübergang $n \to \infty$ liefert $||u|| = 1$. Nun sei $u_1 \in \mathcal{K}$ fest gewählt. Wegen der linearen Unabhängigkeit von u_1 ist die lineare Hülle

$$U_1 = \mathcal{L}\{u_1\}$$

ein eindimensionaler und damit nach Korollar 6.4 abgeschlossener Untervektorraum von V. Dies ist ein echter Untervektorraum, denn wäre $U_1 = V$, so würde ja gelten dim V = 1. Nach dem RIESZschen Lemma gibt es dann ein $u_2 \in \mathcal{K}$ mit $u_2 \notin U_1$ und $||u_2 - u|| \geqq \frac{1}{2}$, $u \in U_1$. Aus

$$\lambda^1 u_1 + \lambda^2 u_2 = 0$$

folgt dann nacheinander $\lambda^2 = 0$ und $\lambda^1 = 0$, da $u_2 \notin U_1$ und u_1 linear unabhängig ist. Also sind $u_1, u_2 \in \mathcal{K}$ linear unabhängig. Dann bildet

$$U_2 = \mathcal{L}\{u_1, u_2\}$$

einen zweidimensionalen und damit wiederun nach Korollar 6.4 abgeschlossenen Untervektorraum von V. Dieser ist ebenfalls echt, denn $U_2 = V$ würde ja dim V = 2 bedeuten. Dann garantiert das RIESZsche Lemma ein $u_3 \in \mathcal{K}$ mit $u_3 \notin U_2$ und $||u_3 - u|| \geqq \frac{1}{2}$, $u \in U_2$. Da

$$\lambda^1 u_1 + \lambda^2 u_2 + \lambda^3 u_3 = 0$$

zunächst $\lambda^3 = 0$ und dann $\lambda^1 = \lambda^2 = 0$ zur Folge hat, sind $u_1, u_2, u_3 \in \mathcal{K}$ linear unabhängig. Durch Fortsetzung dieses Verfahrens kommen wir zu einer Folge $u_1, u_2, u_3, \ldots \in \mathcal{K}$ mit der Eigenschaft

$$(7.7) \qquad ||u_{n+1} - u|| \geqq \frac{1}{2} \quad , \quad u \in \mathcal{L}\{u_1, \ldots, u_n\} \quad , \quad n = 1,2,3,\ldots .$$

Es folgt

$$(7.8) \qquad ||u_m - u_n|| \geqq \frac{1}{2} \quad , \quad m \neq n \quad ,$$

zunächst für $m > n$, dann aber trivialerweise auch für $m \neq n$. Die Einheitskugel in einem unendlichdimensionalen Vektorraum erweist sich also bezüglich dieser Folge als recht unanschaulich.

Wir nehmen schließlich an, $\hat{\mathfrak{K}}$ sei praekompakt. Dann gestattet jede Folge aus $\mathfrak{K}$, insbesondere die zuvor betrachtete, die Auswahl einer CAUCHYfolge. Es sei $u_{\nu_1}, u_{\nu_2}, u_{\nu_3}, \ldots \in \mathfrak{K}$ eine solche CAUCHYfolge. Dann gibt es eine natürliche Zahl N mit

$$|u_{\nu_{N+1}} - u_{\nu_N}| < \frac{1}{2} \quad ,$$

was aber wegen $\nu_{N+1} \neq \nu_N$ zu (7.8) im Widerspruch steht. Also ist die Einheitskugel nicht praekompakt.

Für endlichdimensionale normierte Vektorräume ergeben sich in diesem Zusammenhang noch einige bemerkenswerte Charakterisierungen, die wir anschließend zusammenstellen wollen.

<u>Satz 7.9.</u> Ein normierter Vektorraum V ist genau dann endlichdimensional, wenn in ihm der Satz von BOLZANO-WEIERSTRASS für Folgen gilt, d.h. wenn jede beschränkte Folge $u_1, u_2, u_3, \ldots \in V$ die Auswahl einer konvergenten Teilfolge $u_{\nu_1}, u_{\nu_2}, u_{\nu_3}, \ldots \in V$ gestattet.

<u>Beweis.</u> N o t w e n d i g k e i t . In dem endlichdimensionalen Raum V habe die Folge $u_1, u_2, u_3, \ldots \in V$ die Schranke $R \geqq 0$. Dann bildet die <u>Vollkugel</u> vom Radius R um das Nullelement

$$(7.9) \qquad \mathfrak{V} = \left\{ u \in V \;\middle|\; ||u|| \leqq R \right\}$$

eine beschränkte und damit nach Lemma 7.1 relativkompakte Menge. Da die Folge dieser Menge angehört, gestattet sie die Auswahl einer konvergenten Teilfolge $u_{\nu_1}, u_{\nu_2}, u_{\nu_3}, \ldots \in V$. – H i n l ä n g l i c h k e i t . Es gelte der Satz von BOLZANO-WEIERSTRASS. Da die durch (7.6) erklärte Einheitskugel $\mathfrak{K} \subseteq V$ durch 1 beschränkt ist, gestattet somit jede Folge $u_1, u_2, u_3, \ldots \in \mathfrak{K}$ die Auswahl einer konvergenten Teilfolge. Also ist $\mathfrak{K}$ relativkompakt. Die Annahme $\dim V = \infty$ wird dann durch Satz 7.8 sofort auf einen Widerspruch geführt.

<u>Satz 7.10.</u> Ein normierter Vektorraum V ist genau dann endlichdimensional, wenn in ihm der Satz von BOLZANO-WEIERSTRASS für Mengen gilt, d.h. wenn jede beschränkte unendliche Menge $\mathfrak{M} \subseteq V$ (mindestens) einen Häufungspunkt besitzt.

<u>Beweis.</u> N o t w e n d i g k e i t . Es sei V endlichdimensional und $\mathfrak{M} \subseteq V$ eine beschränkte unendliche Menge. Dann ist es möglich, eine Folge

$u_1, u_2, u_3, \ldots \in \mathfrak{M}$ mit lauter verschiedenen Elementen auszuwählen. Da diese Folge beschränkt ist, enthält sie nach Satz 7.9 eine konvergente Teilfolge $u_{\nu_1}, u_{\nu_2}, u_{\nu_3}, \ldots \in \mathfrak{M}$. Da auch diese Folge aus lauter verschiedenen Elementen besteht, kann ihr Grenzelement $u \in V$ höchstens einmal in ihr vorkommen. Gegebenenfalls nach Streichung dieses Folgenelements kann also $u \in V$ als Grenzelement einer von u verschiedenen Folge aus $\mathfrak{M}$ erhalten werden. Die Definition III des Häufungspunktes (vgl. Satz II.2.5) weist $u \in V$ dann als Häufungspunkt der Menge $\mathfrak{M} \subseteq V$ aus. – H i n l ä n g l i c h k e i t . Es sei $u_1, u_2, u_3, \ldots \in V$ eine fest, aber beliebig gewählte, beschränkte Folge. Kommen in ihr nur endlich viele Elemente von V vor, so muß eines dieser Elemente unendlich oft vorkommen, und die Folge besitzt dann trivialerweise eine konvergente Teilfolge. Kommen in der Folge dagegen unendlich viele Elemente vor, so bilden die Folgenelemente eine unendliche beschränkte Menge, die nach Voraussetzung einen Häufungspunkt $u \in V$ besitzt. Es gibt daher (nach Definition I des Häufungspunktes) jeweils unendlich viele Elemente der Menge und damit auch der Folge in der 1-, $\frac{1}{2}$-, $\frac{1}{3}$-etc. Umgebung von $u \in V$. Auf Grund dessen wird es möglich, eine Teilfolge $u_{\mu_1}, u_{\mu_2}, u_{\mu_3}, \ldots \in V$ mit

$$||u_{\mu_\nu} - u|| < \frac{1}{\nu} \quad , \qquad \nu = 1,2,3,\ldots \quad ,$$

zu konstruieren. Da sie offenbar gegen $u \in V$ konvergiert, liefert Satz 7.9 die Behauptung $\dim V < \infty$.

<u>Satz 7.11.</u> Ein normierter Vektorraum V ist genau dann endlichdimensional, wenn jede beschränkte Teilmenge $\mathfrak{M} \subseteq V$ relativkompakt ist.

<u>Beweis.</u> N o t w e n d i g k e i t folgt direkt aus Satz 7.5. – H i n l ä n g l i c h k e i t . Wenn jede beschränkte Teilmenge relativkompakt ist, so muß es auch die Einheitskugel $\mathfrak{K} \subseteq V$ sein. Mit Satz 7.8 folgt dann die Behauptung $\dim V < \infty$.

<u>Satz 7.12.</u> Ein normierter Vektorraum V ist genau dann endlichdimensional, wenn jede abgeschlossene und beschränkte Teilmenge $\mathfrak{M} \subseteq V$ kompakt ist.

<u>Beweis.</u> N o t w e n d i g k e i t folgt direkt aus Satz 7.6. – H i n l ä n g l i c h k e i t . Die Einheitskugel $\mathfrak{K} \subseteq V$ ist nicht nur beschränkt, sondern, wie wir im Beweis zu Satz 7.8 bereits sahen, auch abgeschlossen. Da jede abgeschlossene und beschränkte Teilmenge nach

Voraussetzung kompakt ist, folgt die Kompaktheit von $\mathcal{L}$, und Satz 7.8 liefert wiederum dim $V < \infty$.

§ 8. Die Sätze von HAUSDORFF und HEINE-BOREL

Wir beschäftigen uns in diesem Paragraphen mit tiefer liegenden Kriterien für die Praekompaktheit und Kompaktheit von Mengen eines normierten Vektorraumes. Dazu benötigen wir zunächst zwei vorbereitende Begriffsbildungen.

Definition 8.1. Sei V ein normierter Vektorraum über dem Körper $\mathbb{K}$, so heißt eine Menge $\mathfrak{f}$ von nichtleeren Mengen $\mathfrak{U} \subseteq V$ eine Überdeckung für eine Menge $\mathfrak{M} \subseteq V$, wenn jedes Element $u \in \mathfrak{M}$ in einer der Mengen $\mathfrak{U} \in \mathfrak{f}$ enthalten ist, in Zeichen

$$(8.1) \qquad \mathfrak{M} \subseteq \bigcup_{\mathfrak{U} \in \mathfrak{f}} \mathfrak{U} \quad ;$$

insbesondere bildet die leere Menge $\mathfrak{f} = \emptyset$ eine Überdeckung für die leere Menge $\mathfrak{M} = \emptyset$. Die Überdeckung heißt offen, wenn alle $\mathfrak{U} \in \mathfrak{f}$ offene Mengen sind.

Satz 8.1. Sei V ein normierter Vektorraum über dem Körper $\mathbb{K}$ und $\varepsilon > 0$ eine reelle Zahl, so heißt eine Menge $\mathfrak{N} \subseteq V$ ein ε-Netz für eine Menge $\mathfrak{M} \subseteq V$, wenn eine der beiden folgenden, untereinander äquivalenten Bedingungen erfüllt ist (Fig. 5):

I. In der ε-Umgebung eines jeden Elementes $u \in \mathfrak{M}$ kann ein Element $v \in \mathfrak{N}$ angetroffen werden.

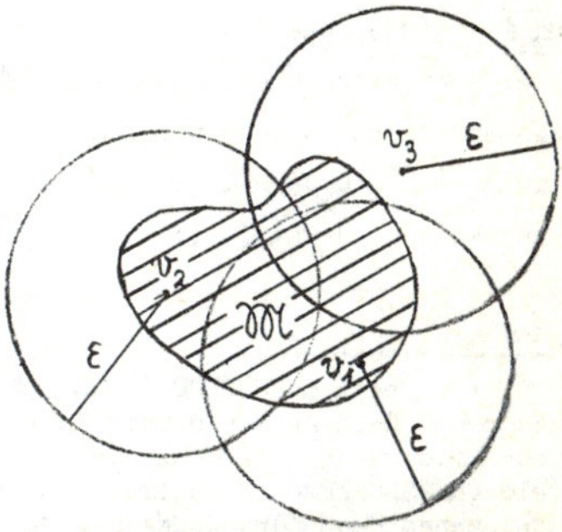

Fig. 5. Menge $\mathfrak{M}$ mit ε-Netz $\mathfrak{N} = \{v_1, v_2, v_3\}$

II. Die Menge aller ε-Umgebungen $\mathfrak{U}_\varepsilon(v)$ von Elementen $v \in \mathfrak{N}$ bildet eine Überdeckung für $\mathfrak{M}$, d.h. es gilt

$$\mathfrak{M} \subseteq \bigcup_{v \in \mathfrak{N}} \mathfrak{U}_\varepsilon(v) . \tag{8.2}$$

Beweis. V o n I n a c h II . Sei ein Element $u \in \mathfrak{M}$ fest, aber beliebig gewählt, so liegt in seiner ε-Umgebung ein Element $v \in \mathfrak{N}$. Dann liegt aber auch umgekehrt u in der ε-Umgebung von v, und man erhält

$$u \in \mathfrak{U}_\varepsilon(v) \subseteq \bigcup_{v \in \mathfrak{N}} \mathfrak{U}_\varepsilon(v) .$$

V o n II n a c h I . Wählen wir $u \in \mathfrak{M}$ fest, aber beliebig, so liefert (8.2) ein $v \in \mathfrak{N}$ mit $u \in \mathfrak{U}_\varepsilon(v)$, und es folgt die Behauptung $v \in \mathfrak{U}_\varepsilon(u)$.

Für die Praekompaktheit können wir jetzt zwei Kriterien angeben; von diesen ist das erste notwendig und das zweite hinreichend.

Satz 8.2 (erster HAUSDORFFscher [1] Satz). In einem normierten Vektorraum V besitzt eine praekompakte Menge $\mathfrak{M} \subseteq V$ zu jedem $\varepsilon > 0$ ein endliches ε-Netz $\mathfrak{N} \subseteq \mathfrak{M} \subseteq V$.

Beweis. Im Falle $\mathfrak{M} = \emptyset$ hat $\mathfrak{N} = \emptyset$ die behauptete Eigenschaft. Falls $\mathfrak{M} \neq \emptyset$ ist, nehmen wir an, zu einem $\varepsilon > 0$ gebe es kein in $\mathfrak{M}$ enthaltenes endliches ε-Netz. Dann gilt für ein beliebig gewähltes $u_1 \in \mathfrak{M}$, daß $\mathfrak{U}_\varepsilon(u_1)$ keine Überdeckung für $\mathfrak{M}$ darstellt, denn sonst wäre ja $\mathfrak{N} = \{u_1\} \subseteq \mathfrak{M}$ bereits ein endliches ε-Netz. Also gibt es ein $u_2 \in \mathfrak{M}$ mit $u_2 \notin \mathfrak{U}_\varepsilon(u_1)$, was $||u_2-u_1|| \geqq \varepsilon$ zur Folge hat. Nun kann $\mathfrak{U}_\varepsilon(u_1) \cup \mathfrak{U}_\varepsilon(u_2)$ aber auch keine Überdeckung für $\mathfrak{M}$ bilden, weil sonst $\mathfrak{N} = \{u_1, u_2\} \subseteq \mathfrak{M}$ ein endliches ε-Netz wäre. Somit folgt die Existenz eines Elementes $u_3 \in \mathfrak{M}$ mit $u_3 \notin \mathfrak{U}_\varepsilon(u_1) \cup \mathfrak{U}_\varepsilon(u_2)$, was $||u_3-u_2|| \geqq \varepsilon$, $||u_3-u_1|| \geqq \varepsilon$ bewirkt. Dann kann auch $\mathfrak{U}_\varepsilon(u_1) \cup \mathfrak{U}_\varepsilon(u_2) \cup \mathfrak{U}_\varepsilon(u_3)$ die Menge $\mathfrak{M}$ nicht überdecken,

---

1) Felix HAUSDORFF (1868-1942) war Professor in Leipzig, Greifswald und Bonn. Nach Arbeiten über Astronomie, Wahrscheinlichkeitsrechnung und Geometrie wurden die Mengenlehre und die Topologie sein wichtigstes Arbeitsfeld (HAUSDORFFsches Maximumprinzip, HAUSDORFFscher Raum). Sein 1914 erschienenes Buch "Grundzüge der Mengenlehre" fand weiteste Verbreitung. Später folgten Ergebnisse zu den L^p-Räumen der Funktionalanalysis. Als "Künstler" unter den Mathematikern legte er Wert auf Klarheit und Schönheit der Beweisführungen; sein Vortrag war von vollendeter Meisterschaft. Die letzten Jahre seines Lebens waren überschattet von Angst und Verfolgung; hinzu kam das Verbot, sich mathematisch zu betätigen. Als ihm die Deportation drohte, schied er zusammen mit seiner Frau freiwillig aus dem Leben.

und wir erhalten durch Fortsetzung des Verfahrens eine Folge $u_1, u_2, u_3, \ldots \in \mathfrak{M}$ mit der Eigenschaft

(8.3) $$\|u_m - u_n\| \geqq \varepsilon \quad , \quad m > n \geqq 1 \quad .$$

Da $\mathfrak{M}$ nach Voraussetzung praekompakt ist, gibt es eine CAUCHYsche Teilfolge $u_{\nu_1}, u_{\nu_2}, u_{\nu_3}, \ldots \in \mathfrak{M}$ und damit eine natürliche Zahl N gemäß

$$\|u_{\nu_{N+1}} - u_{\nu_N}\| < \varepsilon \quad .$$

Dies steht jedoch im Widerspruch zu (8.3).

Satz 8.3 (zweiter HAUSDORFFscher Satz). In einem normierten Vektorraum V ist eine Menge $\mathfrak{M} \subseteq V$ praekompakt, wenn sie zu jedem $\varepsilon > 0$ ein praekompaktes ε-Netz $\mathfrak{N} \subseteq V$ besitzt.

Beweis. Es werde eine Folge

(8.4) $$u_1, u_2, u_3, u_4, \ldots \in \mathfrak{M}$$

fest, aber beliebig gewählt. Dann bedeute

$\mathfrak{N}_1$ ein praekompaktes 1 - Netz für $\mathfrak{M}$,
$\mathfrak{N}_2$ " " $\frac{1}{2}$- " " $\mathfrak{M}$,
$\mathfrak{N}_3$ " " $\frac{1}{3}$- " " $\mathfrak{M}$,
- .

Zu jedem $u_1, u_2, u_3, \ldots \in \mathfrak{M}$ gibt es ein Element aus $\mathfrak{N}_1$ mit Abstand kleiner als 1, und diese zugeordnete Folge gestattet wegen der Praekompaktheit von $\mathfrak{N}_1$ die Auswahl einer CAUCHYschen Teilfolge. Damit können wir aus $u_1, u_2, u_3, \ldots \in \mathfrak{M}$ eine Teilfolge

$$u_{11}, u_{12}, u_{13}, u_{14}, \ldots \in \mathfrak{M}$$

aussondern, zu der es eine CAUCHYfolge

$$v_{11}, v_{12}, v_{13}, v_{14}, \ldots \in \mathfrak{N}_1$$

gibt mit der Eigenschaft

$$\|u_{1n} - v_{1n}\| < 1 \quad , \quad n = 1,2,3,4,\ldots \quad .$$

Zu jedem $u_{12}, u_{13}, u_{14}, \ldots \in \mathfrak{M}$ gibt es jetzt ein Element aus $\mathfrak{N}_2$ mit Abstand kleiner als $\frac{1}{2}$, und die so erhaltene zugeordnete Folge enthält wieder eine CAUCHYsche Teilfolge. Dann können wir aber aus $u_{12}, u_{13}, u_{14}, \ldots \in \mathfrak{M}$ eine Teilfolge

$$u_{22}, u_{23}, u_{24}, \ldots \in \mathfrak{M}$$

auswählen mit zugehöriger CAUCHYfolge

$$v_{22}, v_{23}, v_{24}, \ldots \in \mathfrak{N}_2$$

derart, daß

$$||u_{2n} - v_{2n}|| < \frac{1}{2} \quad , \quad n = 2,3,4,\ldots \quad ,$$

ausfällt. Entsprechend wählt man aus $u_{23}, u_{24}, \ldots \in \mathfrak{M}$ eine Folge

$$u_{33}, u_{34}, \ldots \in \mathfrak{M}$$

so aus, daß mit einer CAUCHYfolge

$$v_{33}, v_{34}, \ldots \in \mathfrak{N}_3$$

gilt

$$||u_{3n} - v_{3n}|| < \frac{1}{3} \quad , \quad n = 3,4,\ldots \quad ,$$

etc. Die Anwendung des <u>Diagonalverfahrens</u> auf den eben erklärten Auswahlprozeß

$$(8.5) \qquad \begin{matrix} u_1 & , & u_2 & , & u_3 & , & u_4 & , & \ldots \\ u_{11} & , & u_{12} & , & u_{13} & , & u_{14} & , & \ldots \\ & & u_{22} & , & u_{23} & , & u_{24} & , & \ldots \\ & & & & u_{33} & , & u_{34} & , & \ldots \\ & & & & & & u_{44} & , & \ldots \end{matrix}$$

liefert uns sodann in Gestalt der <u>Diagonalfolge</u>

$$(8.6) \qquad u_{11}, u_{22}, u_{33}, u_{44}, \ldots \in \mathfrak{M}$$

sicher eine Teilfolge der ursprünglichen Folge (8.4).

Nun bestimmen wir zu $\varepsilon > 0$ ein natürliches

$$(8.7) \qquad N' \geqq \frac{3}{\varepsilon}$$

hinzu und daran anschließend ein natürliches $N \geqq N$ mit

$$(8.8) \qquad ||v_{N'p} - v_{N'q}|| < \frac{\varepsilon}{3} \quad , \quad p \geqq N \quad , \quad q \geqq N \quad ;$$

letzteres ist möglich, da $v_{N'N'}, v_{N',N'+1}, v_{N',N'+2}, \ldots \in \mathfrak{N}_{N'}$ eine CAUCHY-folge ist. Für feste, aber beliebige $m \geqq N$, $n \geqq N$ gibt es jetzt infolge des Auswahlprozesses (8.5) und wegen $m \geqq N'$, $n \geqq N'$ natürliche Zahlen $p \geqq m$, $q \geqq n$ mit der Eigenschaft

$$(8.9) \qquad u_{mm} = u_{N'p} \quad , \quad u_{nn} = u_{N'q} \quad .$$

Beachtet man schließlich

$$p \geqq m \geqq N \geqq N' \quad , \quad q \geqq n \geqq N \geqq N' \quad ,$$

so liefert die eingangs beschriebene Konstruktion zusammen mit (8.7), (8.8) und (8.9)

$$\begin{aligned} ||u_{mm} - u_{nn}|| &= ||(u_{N'p} - v_{N'p}) + (v_{N'p} - v_{N'q}) + (v_{N'q} - u_{N'q})|| \\ &\leqq ||u_{N'p} - v_{N'p}|| + ||v_{N'p} - v_{N'q}|| + ||v_{N'q} - u_{N'q}|| \\ &< \frac{1}{N'} + \frac{\varepsilon}{3} + \frac{1}{N'} \leqq \frac{\varepsilon}{3} + \frac{\varepsilon}{3} + \frac{\varepsilon}{3} = \varepsilon \quad , \end{aligned}$$

d.h. die Teilfolge (8.6) ist eine CAUCHYfolge. Also ist $\mathfrak{M}$ praekompakt.

Wir kommen anschließend zum Kompaktheitskriterium.

Lemma 8.1 (Lemma von LEBESGUE). In einem normierten Vektorraum V bedeute $\mathfrak{M} \subseteq V$ eine kompakte Menge und $\mathfrak{f}$ eine offene Überdeckung für $\mathfrak{M}$. Dann existiert eine reelle Zahl $\varrho > 0$ mit folgender Eigenschaft: Zu jedem $u \in \mathfrak{M}$ gibt es eine Menge $\mathfrak{U} \in \mathfrak{f}$ mit

$$(8.10) \qquad \mathfrak{U}_\varrho(u) \subseteq \mathfrak{U} \quad .$$

Bemerkung. Daß jedes $u \in \mathfrak{M}$ zu einer Menge $\mathfrak{U} \in \mathfrak{f}$ gehört, ist Inhalt des Überdeckungsbegriffs. Die wesentliche Aussage des LEBESGUEschen Lemmas besteht also darin, daß außer u selbst jeweils noch eine gleich große ϱ-Umgebung von u in einer Menge $\mathfrak{U} \in \mathfrak{f}$ enthalten ist.

Beweis. Wir nehmen an, es existiere keine Zahl $\varrho > 0$ mit der behaupteten Eigenschaft. Dann besitzen insbesondere die Zahlen $1, \frac{1}{2}, \frac{1}{3}, \ldots$ diese "ϱ-Eigenschaft" nicht, und wir können daher nacheinander Elemente

$u_1, u_2, u_3, \ldots \in \mathfrak{M}$ derart ausfindig machen, daß die entsprechenden Umgebungen

(8.11) $$\mathfrak{U}_1(u_1)\,,\ \mathfrak{U}_{\frac{1}{2}}(u_2)\,,\ \mathfrak{U}_{\frac{1}{3}}(u_3)\,,\ \ldots$$

in keiner Menge $\mathfrak{U} \in \mathfrak{f}$ enthalten sind. Wegen der Kompaktheit von $\mathfrak{M}$ gestattet die Folge $u_1, u_2, u_3, \ldots \in \mathfrak{M}$ die Auswahl einer konvergenten Teilfolge $u_{\nu_1}, u_{\nu_2}, u_{\nu_3}, \ldots \in \mathfrak{M}$ mit Grenzelement $u_o \in \mathfrak{M}$. Dieses Grenzelement gehört nach Voraussetzung einer Menge $\mathfrak{U}_o \in \mathfrak{f}$ an. Da $\mathfrak{U}_o$ offen ist, gibt es eine ϱ_o-Umgebung von u_o, die ebenfalls zu $\mathfrak{U}_o$ gehört (Fig. 6). Nun bildet

$$\frac{1}{\nu_n} + \|u_{\nu_n} - u_o\|\,,\ n = 1,2,3,\ldots\,,$$

offensichtlich eine Nullfolge, so daß es möglich ist, eine natürliche Zahl N mit der Eigenschaft

$$\frac{1}{\nu_N} + \|u_{\nu_N} - u_o\| < \varrho_o$$

anzugeben. Dies bedeutet aber, daß außer u_{ν_N} auch die $\frac{1}{\nu_N}$-Umgebung von u_{ν_N} in der ϱ_o-Umgebung von u_o und damit in der Menge $\mathfrak{U}_o$ liegt (Fig. 6). Also liegt eine der Umgebungen (8.11) in der Menge $\mathfrak{U}_o \in \mathfrak{f}$ (Widerspruch).

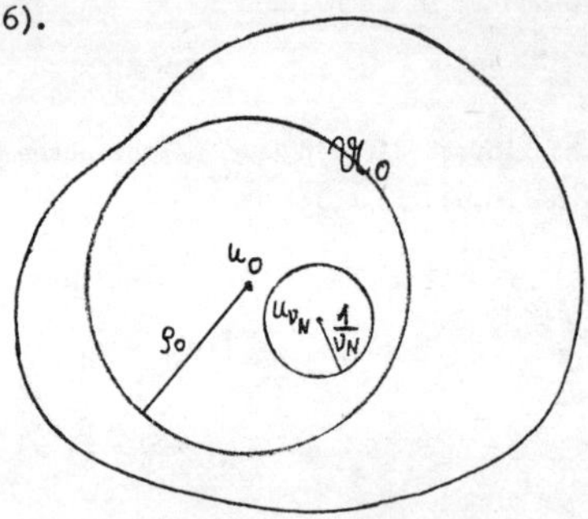

Fig. 6. Zum Beweis des LEBESGUEschen Lemmas

Satz 8.4 (Satz von HEINE-BOREL für normierte Vektorräume). In einem normierten Vektorraum V ist eine Menge $\mathfrak{M} \subseteq V$ genau dann kompakt, wenn jede offene Überdeckung für $\mathfrak{M}$ die Auswahl einer endlichen Überdeckung für $\mathfrak{M}$ gestattet.

Beweis. N o t w e n d i g k e i t . Sei $\mathfrak{f}$ eine offene Überdeckung für $\mathfrak{M}$, so gibt es nach dem Lemma von LEBESGUE eine reelle Zahl $\varrho > 0$ derart, daß zu jedem $u \in \mathfrak{M}$ eine Menge $\mathfrak{U} \in \mathfrak{f}$ mit $\mathfrak{U}_\varrho(u) \subseteq \mathfrak{U}$ existiert. Nach dem ersten HAUSDORFFschen Satz gibt es zu diesem $\varrho > 0$ ein endliches ϱ-Netz $\mathfrak{N} \subseteq \mathfrak{M}$ für $\mathfrak{M}$. Indem man nun jeder der endlich vielen Umgebungen $\mathfrak{U}_\varrho(u)$, $u \in \mathfrak{N}$, nach dem LEBESGUEschen Lemma eine Menge $\mathfrak{U} \in \mathfrak{f}$

mit der Eigenschaft $\mathfrak{U}_\varrho(u) \subseteq \mathfrak{V}$ zuordnet, entsteht eine endliche Menge $\mathfrak{f}^* \subseteq \mathfrak{f}$ mit der behaupteten Überdeckungseigenschaft

$$\mathfrak{M} \subseteq \bigcup_{u \in \mathfrak{N}} \mathfrak{U}_\varrho(u) \subseteq \bigcup_{\mathfrak{V} \in \mathfrak{f}^*} \mathfrak{V} .$$

H i n l ä n g l i c h k e i t . Wir nehmen an, $\mathfrak{M} \subseteq V$ sei nicht kompakt. Dann existiert eine Folge, die keine gegen ein Element aus $\mathfrak{M}$ konvergente Teilfolge enthält. Sie kann nicht aus endlich vielen Elementen von $\mathfrak{M}$ gebildet sein, da sonst eines dieser Elemente unendlich oft vorkäme und die Folge dann trivialerweise eine gegen ein Element aus $\mathfrak{M}$ konvergente Teilfolge hätte. Daher ist es möglich, eine Teilfolge mit lauter verschiedenen Elementen, die wir mit $u_1, u_2, u_3, \ldots \in \mathfrak{M}$ bezeichnen wollen, auszuwählen. Auch sie kann keine gegen ein Element aus $\mathfrak{M}$ konvergente Teilfolge enthalten, da sonst sofort auch die ursprüngliche Menge diese Eigenschaft hätte. Wir nehmen nun an, die unendliche Menge

$$\mathfrak{A} \equiv \{u_1, u_2, u_3, \ldots\} \subseteq \mathfrak{M}$$

habe einen zu $\mathfrak{M}$ gehörigen Häufungspunkt u. Dann gibt es nacheinander in der 1-, $\frac{1}{2}$-, $\frac{1}{3}$-, ... Umgebung von u jeweils unendlich viele Elemente der Menge $\mathfrak{A}$ und damit der Folge $u_1, u_2, u_3, \ldots \in \mathfrak{M}$. Aus dieser können wir daher eine Teilfolge $u_{\nu_1}, u_{\nu_2}, u_{\nu_3}, \ldots \in \mathfrak{M}$ mit

$$||u_{\nu_n} - u|| < \frac{1}{n} \quad , \quad n = 1,2,3,\ldots \quad ,$$

auswählen, die daher gegen $u \in \mathfrak{M}$ konvergiert. Da dies aber nicht sein kann, besitzt $\mathfrak{A}$ keinen zu $\mathfrak{M}$ gehörigen Häufungspunkt. Insbesondere können $u_1, u_2, u_3, \ldots \in \mathfrak{M}$ keine Häufungspunkte von $\mathfrak{A}$ sein, und dies bedeutet die Existenz positiv reeller Zahlen $\varrho_1, \varrho_2, \varrho_3, \ldots$ mit der Eigenschaft, daß in der ϱ_n-Umgebung von u_n außer u_n kein weiteres Element der Menge $\mathfrak{A}$ und damit der Folge $u_1, u_2, u_3, \ldots$ liegt. Die unendliche Menge

$$\mathfrak{f} \equiv \{V - \overline{\mathfrak{A}}, \mathfrak{U}_{\varrho_1}(u_1), \mathfrak{U}_{\varrho_2}(u_2), \mathfrak{U}_{\varrho_3}(u_3), \ldots\}$$

besteht dann aus lauter offenen Mengen, wobei insbesondere $V - \overline{\mathfrak{A}}$ als Komplement der abgeschlossenen Menge $\overline{\mathfrak{A}}$ offen ist. Ferner ist jedes Element $u_1, u_2, u_3, \ldots \in \mathfrak{M}$ in genau einer der Mengen von $\mathfrak{f}$ enthalten. Schließlich ist ein Element $u \in \mathfrak{M}$ mit $u \neq u_1, u_2, u_3, \ldots$ zunächst in $V - \mathfrak{A}$ enthalten; da sich aber $\overline{\mathfrak{A}}$ aus $\mathfrak{A}$ und den nicht bereits zu $\mathfrak{A}$

gehörigen Häufungspunkten von $\mathfrak{A}$ zusammensetzt (vgl. Satz II.2.6), die Häufungspunkte jedoch, wie wir oben sahen, sämtlich nicht zu $\mathfrak{M}$ gehören, unterscheidet sich $V - \overline{\mathfrak{A}}$ von $V - \mathfrak{A}$ höchstens durch das Fehlen von Elementen, die nicht zu $\mathfrak{M}$ gehören, und wir bekommen daher auch $u \in V - \overline{\mathfrak{A}}$. Damit bildet $\mathcal{F}$ eine offene Überdeckung für $\mathfrak{M}$, aus der wir nach Voraussetzung eine endliche Überdeckung $\mathcal{F}^* \subset \mathcal{F}$ auswählen können. Wie immer dies nun geschieht, für einen hinreichend großen Index n erhält man sofort e $u_n \in \mathfrak{M}$, das in keiner Menge aus $\mathcal{F}^*$ enthalten ist (Widerspruch).

§ 9. WEIERSTRASSapproximation

Die Approximationstheorie, ein erstes Anwendungsgebiet der Funktionalanalysis, befaßt sich mit der Fragestellung, ob und wie man ein Element v eines normierten Vektorraumes durch Elemente einer Teilmenge $\mathfrak{N} \subseteq V$ in noch zu definierender Weise "annähern" kann, wobei man i. a. davon ausgeht, daß die Elemente $u \in \mathfrak{N}$ von "einfacher Beschaffenheit" sind und daher vom praktischen Standpunkt aus leichter beherrscht werden können als die übrigen. Auf dieser Fragestellung beruht

Definition 9.1. In einem normierten Vektorraum über dem Körper $\mathbb{K}$ wird der (nichtnegative) Abstand zwischen einem Element $v \in V$ und einer Teilmenge $\mathfrak{N} \subseteq V$ erklärt durch

$$(9.1) \qquad \varrho(v, \mathfrak{N}) \equiv \begin{cases} \inf\limits_{u \in \mathfrak{N}} \|v-u\| , & \mathfrak{N} \neq \emptyset , \\ \infty , & \mathfrak{N} = \emptyset . \end{cases}$$

Nunmehr betrachtet man zwei wichtige Spezialfälle: Gilt $\varrho(v, \mathfrak{N}) = 0$, so sagt man, das Element v sei durch die Menge $\mathfrak{N} \subseteq V$ im Sinne von WEIERSTRASS oder kurz W-approximierbar; gehört dagegen $\varrho(v, \mathfrak{N})$ zur Zahlenmenge $\|v-u\|$, $u \in \mathfrak{N}$, so heißt v durch $\mathfrak{N}$ im Sinne von TSCHEBYSCHEFF oder kurz T-approximierbar. Unmittelbar leuchtet ein, daß $v \in V$ genau dann WEIERSTRASS- und TSCHEBYSCHEFFapproximierbar bezüglich $\mathfrak{N} \subseteq V$ ist, wenn $v \in \mathfrak{N}$ gilt. Anschließend beschäftigen wir uns zunächst mit der WEIERSTRASSapproximation.

Aus $\varrho(v, \mathfrak{N}) = 0$ schließt man mit Definition 9.1 sofort auf die Existenz einer Folge $u_1, u_2, u_3, \ldots \in \mathfrak{N}$ mit $\lim_{n \to \infty} u_n = v$. Ist umgekehrt v als Grenzelement einer Folge aus $\mathfrak{N}$ darstellbar, so gilt offenbar $\varrho(v, \mathfrak{N}) = 0$. Infolgedessen ist W-Approximierbarkeit eines Elementes $v \in V$ bezüglich einer Menge $\mathfrak{N} \subseteq V$ gleichwertig damit, daß v Berührpunkt von $\mathfrak{N}$ ist:

(9.2) $$v \in \overline{\mathfrak{N}} \quad .$$

Sehr häufig liegt die Frage vor, ob <u>jedes Element einer Menge</u> $\mathfrak{M} \subseteq V$ durch eine Menge $\mathfrak{N} \subseteq V$ im WEIERSTRASSschen Sinne approximiert werden kann. Dies ist nach dem Vorhergehenden offenbar genau dann möglich, wenn jedes Element aus $\mathfrak{M}$ Berührpunkt von $\mathfrak{N}$ ist, d.h. wenn

(9.3) $$\overline{\mathfrak{N}} \supseteq \mathfrak{M}$$

gilt. Speziell für $\mathfrak{M} = V$ erhält man die W-Approximierbarkeit aller Elemente des Vektorraumes V bezüglich $\mathfrak{N}$ genau dann, wenn

(9.4) $$\overline{\mathfrak{N}} = V$$

ist. Unabhängig von der hier betrachteten Fragestellung bezeichnet man eine Menge $\mathfrak{N} \subseteq V$ als <u>dicht liegend</u> oder kurz <u>dicht</u> in einer Menge $\mathfrak{M} \subseteq V$ bzw. in V selbst, wenn die Bedingung (9.3) bzw. (9.4) erfüllt ist. Demnach ist eine Menge $\mathfrak{M} \subseteq V$ genau dann W-approximierbar bezüglich einer Menge $\mathfrak{N} \subseteq V$, wenn $\mathfrak{N}$ in $\mathfrak{M}$ dicht liegt.

Ein einfaches Beispiel für (9.3) bilden im Vektorraum $V = \mathbb{R}$ die rationalen Zahlen $\mathfrak{N} = Q$, die in der Menge der nichtnegativ reellen Zahlen $\mathfrak{M} = \mathbb{R}_0^+$ dicht liegen:

(9.5) $$\overline{Q} \supseteq \mathbb{R}_0^+ \quad ;$$

im Raume $V = \mathbb{R}$ selbst liefert

(9.6) $$\overline{Q} = \mathbb{R}$$

ein wohlbekanntes Beispiel für (9.4). Ein tiefer liegendes Resultat bildet in dieser Hinsicht der historisch berühmte

<u>Satz 9.1</u> (WEIERSTRASSscher Approximationssatz). Die Polynome liegen dicht im Raume der stetigen Funktionen auf einem abgeschlossenen Intervall mit TSCHEBYSCHEFFnorm, d.h. es gilt mit dieser Norm

(9.7) $$\overline{P[a,b]} = C[a,b] \quad .$$

Bemerkung. In klassischer Version besagt (9.7), je nachdem man die Definition I oder II des Berührpunktes heranzieht, folgendes:

I. Zu jeder stetigen Funktion $f(x)$, $x \in [a,b]$, und jedem $\varepsilon > 0$ gibt es ein Polynom $P(x)$, $x \in [a,b]$, mit der Eigenschaft (Fig. 7)

(9.8) $$|f(x) - P(x)| < \varepsilon \quad , \quad x \in [a,b] \quad .$$

II. Zu jeder stetigen Funktion $f(x)$, $x \in [a,b]$, gibt es eine Folge von Polynomen $P_1(x)$, $P_2(x), P_3(x), \ldots$, $x \in [a,b]$, die gleichmäßig gegen $f(x)$, $x \in [a,b]$, konvergiert [1].

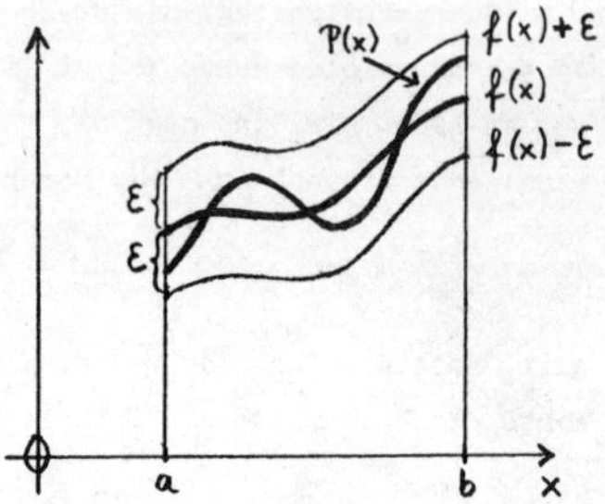

Fig. 7. Zur klassischen Formulierung des WEIERSTRASSschen Approximationssatzes

Beweis durch Konstruktion einer Polynomfolge mit der Eigenschaft II. Wir wählen eine Zahl $A > 0$ derart, daß das Definitionsintervall $[a,b]$ ganz im Innern von $[-\frac{A}{2}, \frac{A}{2}]$ liegt und setzen die gegebene stetige Funktion $f(x)$, $x \in [a,b]$, mittels

$$f(x) = f(a) \quad , \quad x \in [-\tfrac{A}{2}, a] \quad ,$$

$$f(x) = f(b) \quad , \quad x \in [b, \tfrac{A}{2}] \quad ,$$

in das Intervall $[-\frac{A}{2}, \frac{A}{2}]$ stetig fort (Fig. 8). Für diese Funktion können wir eine Schranke angeben:

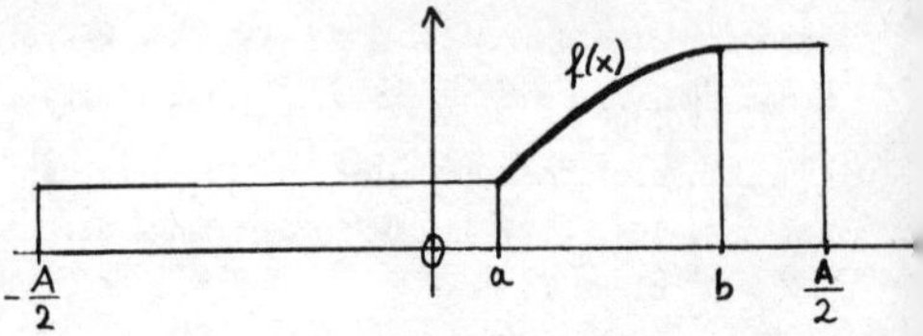

Fig. 8. Zum Beweis des WEIERSTRASSschen Approximationssatzes

(9.9) $$|f(x)| \leqq M \quad , \quad x \in [-\tfrac{A}{2}, \tfrac{A}{2}] \quad .$$

Sodann wollen wir zeigen, daß die Polynomfolge

---

1) Die Indizes in $P_1(x), P_2(x), P_3(x), \ldots$ sagen in diesem Zusammenhang nichts über den Grad des jeweiligen Polynoms aus.

$$(9.10)\qquad P_n(x) \equiv \frac{\int\limits_{-\frac{A}{2}}^{\frac{A}{2}} f(t)\left[A^2-(t-x)^2\right]^n dt}{\int\limits_{-A}^{A} (A^2-t^2)^n\, dt}\;,\quad x\in[a,b]\;,\quad n=0,1,2,\ldots\;,$$

das Gewünschte leistet [1]. Wir wählen zunächst $x \in [a,b]$ und eine reelle Zahl $\delta > 0$ mit der Eigenschaft (Fig. 8)

$$(9.11)\qquad [a-\delta,\; b+\delta] \subseteq \left[-\frac{A}{2}, \frac{A}{2}\right]$$

fest, aber beliebig; es gilt dann insbesondere $\delta < \frac{A}{2}$. Nunmehr folgt unter Beachtung von

$$|t-x| \leqq |t|+|x| \leqq \frac{A}{2}+\frac{A}{2} = A \quad , \quad t \in \left[-\frac{A}{2}, \frac{A}{2}\right] \;,$$

bei Anwendung des Mittelwertsatzes der Integralrechnung und einmaliger Substitution von t durch t+x

$$\begin{aligned}
&\int\limits_{-\frac{A}{2}}^{\frac{A}{2}} f(t)\left[A^2-(t-x)^2\right]^n dt - f(x)\int\limits_{-A}^{A}(A^2-t^2)^n\, dt \\
&= \int\limits_{-\frac{A}{2}}^{x-\delta} f(t)\left[A^2-(t-x)^2\right]^n dt + \int\limits_{x+\delta}^{\frac{A}{2}} f(t)\left[A^2-(t-x)^2\right]^n dt \\
&\quad + \int\limits_{x-\delta}^{x+\delta}\left[f(t)-f(x)\right]\left[A^2-(t-x)^2\right]^n dt \\
&\quad + f(x)\left\{\int\limits_{x-\delta}^{x+\delta}\left[A^2-(t-x)^2\right]^n dt - \int\limits_{-A}^{A}(A^2-t^2)^n\, dt\right\} \\
&= f(\xi)\int\limits_{-\frac{A}{2}}^{x-\delta}\left[A^2-(t-x)^2\right]^n dt + f(\eta)\int\limits_{x+\delta}^{\frac{A}{2}}\left[A^2-(t-x)^2\right]^n dt \\
&\quad + \left[f(\zeta)-f(x)\right]\int\limits_{x-\delta}^{x+\delta}\left[A^2-(t-x)^2\right]^n dt \\
&\quad - f(x)\left\{\int\limits_{-A}^{-\delta}(A^2-t^2)^n\, dt + \int\limits_{\delta}^{A}(A^2-t^2)^n\, dt\right\}
\end{aligned}$$

---

1) Für praktische Zwecke ist von Interesse, daß $P_n(x)$ von höchstens $(2n)^{tem}$ Grade ist. Beim Beweis spielt dieser Umstand keine Rolle.

mit Zwischenstellen

$$(9.12) \qquad \xi, \eta \in \left[-\frac{A}{2}, \frac{A}{2}\right] \quad , \quad \zeta \in [x-\delta, x+\delta] \quad ;$$

denkt man sich jetzt auch in den ersten drei Integralen der rechten Seite t durch t+x substituiert, so werden die gemeinsamen Integranden $(A^2-t^2)^n$ über die Intervalle

$$\left[-\frac{A}{2}-x, -\delta\right] \quad , \quad \left[\delta, \frac{A}{2}-x\right] \quad , \quad [-\delta, \delta]$$

integriert, die ihrerseits bei der anschließenden Abschätzung nach oben durch die Intervalle

$$[-A, -\delta] \quad , \quad [\delta, A] \quad , \quad [-A, A]$$

ersetzt werden können:

$$\left| \int_{-\frac{A}{2}}^{\frac{A}{2}} f(t) \left[A^2 - (t-x)^2\right]^n dt - f(x) \int_{-A}^{A} (A^2-t^2)^n \, dt \right|$$

$$\leqq |f(\xi)| \int_{-A}^{-\delta} (A^2-t^2)^n \, dt + |f(\eta)| \int_{\delta}^{A} (A^2-t^2)^n \, dt$$

$$+ |f(\zeta) - f(x)| \int_{-A}^{A} (A^2-t^2)^n \, dt$$

$$+ |f(x)| \left\{ \int_{-A}^{-\delta} (A^2-t^2)^n \, dt + \int_{\delta}^{A} (A^2-t^2)^n \, dt \right\}$$

$$= \left\{ |f(\xi)| + |f(\eta)| + 2|f(x)| \right\} \int_{\delta}^{A} (A^2-t^2)^n dt + |f(\zeta)-f(x)| \int_{-A}^{A} (A^2-t^2)^n dt \quad .$$

Division durch

$$\int_{-A}^{A} (A^2-t^2)^n \, dt = 2 \int_{0}^{A} (A^2-t^2)^n \, dt > 0 \quad ,$$

Benutzung von (9.10) und Abschätzung mit (9.9) liefert

$$|P_n(x) - f(x)| \leqq 2M \frac{\int_{\delta}^{A} (A^2-t^2)^n \, dt}{\int_{0}^{A} (A^2-t^2)^n \, dt} + |f(\zeta) - f(x)|$$

$$\leq 2M \frac{\int_{\delta}^{A} \frac{t}{\delta} (A^2-t^2)^n \, dt}{\int_{0}^{A} \frac{t}{A} (A^2-t^2)^n \, dt} + |f(\xi) - f(x)|$$

$$= 2M \frac{\left[-\frac{1}{2\delta} \frac{(A^2-t^2)^{n+1}}{n+1}\right]_{\delta}^{A}}{\left[-\frac{1}{2A} \frac{(A^2-t^2)^{n+1}}{n+1}\right]_{0}^{A}} + |f(\xi) - f(x)|$$

und damit

$$(9.13) \qquad |P_n(x) - f(x)| \leq \frac{2MA}{\delta}\left(1 - \frac{\delta^2}{A^2}\right)^{n+1} + |f(\xi) - f(x)| \; .$$

Zu $\varepsilon > 0$ bestimmen wir jetzt nach dem Satz von HEINE ein $\delta > 0$ unter der Nebenbedingung (9.11) derart hinzu, daß

$$(9.14) \qquad |f(x_2) - f(x_1)| < \frac{\varepsilon}{2}$$

ausfällt für alle $x_1, x_2 \in [-\frac{A}{2}, \frac{A}{2}]$ mit $|x_2 - x_1| \leq \delta$. Zu dem erhaltenen $0 < \delta < \frac{A}{2}$ können wir weiter ein nichtnegativ ganzes N gemäß

$$(9.15) \qquad \frac{2MA}{\delta}\left(1 - \frac{\delta^2}{A^2}\right)^{n+1} < \frac{\varepsilon}{2} \quad , \quad n \geq N \; ,$$

hinzubestimmen. Bei festem, aber beliebigem $x \in [a,b]$ bedeutet nun jeweils ξ in (9.13) wegen (9.12) eine Stelle mit $|\xi - x| \leq \delta$; dann folgt für alle $n \geq N$ aus (9.13), (9.14) und (9.15) die Behauptung

$$|P_n(x) - f(x)| < \frac{\varepsilon}{2} + \frac{\varepsilon}{2} = \varepsilon \; .$$

Wir wollen abschließend noch bemerken, daß die Polynomfolge (9.10) auch im Mittel gegen $f(x)$, $x \in [a,b]$, konvergiert, da die gleichmäßige Konvergenz, wie wir in § 5 sahen, stets die mittlere Konvergenz impliziert. Infolgedessen liegen die Polynome $P[a,b]$ auch im Raume $C[a,b]$ mit L^p-Norm, $p \geq 1$, überall dicht, so daß die wichtige Aussage (9.7) auch bei Zugrundelegung der L^p-Norm gültig bleibt.

§ 10. TSCHEBYSCHEFFapproximation

Wie schon erwähnt, besteht das Problem der TSCHEBYSCHEFFapproximation eines Elementes $v \in V$ durch eine Menge $\mathfrak{N} \subseteq V$ darin, ein Element $u_o \in \mathfrak{N}$ mit der Eigenschaft

$$(10.1) \qquad \varrho(v, \mathfrak{N}) = ||v - u_o||$$

oder, was auf dasselbe hinausläuft,

$$(10.2) \qquad ||v - u_o|| \leqq ||v - u|| \quad , \quad u \in \mathfrak{N} \quad ,$$

zu finden; insbesondere kann ein Element aus V nur durch eine nichtleere Menge T-approximiert werden. Ein Element $u_o \in \mathfrak{N}$ mit der Eigenschaft (10.1) bzw. (10.2) bezeichnet man als beste Approximation, TSCHEBYSCHEFFapproximation oder kurz T-Approximation aus $\mathfrak{N} \subseteq V$ an $v \in V$ und den (nichtnegativ reellen) Abstand (10.1) als den zugehörigen Approximationsfehler.

Bei spezieller Betrachtung des Raumes $V = C[a,b]$ mit T-Norm und, bei festem nichtnegativ ganzem n, seines Untervektorraumes $\mathfrak{N} = P_n[a,b]$ werden wir auf den klassischen Ideenkreis von TSCHEBYSCHEFF geführt. Die beste Approximation an eine stetige Funktion $f \in C[a,b]$ bildet hier ein Polynom von höchstens n^{tem} Grade $p_n \in P_n[a,b]$ mit der Eigenschaft

$$(10.3) \qquad ||f - p_n|| \leqq ||f - q_n|| \quad , \quad q_n \in P_n[a,b] \quad ;$$

ausführlich wird also das Bestehen der Ungleichung

$$(10.4) \qquad \max_{x \in [a,b]} |f(x) - p_n(x)| \leqq \max_{x \in [a,b]} |f(x) - q_n(x)|$$

für jedes Polynom von höchstens n^{tem} Grade $q_n \in P_n[a,b]$ gefordert.

Indem wir nun die Frage der Existenz und Eindeutigkeit zunächst zurückstellen, beginnen wir, darin übrigens der historischen Entwicklung folgend, mit einem Kriterium:

Satz 10.1 (TSCHEBYSCHEFFscher Alternantensatz). Ein Polynom $p_n \in P_n[a,$ ist genau dann eine beste Approximation an eine stetige Funktion $f \in C[a,b]$, wenn die maximale Abweichung

$$(10.5) \qquad E_n \equiv \max_{x \in [a,b]} |f(x) - p_n(x)|$$

an n+2 aufeinanderfolgenden Stellen

(10.6) $$a \leqq x_0 < x_1 < \ldots < x_n < x_{n+1} \leqq b \quad ,$$

mit alternierendem Vorzeichen im Sinne von

(10.7) $$f(x_\nu) - p_n(x_\nu) = (-1)^\nu E_n \quad , \quad \nu = 0,\ldots,n+1 \quad ,$$

oder

(10.8) $$f(x_\nu) - p_n(x_\nu) = -(-1)^\nu E_n \quad , \quad \nu = 0,\ldots,n+1 \quad ,$$

angenommen wird.

Bemerkung. Die n+2 Stellen (10.6) werden im Hinblick auf ihre Eigenschaft (10.7) oder (10.8) als TSCHEBYSCHEFFsche Alternante bezeichnet.

Beweis. N o t w e n d i g k e i t . Für $E_n = 0$ ist die Behauptung trivial, da dann irgendwelche n+2 Stellen (10.6) das Gewünschte leisten. Im Falle $E_n > 0$ nehmen wir an, es gebe keine n+2 Stellen (10.6) derart, daß eine der Bedingungen (10.7) oder (10.8) erfüllt ist. Da nun aber das Maximum (10.5) sicher an einer Stelle angenommen wird, bedeutet dies mit einer natürlichen Zahl

(10.9) $$m \leqq n+1$$

die Existenz von genau m Stellen

(10.10) $$a \leqq x_1 < \ldots < x_m \leqq b \quad ,$$

an denen die maximale Abweichung im Sinne von

(10.11) $$f(x_\mu) - p_n(x_\mu) = (-1)^\mu E_n \quad , \quad \mu = 1,\ldots,m \quad ,$$

oder

(10.12) $$f(x_\mu) - p_n(x_\mu) = -(-1)^\mu E_n \quad , \quad \mu = 1,\ldots,m \quad ,$$

angenommen wird; dabei genügt es, allein den Fall (10.11) weiter zu verfolgen, da sich dann (10.12) ganz analog erledigen läßt. Wir betrachten die Menge aller positiven Extrempunkte

$$\mathscr{E}_1 = \left\{ x \in [a,x_2] \;\middle|\; f(x) - p_n(x) = E_n \right\} \quad ,$$

wobei wir uns x_2 im Falle $m = 1$ durch b ersetzt denken wollen. Sie ist wegen $x_1 \in \mathscr{E}_1$ nichtleer sowie nach unten und oben beschränkt, so daß eine untere und obere Grenze existiert. Sei weiter y_ν eine konvergente Folge aus $\mathscr{E}_1$, so liegt deren Grenzwert y offensichtlich im Intervall $[a,x_2]$, und man bekommt aus Stetigkeitsgründen

$$f(y) - p_n(y) = \lim_{\nu \to \infty} (f(y_\nu) - p_n(y_\nu)) = E_n \quad ,$$

d.h. es gilt $y \in \mathcal{E}_1$; also ist $\mathcal{E}_1$ abgeschlossen. Durch den damit vorhandenen kleinsten und größten Wert aus $\mathcal{E}_1$ erklären wir das abgeschlossene Intervall

$$I_1 \subseteq [a,x_2] \quad ,$$

das in den Punkt x_1 entarten kann. Ganz analog betrachten wir die abgeschlossene Menge aller negativen Extrempunkte

$$\mathcal{E}_2 = \left\{ x \in [x_1,x_3] \;\middle|\; f(x) - p_n(x) = -E_n \right\}$$

und das aus dem kleinsten und größten Wert gebildete Intervall

$$I_2 \subseteq [x_1,x_3] \quad ;$$

dabei denken wir uns x_3 im Falle $m = 2$ durch b ersetzt. Durch Fortsetzung des Verfahrens erhalten wir insgesamt m Mengen $\mathcal{E}_1,\ldots,\mathcal{E}_n$ mit abwechselnd positiven und negativen Extrempunkten und die daraus gebildeten Intervalle $I_1,\ldots,I_m \subseteq [a,b]$. Dabei muß jetzt für $m \geqq 2$

$$I_1 \cap I_2 = \emptyset \;, \;\ldots\;, \; I_{m-1} \cap I_m = \emptyset$$

gelten, denn

$$I_{\mu-1} \cap I_\mu \neq \emptyset$$

für ein $\mu \in \{2,\ldots,m\}$ hätte die in Fig. 9 dargestellte Situation zur Folge und würde dann im Intervall $(x_{\mu-1},x_\mu)$ zu zwei weiteren und damit zu insgesamt mehr als m alternierenden Annahmen ("Pfeil") der maximalen Abweichung führen. Speziell für $m = 5$ ergibt sich unter Berücksichtigung der verschiedenen Möglichkeiten folgendes Bild, an dem sich die weitere Diskussion durchführen läßt:

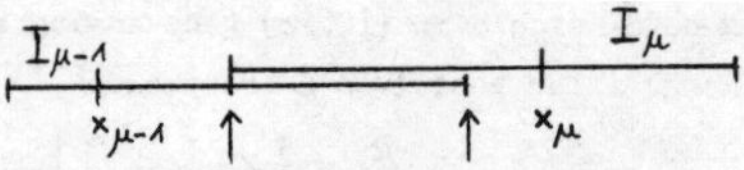

Fig. 9. Überschneidung zweier Intervalle, die entgegengesetzte Extrempunkte enthalten

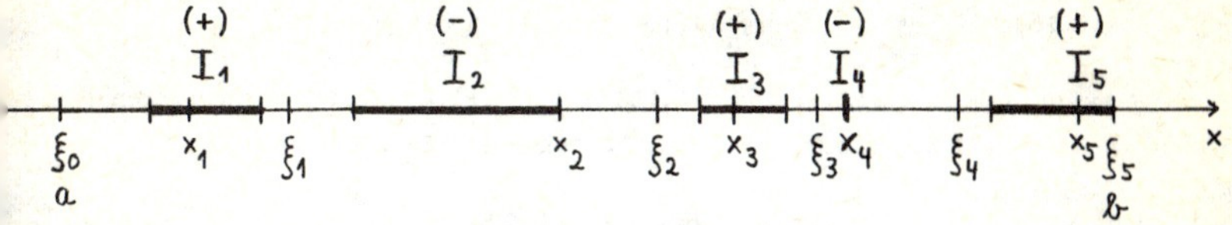

Fig. 10. Zum Beweis des Alternantensatzes

Wir bemerken schließlich, daß I_1 keine negativen, I_2 keine positiven etc. Extrempunkte haben kann, denn in einem solchen Fall würde sich wiederum sofort die Zahl der Alternantenpunkte um 2 erhöhen. Weiter ist leicht einzusehen, daß die Menge $[a,b] - I_1 - \dots - I_m$ überhaupt keine Extrempunkte enthält: Für Punkte zwischen zwei Intervallen folgt dies aus unserer Konstruktion; für Punkte, die möglicherweise noch zwischen a und I_1 einerseits und I_m und b andererseits liegen (Fig. 10), scheiden Extrempunkte der gleichen Art wie im benachbarten Intervall aus dem gleichen Grunde aus, während ein Extrempunkt entgegengesetzter Art hier deshalb nicht auftreten kann, weil sich dadurch die Zahl der Alternantenpunkte um eins erhöhen würde.

Nunmehr können wir m+1 Stellen

$$a = \xi_o < \xi_1 < \dots < \xi_{m-1} < \xi_m = b$$

so angeben, daß $\xi_1,\dots,\xi_{m-1}$ im Falle $m > 1$ jeweils zwischen zwei benachbarten Intervallen $I_1,\dots,I_m$ liegen (Fig. 10). Dann besitzt $f(x) - p_n(x)$ aber im Intervall $[\xi_o,\xi_1]$ ein Minimum oberhalb $-E_n$, im Intervall $[\xi_1,\xi_2]$ ein Maximum unterhalb E_n etc., und es folgt damit die Existenz einer reellen Zahl $0 < \alpha < E_n$ derart, daß in den Intervallen $[\xi_o,\xi_1]$, $[\xi_1,\xi_2]$, ... , $[\xi_{m-1},\xi_m]$ abwechselnd die Ungleichungen

$$-E + \alpha \leqq f(x) - p_n(x) \leqq E \qquad , \tag{10.13}$$

$$-E \leqq f(x) - p_n(x) \leqq E - \alpha \tag{10.14}$$

erfüllt sind (Fig. 10). Weiter ist es möglich, eine reelle Zahl $\omega > 0$ so zu bestimmen, daß das Polynom von $(m-1)^{\text{tem}}$ und damit nach (10.9) von höchstens n^{tem} Grade

$$\varphi_n(x) = (-1)^{m-1}\,\omega\,(x-\xi_1)(x-\xi_2)\,\dots\,(x-\xi_{m-1}) \tag{10.15}$$

der Bedingung

(10.16) $$|\varphi_n(x)| < \alpha \quad , \quad x \in [a,b] \quad ,$$

genügt (im Falle m = 1 ist (10.15) als $\varphi_n(x) = \omega$ zu interpretieren). Aus (10.13) bis (10.16) und Fig. 10 folgt schließlich

$$-E < f(x) - p_n(x) - \varphi_n(x) < E \quad , \quad x \in [a,b] \quad ,$$

und dies bedeutet, daß das Polynom von höchstens n^{tem} Grade $p_n(x) + \varphi_n(x)$, $x \in [a,b]$, die Funktion $f(x)$, $x \in [a,b]$, besser als $p_n(x)$, $x \in [a,b]$, approximiert (Widerspruch).

H i n l ä n g l i c h k e i t . Es genügt, von der Bedingung (10.7) auszugehen. Wir nehmen an, es gebe eine bessere Approximation von höchstens n^{tem} Grade $q_n(x)$, $x \in [a,b]$, d.h. es gelte

$$-E < f(x) - q_n(x) < E \quad , \quad x \in [a,b] \quad .$$

Dann ist die Differenz

$$r_n(x) \equiv (f(x) - p_n(x)) - (f(x) - q_n(x)) \quad , \quad x \in [a,b] \quad ,$$

an den Stellen $x_o, x_1, \ldots, x_n, x_{n+1}$ wegen (10.7) abwechselnd positiv und negativ und besitzt daher nach dem Satz von BOLZANO insgesamt n+1 Nullstellen

$$\xi_o \in (x_o, x_1) \; , \; \ldots \; , \; \xi_n \in (x_n, x_{n+1}) \quad .$$

Da außerdem aber

$$r_n(x) = q_n(x) - p_n(x) \quad , \quad x \in [a,b] \quad ,$$

ein Polynom von höchstens n^{tem} Grade ist, kann es sich hier nur um das Nullpolynom handeln; also ist $q_n(x)$ mit $p_n(x)$ identisch (Widerspruch).

Zur Klärung der Existenz- und Eindeutigkeitsfrage benötigen wir anschließend einen Satz, der in der Funktionalanalysis weit über den augenblicklichen Zweck hinaus von Bedeutung ist, sowie einen Hilfssatz über Polynome.

<u>Satz 10.2</u> (Fundamentalsatz der Approximationstheorie). Es sei V ein normierter Vektorraum über dem Körper $\mathbb{K}$ und $U \subseteq V$ ein <u>endlichdimensionaler</u> Untervektorraum. Dann existiert zu jedem Element $v \in V$ eine beste Approximation $u_o \in U$ an $v \in V$.

Bemerkung 1. Der Fundamentalsatz der Approximationstheorie löst das Problem der TSCHEBYSCHEFFapproximation für eine große Klasse von Fällen; er ist deshalb von besonderer Bedeutung, weil man die Frage der T-Approximierbarkeit eines Elementes $v \in V$ durch eine Menge $\mathfrak{N} \subseteq V$ in voller Allgemeinheit nicht entscheiden kann. Über die Eindeutigkeit der besten Approximation macht der Fundamentalsatz keine Aussage, und es gibt Fälle, in denen tatsächlich mehrere beste Approximationen existieren.

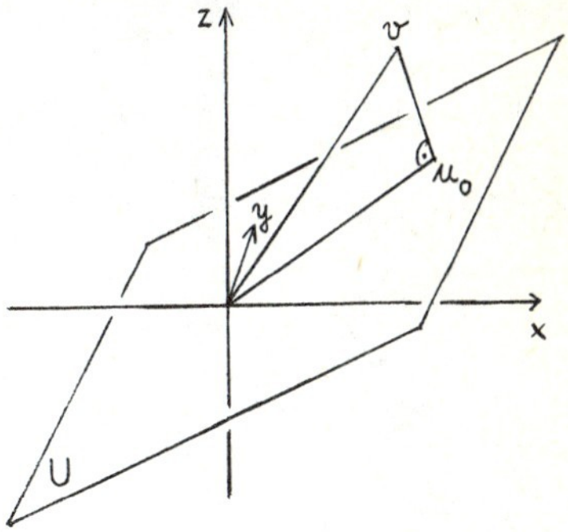

Fig. 11. Geometrische Veranschaulichung der besten Approximation

Bemerkung 2. An Hand des Vektorraumes $V = \mathbb{R}^3$ und einer Ebene $U \subset \mathbb{R}^3$ kann man sich die Bedeutung des Fundamentalsatzes leicht einprägen (Fig. 11).

Beweis. Aus Definition 9.1 ergibt sich die Existenz einer Folge $u_1, u_2, u_3, \ldots \in U$ mit

(10.17) $$\varrho(v,U) = \lim_{\nu \to \infty} ||v - u_\nu|| \quad .$$

Da jede konvergente Zahlenfolge beschränkt ist, gibt es eine nichtnegativ reelle Zahl M gemäß

$$||v - u_\nu|| \leqq M \quad , \quad \nu = 1,2,3,\ldots \quad .$$

Es folgt

$$||u_\nu|| = ||v - (v - u_\nu)|| \leqq ||v|| + ||v - u_\nu|| \leqq ||v|| + M \quad , \quad \nu = 1,2,3,\ldots \quad ,$$

d.h. die Folge $u_\nu \in U$ ist beschränkt. Da U endlichdimensional ist, gilt hier nach Satz 7.9 der Auswahlsatz von BOLZANO-WEIERSTRASS, d.h. die beschränkte Folge $u_\nu \in U$ enthält eine konvergente Teilfolge $u_{\mu_\nu} \in U$. Nach Korollar 6.4 ist U als endlichdimensionaler Untervektorraum zugleich auch abgeschlossen; daher gilt für das Grenzelement der Teilfolge $u_0 \in U$. Dieses u_0 leistet nun das Gewünschte, denn man erhält als Folge von (10.17)

$$\varrho(v,U) = \lim_{\nu \to \infty} ||v - u_{\mu_\nu}|| \quad ,$$

und hieraus durch Vertauschung des Grenzüberganges mit der Norm die Behauptung

$$\varrho(v,U) = ||v - u_o|| \quad .$$

Lemma 10.1. Es sei n eine nichtnegativ ganze Zahl und $r_n(x)$ ein Polynom von höchstens n^{tem} Grade, das an n+2 aufeinanderfolgende Stellen

(10.18) $$x_o < x_1 < \dots < x_n < x_{n+1}$$

im Sinne von

(10.19) $$(-1)^\nu r_n(x_\nu) \geqq 0 \quad , \quad \nu = 0,\dots,n+1 \quad ,$$

oder

(10.20) $$(-1)^\nu r_n(x_\nu) \leqq 0 \quad , \quad \nu = 0,\dots,n+1 \quad ,$$

alterniert. Dann ist $r_n(x)$ das Nullpolynom.

Beweis durch Induktion (auf jeden der beiden Fälle (10.19) und (10.20) anwendbar). Für n = 0 bedeutet $r_o(x)$ eine Konstante, die an den Stellen $x_o < x_1$ alterniert und daher verschwindet. Wir nehmen an, die Behauptung gelte für ein $n \geqq 0$, und betrachten dann ein Polynom von höchstens $(n+1)^{tem}$ Grade $r_{n+1}(x)$ mit Alternation bei

$$x_o < x_1 < \dots < x_n < x_{n+1} < x_{n+2} \quad .$$

Dieses besitzt sicher eine Nullstelle $\xi \in [x_{n+1}, x_{n+2}]$, denn entweder ist x_{n+1} oder x_{n+2} eine Nullstelle oder der Satz von BOLZANO liefert wegen der "echten" Alternation an den Stellen x_{n+1} und x_{n+2} eine Nullstelle in (x_{n+1}, x_{n+2}). Dann können wir durch die Abspaltung

(10.21) $$r_{n+1}(x) = (\xi - x) r_n(x)$$

eindeutig ein Polynom von höchstens n^{tem} Grade $r_n(x)$ erklären. Falls nun $\xi = x_{n+2}$ gilt, liefert die vorausgesetzte Alternation für $r_{n+1}(x)$ zusammen mit (10.21), daß $r_n(x)$ an den Stellen $x_o, \dots, x_n, x_{n+1}$ alterniert; im Falle $\xi \in [x_{n+1}, x_{n+2})$ alterniert $r_n(x)$ infolge (10.21) und der Tatsache, daß $r_{n+1}(x)$ bei x_n und x_{n+2} nicht alterniert, an den Stellen $x_o, \dots, x_n, x_{n+2}$.

Somit alterniert $r_n(x)$ in jedem Falle an n+2 aufeinanderfolgenden Stellen und ist daher nach Induktionsvoraussetzung das Nullpolynom. Wegen (10.21) ist dann auch $r_{n+1}(x)$ das Nullpolynom.

Wir kehren jetzt zu unserem eingangs betrachteten klassischen Approximationsproblem zurück:

Satz 10.3 (Satz von BOREL). Sei n eine nichtnegativ ganze Zahl, so gibt es im Raume $C[a,b]$ mit TSCHEBYSCHEFFnorm zu jedem Element $f \in C[a,b]$ genau eine beste Approximation $p_n \in P_n[a,b]$.

Beweis. E x i s t e n z . Diese folgt unmittelbar aus dem Fundamentalsatz der Approximationstheorie, da $P_n[a,b]$ ein endlich dimensionaler Untervektorraum von $C[a,b]$ ist. – E i n d e u t i g k e i t . Wir nehmen an, für $f \in C[a,b]$ existieren zwei verschiedene beste Approximationen $p_n, q_n \in C[a,b]$; deren gemeinsame maximale Abweichung sei $E_n \geqq 0$, und p_n besitze die durch Satz 10.1 garantierte TSCHEBYSCHEFFsche Alternante $x_o, x_1, \ldots, x_n, x_{n+1} \in [a,b]$. Dann bildet die Differenz

$$r_n(x) \equiv (f(x) - p_n(x)) - (f(x) - q_n(x)) \quad , \quad x \in [a,b] \quad ,$$

ein Polynom von höchstens n^{tem} Grade, das an den Stellen $x_o, x_1, \ldots, x_n, x_{n+1}$ im Sinne von (10.19) oder (10.20) alterniert und daher nach Lemma 10.1 das Nullpolynom ist. Also stimmen $p_n(x)$ und $q_n(x)$ überein (Widerspruch).

Beispiel 10.1. Im Raume $C[-\frac{\pi}{2}, \frac{\pi}{2}]$ mit T-Norm ist die beste Approximation aus dem Untervektorraum $P_8[-\frac{\pi}{2}, \frac{\pi}{2}]$ an die Funktion

$$(10.22) \qquad f(x) = \sin x \quad , \quad -\frac{\pi}{2} \leqq x \leqq \frac{\pi}{2} \quad ,$$

gesucht. Die Lösung

$$p_8(x) = \sum_{\nu=o}^{8} c_\nu x^\nu \quad , \quad -\frac{\pi}{2} \leqq x \leqq \frac{\pi}{2} \quad ,$$

bzw. deren Koeffizienten $c_o, c_1, \ldots, c_8$ sind nach Satz 10.3 eindeutig bestimmt. Für den zugehörigen Approximationsfehler gilt

$$E_8 \equiv \max_{-\frac{\pi}{2} \leqq x \leqq \frac{\pi}{2}} \left| \sin x - \sum_{\nu=o}^{8} c_\nu x^\nu \right| \leqq \max_{-\frac{\pi}{2} \leqq x \leqq \frac{\pi}{2}} \left| \sin x - \sum_{\nu=o}^{8} \gamma_\nu x^\nu \right|$$

mit beliebigen reellen Zahlen-9-tupeln $\gamma_o, \gamma_1, \ldots, \gamma_8$. Man findet mit Methoden der numerischen Mathematik, auf deren Beschreibung wir hier verzichten müssen,

$$(10.23)\qquad p_8(x) = 0{,}999997\ x - 0{,}166648\ x^3 + 0{,}008306\ x^5 - 0{,}000183\ x^7 \ , \quad -\frac{\pi}{2} \leq x \leq \frac{\pi}{2} \ ,$$

und

$$(10.24)\qquad E_8 = 0{,}0000006 \ .$$

Der Verlauf der Fehlerkurve $f(x) - p_8(x)$, $-\frac{\pi}{2} \leq x \leq \frac{\pi}{2}$, läßt deutlich die aus $8+2 = 10$ Stellen bestehende TSCHEBYSCHEFFsche Alternante erkennen (Fig. 12).

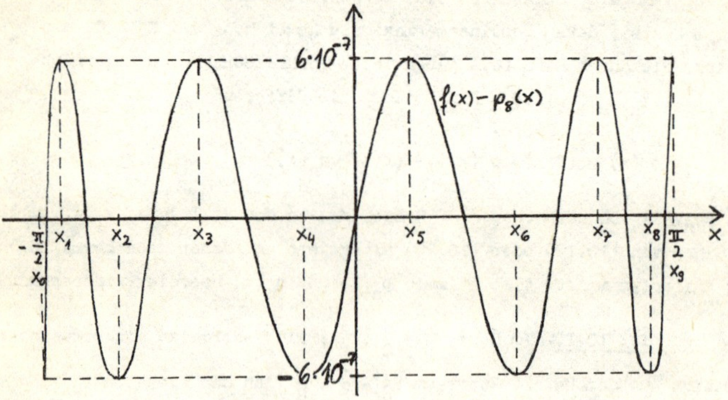

Fig. 12. Fehlerkurve der TSCHEBYSCHEFFapproximation $p_8(x)$ an die Funktion $f(x) = \sin x$, $-\frac{\pi}{2} \leq x \leq \frac{\pi}{2}$

Auf das formal gleiche Resultat (10.23) und (10.24) wird man geführt, wenn man die Funktion (10.22) durch ein Polynom $p_7 \in P_7[-\frac{\pi}{2}, \frac{\pi}{2}]$ approximiert; es ist nämlich wie (10.23) von höchstens 7ter Ordnung, und die Existenz eines besseren Polynoms von höchstens 7ter Ordnung würde ja sofort die Existenz eines gegenüber (10.23) besseren Polynoms von höchstens 8ter Ordnung bedeuten und damit im Widerspruch zu Satz 10.3 stehen. Die Fehlerkurve $f(x) - p_7(x)$, $-\frac{\pi}{2} \leq x \leq \frac{\pi}{2}$, die mit der in Fig. 12 dargestellten identisch ist, hat diesmal mehr als $7+2 = 9$, nämlich 10 Alternantenpunkte und macht zugleich deutlich, daß die TSCHEBYSCHEFFsche Alternante nicht eindeutig bestimmt zu sein braucht: Je nachdem man nämlich mit dem Minimum bei $x = -\frac{\pi}{2}$ beginnt oder mit dem Maximum bei $x = \frac{\pi}{2}$ aufhört, erhält man eine andere (aus 9 Punkten bestehende) Alternante.

Abschließend sei auf die zahlenmäßige Verwandtschaft der Koeffizienten in (10.23) mit den entsprechenden Koeffizienten $1, -\frac{1}{6}, \frac{1}{120}, -\frac{1}{5040}$ der Sinusreihe hingewiesen. Würde man diese Reihe jedoch jeweils mit derselben Anzahl von Reihengliedern zur Berechnung der Funktionswerte im Intervall $[-\frac{\pi}{2}, \frac{\pi}{2}]$ heranziehen, so müßte man hier bis zu Gliedern 11ter Ordnung gehen, um auch im ungünstigsten Fall die Genauigkeit der T-Approximation (10.23) zu erzielen.

§ 11. Funktionen, Operatoren, Funktionale

Die bisherigen Ausführungen bilden in großen Teilen analog zur klassischen Analysis die Grundlage für den Funktionsbegriff in Vektorräumen. Dieser beansprucht dann im weiteren Verlauf das eigentliche Interesse der Funktionalanalysis.

Definition 11.1. Seien X,Y Vektorräume über demselben Grundkörper $\mathbb{K}$, so heißt eine Abbildung

$$F : \vartheta \Rightarrow Y \quad , \quad \vartheta \subseteq X \quad , \quad \vartheta \neq \emptyset \; , \tag{11.1}$$

eine Funktion mit dem Definitionsbereich ϑ. Dabei werden die Urbilder $x \in \vartheta$ als Argumente der Funktion, die zugehörigen Bilder $y \in Y$ als Funktionswerte bezeichnet und der Zusammenhang zwischen beiden durch

$$y = Fx \quad , \quad x \in \vartheta \; , \tag{11.2}$$

zum Ausdruck gebracht. Die Menge

$$N(F) \equiv \{ x \in \vartheta \mid Fx = 0 \} \subseteq \vartheta \tag{11.3}$$

nennt man die Nullmenge oder den Kern der Funktion, die Menge

(11.4) $$F\vartheta \equiv \{ y \in Y \mid y = Fx \, , \, x \in \vartheta \} \subseteq Y$$

die Bildmenge oder den Wertebereich der Funktion. Eine Funktion heißt Operator, falls speziell

(11.5) $$Y = X$$

gilt; sie heißt Funktional im Spezialfall

(11.6) $$Y = \mathbb{K} \quad .$$

Beispiel 11.1. In dem einfachen Falle $X = \mathbb{R}$, $Y = \mathbb{R}$, $\mathbb{K} = \mathbb{R}$, kann die Funktion $F:[a,b] \to \mathbb{R}$ zugleich als Operator und Funktional aufgefaßt werden; sie hat die Bedeutung einer klassischen Funktion einer reellen Veränderlichen mit einem abgeschlossenen Intervall $[a,b] \subseteq \mathbb{R}$ als Definitionsbereich. Falls $X = \mathbb{R}^n$, $Y = \mathbb{R}$, $\mathbb{K} = \mathbb{R}$ ist, ist die Funktion bzw. das Funktional $F: \vartheta \to \mathbb{R}$ gleichbedeutend mit einer klassischen Funktion von n reellen Veränderlichen mit einem Definitionsbereich $\vartheta \subseteq \mathbb{R}^n$. Gilt $X = \mathbb{C}$, $Y = \mathbb{C}$, $\mathbb{K} = \mathbb{C}$, so wird man durch den Operator bzw. das Funktional $F: \vartheta \to \mathbb{C}$ auf eine klassische komplexe Funktion mit einem Definitionsbereich ϑ der GAUSSschen Ebene geführt.

Beispiel 11.2. Es werde ein Vektor $n \in \mathbb{R}^3$ mit $n^2 = 1$ fest gewählt [1); dann bildet, wie wir in Beispiel 3.1 sahen,

(11.7) $$U = \{ x \in \mathbb{R}^3 \mid (n,x) = 0 \}$$

einen zweidimensionalen Untervektorraum des $\mathbb{R}^3$, der geometrisch eine Ebene durch den Ursprung mit der Einheitsnormalen n beschreibt. Im Anschluß hieran erklären wir einen Operator $A: \mathbb{R}^3 \to \mathbb{R}^3$ durch die Vorschrift

(11.8) $$Ax = x - (n,x)n \quad , \quad x \in \mathbb{R}^3 \quad .$$

---

1) In diesem Zusammenhang bedeutet
$$(a,b) \equiv a_1 b_1 + a_2 b_2 + a_3 b_3$$
das klassische Skalarprodukt zweier Elemente $a=(a_1,a_2,b_3), b=(b_1,b_2,b_3) \in \mathbb{R}^3$ und $a^2 \equiv (a,a)$ das Skalarprodukt eines Vektors mit sich selbst.

Die geometrische Anschauung zeigt (Fig. 13), daß A jedem $x \in \mathbb{R}^3$ dessen Projektion in die Ebene U als Ax zugeordnet, daß ferner der Kern des Operators durch

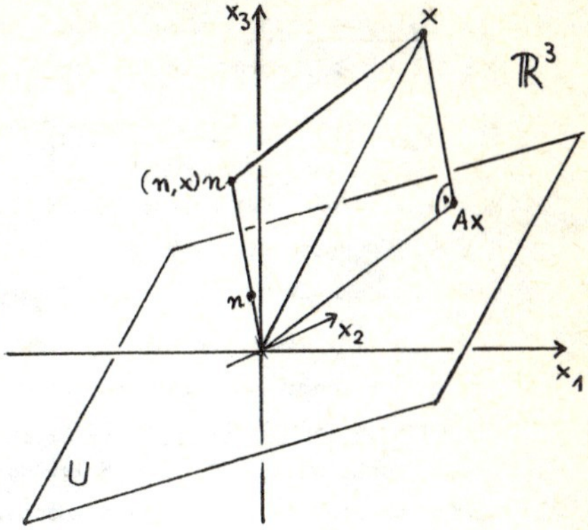

Fig. 13. Beispiel eines Operators im $\mathbb{R}^3$

(11.9) $N(A) = \{x \in \mathbb{R}^3 \mid x = \lambda n,\ \lambda \in \mathbb{R}\}$

und dessen Wertebereich durch

(11.10) $\qquad A\,\mathbb{R}^3 = U$

gegeben ist. Wir müssen jedoch (11.9) und (11.10) analytisch nachweisen. Falls $x \in N(A)$ gilt, so bedeutet dies infolge (11.8)

$$Ax = x - (n,x)n = 0$$

und damit die Darstellung $x = \lambda n$ mit $\lambda = (n,x) \in \mathbb{R}$. Hat umgekehrt $x \in \mathbb{R}^3$ die Darstellung $x = \lambda n$, $\lambda \in \mathbb{R}$, so folgt

$$Ax = \lambda n - (n, \lambda n)n = \lambda n - \lambda n^2 n = 0$$

und damit $x \in N(A)$. Also gilt (11.9). Sei jetzt $y \in A\,\mathbb{R}^3$, so muß es ein $x \in \mathbb{R}^3$ geben mit

$$y = Ax = x - (n,x)n \quad .$$

Skalare Multiplikation mit n ergibt

$$(n,y) = (nx) - (n,x)n^2 = 0 \quad ,$$

und (11.7) liefert $y \in U$. Ist umgekehrt $y \in U$, so gilt $(n,y) = 0$ und damit

$$Ay = y - (n,y)n = y \quad .$$

Liest man diese Gleichung von rechts nach links, so findet man $y \in A\,\mathbb{R}$ und damit schließlich auch die Beziehung (11.10).

Beispiel 11.3. Im Raume $C[a,b]$ erklären wir ein Funktional $\phi : C[a,b] \to \mathbb{R}$ durch die Vorschrift

(11.11) $$\phi f = \int_a^b [f(x)]^2 dx \quad , \quad f \in C[a,b] .$$

Man erkennt unmittelbar, daß die Nullmenge $N(\phi)$ des Funktionals durch die Nullfunktion $f(x) = 0$, $x \in [a,b]$, und der Wertebereich $\phi\, C[a,b]$ durch die nichtnegativ reellen Zahlen gegeben ist.

Wie im klassischen Bereich kann man auch für Funktionen in Vektorräumen (und damit insbesondere für Operatoren und Funktionale) in naheliegender Weise algebraische Operationen einführen. Bei der Addition zweier Funktionen $F,G: \vartheta \to Y$ ist wesentlich, daß diese denselben Definitionsbereich $\vartheta \subseteq X$ besitzen müssen. Ist dies der Fall, so erklärt man die Summe $F+G: \vartheta \to Y$ als Funktion mit den Werten

(11.12) $$(F+G)x = Fx + Gx \quad , \quad x \in \vartheta .$$

Bedeutet $\mathbb{K}$ den gemeinsamen Grundkörper der Räume X,Y, so erklärt man die Multiplikation einer Funktion $F: \vartheta \to Y$, $\vartheta \subseteq X$, mit einem Skalar $\lambda \in \mathbb{K}$ durch das Produkt $\lambda F: \vartheta \to Y$ mit den Funktionswerten

(11.13) $$(\lambda F)x = \lambda(Fx) \quad , \quad x \in \vartheta .$$

Ein Blick auf Beispiel 1.4 zeigt, daß diese beiden Operationen die Menge aller Funktionen $F: \vartheta \to Y$ mit demselben Definitionsbereich $\vartheta \subseteq X$ zu einem Vektorraum über dem (beiden Räumen X,Y zugrundeliegenden) Körper $\mathbb{K}$ machen; dabei heißen zwei Funktionen gleich, wenn sie jedem Element des Definitionsbereiches ϑ denselben Wert des Raumes Y zuordnen, und das Nullelement $0: \vartheta \to Y$ ist diejenige Funktion, die allen $x \in \vartheta$ das Nullelement $0 \in Y$ zuordnet.

Hat man es mit drei Vektorräumen X,Y,Z über demselben Grundkörper $\mathbb{K}$ zu tun und fällt dann der Wertebereich einer Funktion $F: \vartheta \to Y$, $\vartheta \subseteq X$, in den Definitionsbereich einer Funktion $G: \vartheta' \to Z$, $\vartheta' \subseteq Y$, d.h. gilt

(11.14) $$F\vartheta \subseteq \vartheta' ,$$

so kann man die mittelbare Funktion oder das Produkt $GF: \vartheta \to Z$ in der üblichen Weise erklären:

(11.15) $$(GF)x = G(Fx) \quad , \quad x \in \vartheta .$$

Wir stellen anschließend die wichtigsten allgemeingültigen Rechengesetze für Funktionen zusammen:

Satz 11.1. Zwei Funktionen $F,G: \vartheta \to Y$, $\vartheta \subseteq X$, genügen dem kommutativen Gesetz der Addition

$$F + G = G + F \quad , \tag{11.16}$$

drei Funktionen $F,G,H: \vartheta \to Y$, $\vartheta \subseteq X$, dem assoziativen Gesetz der Addition

$$F + (G+H) = (F+G) + H \quad . \tag{11.17}$$

Beweis. Für alle $x \in \vartheta$ erhält man

$$(F+G)x = Fx + Gx = Gx + Fx = (G+F)x \quad ,$$

$$(F+(G+H))x = Fx + (G+H)x = (F+G)x + Hx = ((F+G) + H)x \quad .$$

Satz 11.2. Drei Funktionen F,G,H mit der Eigenschaft, daß der Wertebereich von F in den Definitionsbereich von G und der Wertebereich von G in den Definitionsbereich von H fällt, genügen dem assoziativen Gesetz der Multiplikation

$$(HG)F = H(GF) \quad . \tag{11.18}$$

Beweis. Für alle x des Definitionsbereiches von F gilt

$$((HG)F)x = (HG)(Fx) = H(G(Fx)) = H((GF)x) = (H(GF))x \quad .$$

Das Produkt ist von besonderer Bedeutung für solche Operatoren $A,B: \vartheta \to X$, $\vartheta \subseteq X$, die ihren Definitionsbereich in sich abbilden:

$$A\vartheta \subseteq \vartheta \quad , \quad B\vartheta \subseteq \vartheta \quad . \tag{11.19}$$

Hier fällt also der Wertebereich des einen stets in den Definitionsbereich des anderen Operators, so daß die Produkte $BA: \vartheta \to X$ und $AB: \vartheta \to X$ durch

$$(BA)x = B(Ax) \quad , \quad (AB)x = A(Bx) \quad , \quad x \in \vartheta \quad , \tag{11.20}$$

wohldefiniert sind; auch sie bilden ihren Definitionsbereich in sich ab. Für endlich viele Operatoren $A_1, A_2, \ldots, A_n: \vartheta \to X$, $\vartheta \subseteq X$, mit

$$A_\nu \vartheta \subseteq \vartheta \quad , \quad \nu = 1,\ldots,n \quad , \tag{11.21}$$

bezieht das Produkt $A_n \dots A_2 A_1: \vartheta \to X$ mit Wertebereich in ϑ aus dem assoziativen Gesetz der Multiplikation seinen Sinn, und man erhält nach mehrfacher Anwendung dieses Gesetzes die praktische Regel

$$(11.22) \qquad (A_n \dots A_2 A_1)x = A_n(\dots(A_2(A_1 x))\dots) \quad , \quad x \in \vartheta \quad .$$

Im Anschluß an (11.22) erklärt man die <u>n^{te} Potenz</u>, n nichtnegativ ganz, eines Operators $A: \vartheta \to X$, $\vartheta \subseteq X$, der seinen Definitionsbereich gemäß

$$(11.23) \qquad A\vartheta \subseteq \vartheta$$

in sich abbildet, durch den Operator

$$(11.24) \qquad A^n \equiv \begin{cases} I & , \quad n = 0 \quad , \\ \underbrace{A \dots AA}_{n\text{-mal}} & , \quad n \text{ natürlich} \quad , \end{cases}$$

mit Werten wiederum in ϑ; dabei bedeutet $I: \vartheta \to X$, $\vartheta \subseteq X$, den <u>identischen</u> oder <u>Einheitsoperator</u>, der jedes Element des Definitionsbereiches in sich selbst überführt:

$$(11.25) \qquad Ix = x \quad , \quad x \in \vartheta \quad .$$

Wie unmittelbar einleuchtet, gilt dann für alle nichtnegativ ganzen m,n das <u>Additionstheorem für Operatoren</u>

$$(11.26) \qquad A^{m+n} = A^m A^n \quad .$$

Der Operator $A: \mathbb{R}^3 \to \mathbb{R}^3$ aus Beispiel 11.2 bildet seinen Definitionsbereich gemäß (11.23) in sich ab, kann also nach dem vorhergehenden beliebig potenziert werden. Sei also $x \in \mathbb{R}^3$ beliebig gewählt, so gilt $Ax \in U$ infolge (11.10) und damit $(n,Ax) = 0$ auf Grund der Definition (11.7) für $U \subseteq \mathbb{R}^3$. Dann aber liefert (11.8)

$$(11.27) \qquad A^2 x = AAx = Ax \quad , \quad x \in \mathbb{R}^3 \quad ,$$

d.h. die doppelte Anwendung des Operators A ergibt denselben Funktionswert wie die einfache Anwendung. Operatoren mit dieser Eigenschaft werden <u>Projektionsoperatoren</u> genannt, eine Bezeichnung, die durch das in Fig. 13 dargestellte Verhalten einleuchtend motiviert ist. Schließlich führt die mehrfache Anwendung des Operators A wegen (11.27) auf

(11.28) $$A^n x = Ax \quad , \quad x \in \mathbb{R}^3 \quad , \quad n = 1,2,3,\ldots \quad ,$$

wofür wir auch kurz

(11.29) $$A^n = A \quad , \quad n = 1,2,3,\ldots \quad ,$$

schreiben können.

Wir erklären jetzt noch eine sehr wichtige Klasse von Funktionen (und damit auch von Operatoren und Funktionalen):

Definition 11.2. Eine Funktion $F: U \to Y$, $U \subseteq X$, heißt linear, wenn folgendes gilt:

1.) Der Definitionsbereich U ist ein Untervektorraum von X ;

2.) $F(x_1 + x_2) = Fx_1 + Fx_2 \quad , \quad x_1, x_2 \in U$ (Additivität) ;

3.) $F(\lambda x) = \lambda(Fx) \quad , \quad \lambda \in \mathbb{K} \quad , \quad x \in U$ (Homogenität) .

Satz 11.3. Die Nullmenge $N(F)$ einer linearen Funktion $F: U \to Y$, $U \subseteq X$, bildet einen Untervektorraum von U, genannt den Nullraum von F. Insbesondere ist das Nullelement von U stets Urbild des Nullelements von Y.

Beweis. Als Bild von $0 \in U$ erhält man

(11.30) $$F0 = F(0 \cdot 0) = 0(F0) = 0$$

und damit $N(F) \neq \emptyset$. Für $x_1, x_2 \in N(F)$ wird

$$F(x_1 + x_2) = Fx_1 + Fx_2 = 0$$

und für $\lambda \in \mathbb{K}$, $x \in N(F)$

$$F(\lambda x) = \lambda(Fx) = \lambda 0 = 0 \quad .$$

Satz 11.4. Die Bildmenge FU einer linearen Funktion $F: U \to Y$, $U \subseteq X$, bildet einen Untervektorraum von Y, genannt den Bildraum von F. Dabei ist das Nullelement von Y stets Bild des Nullelements von U.

Beweis. Aus $U \neq \emptyset$ folgt zunächst $FU \neq \emptyset$. Weiter hat $y_1, y_2 \in FU$ die Existenz von $x_1, x_2 \in U$ mit $y_1 = Fx_1$, $y_2 = Fx_2$ und damit

$$y_1 + y_2 = Fx_1 + Fx_2 = F(x_1 + x_2) \in FU$$

zur Folge. Entsprechend besitzt $y \in FU$ mit einem $x \in U$ die Darstellung $y = Fx$, so daß auch

$$\lambda y = \lambda(Fx) = F(\lambda x) \in FU$$

ist. Die Zusatzbehauptung ist mit (11.30) bereits bewiesen.

Kehren wir noch einmal zu dem Operator $A: \mathbb{R}^3 \to \mathbb{R}^3$ in Beispiel 11.2 zurück, so finden wir einen Untervektorraum als Definitionsbereich vor und weiter als Folge von (11.8)

$$A(x_1+x_2) = x_1 + x_2 - (n, x_1+x_2)n = Ax_1 + Ax_2 \quad , \quad x_1, x_2 \in \mathbb{R}^3 \quad ,$$

$$A(\lambda x) = \lambda x - (n, \lambda x)n = \lambda(Ax) \quad , \quad \lambda \in \mathbb{R} \quad , \quad x \in \mathbb{R}^3 \quad ;$$

damit erweist sich A als linearer Operator. Der Nullraum (11.9), der geometrisch die Ebenennormale durch den Ursprung beschreibt, hat offenbar die Dimension 1, der Bildraum (11.10), wie wir früher sahen, die Dimension 2. Für das Funktional $\phi : C[a,b] \to \mathbb{R}$ aus Beispiel 11.3 erhalten wir infolge (11.11) die Beziehung

$$\phi(\lambda f) = \lambda^2(\phi f) \quad , \quad \lambda \in \mathbb{R} \quad , \quad f \in C[a,b] \quad ,$$

die der Forderung der Homogenität aus Definition 11.2 entgegensteht. Also ist ϕ ein nichtlineares Funktional.

Satz 11.5. Die Summe zweier linearer Funktionen, das Produkt einer linearen Funktion mit einem Skalar und das Produkt zweier linearer Funktionen ergibt jeweils wieder eine lineare Funktion.

Beweis. Seien $F, G: U \to Y$, $U \subseteq X$, linear, so folgt für die Funktion $F+G: U \to Y$

$$\begin{aligned}(F+G)(x_1+x_2) &= F(x_1+x_2) + G(x_1+x_2)\\ &= Fx_1 + Fx_2 + Gx_1 + Gx_2\\ &= (F+G)x_1 + (F+G)x_2 \quad , \quad x_1, x_2 \in U \quad ,\end{aligned}$$

$$\begin{aligned}(F+G)(\lambda x) &= F(\lambda x) + G(\lambda x) = \lambda(Fx) + \lambda(Gx)\\ &= \lambda(Fx+Gx) = \lambda((F+G)x) \quad , \quad \lambda \in \mathbb{K} \quad , \quad x \in U \; .\end{aligned}$$

Für die Funktion $\mu F: U \to Y$, $\mu \in \mathbb{K}$, erhält man

$$(\mu F)(x_1 + x_2) = \mu(F(x_1 + x_2)) = \mu(Fx_1 + Fx_2)$$

$$= \mu(Fx_1) + \mu(Fx_2) = (\mu F)x_1 + (\mu F)x_2 \quad , \quad x_1, x_2 \in U \quad ,$$

$$(\mu F)(\lambda x) = \mu(F(\lambda x)) = \mu(\lambda(Fx))$$

$$= \lambda(\mu(Fx)) = \lambda((\mu F)x) \quad , \quad \lambda \in \mathbb{K} \quad , \quad x \in U \quad .$$

Seien schließlich $F: U \to Y$, $U \subseteq X$, und $G: V \to Z$, $V \subseteq Y$, lineare Funktionen mit $FU \subseteq V$, so bekommt man für die Funktion $GF: U \to Z$

$$(GF)(x_1 + x_2) = G(F(x_1 + x_2)) = G(Fx_1 + Fx_2)$$

$$= G(Fx_1) + G(Fx_2) = (GF)x_1 + (GF)x_2 \quad , \quad x_1, x_2 \in U \quad ,$$

$$(GF)(\lambda x) = G(F(\lambda x)) = G(\lambda(Fx))$$

$$= \lambda(G(Fx)) = \lambda((GF)x) \quad , \quad \lambda \in \mathbb{K} \quad , \quad x \in U \quad .$$

Bedeute $U \subseteq X$ einen Untervektorraum, so bilden in dem Vektorraum aller Funktionen, die U in Y abbilden, die linearen Funktionen nach Satz 11.5 ihrerseits einen Untervektorraum. Eine entsprechende Aussage erhält man für Operatoren und Funktionale.

Weitere Rechenregeln formulieren wir in dem abschließenden

Satz 11.6. Es seien X, Y, Z Vektorräume über dem Körper $\mathbb{K}$. Dann gelten für einen Skalar $\lambda \in \mathbb{K}$, für eine lineare Funktion

$$L: V \to Z \ , \quad V \subseteq Y \ ,$$

und für Funktionen

$$F, G: \vartheta \to Y \ , \quad \vartheta \subseteq X \ ,$$
$$H, K: \vartheta' \to Z \ , \quad \vartheta' \subseteq Y \ ,$$

das kommutative Gesetz bezüglich eines Skalars

(11.31) $\qquad L(\lambda F) = \lambda(LF) \quad , \quad$ falls $F\vartheta \subseteq V$,

und die distributiven Gesetze

(11.32) $\qquad L(F+G) = LF + LG \quad , \quad$ falls $F\vartheta, G\vartheta \subseteq V$,

(11.33) $\qquad (H+K)F = HF + KF \quad , \quad$ falls $F\vartheta \subseteq \vartheta'$.

Beweis. Es gilt

$$(L(\lambda F))\,x = L((\lambda F)x) = L(\lambda(Fx)) = \lambda(L(Fx)) = \lambda((LF)x) = (\lambda(LF))x \quad , \quad x \in \vartheta \; ,$$

$$(L(F+G))x = L((F+G)x) = L(Fx+Gx) = L(Fx)+L(Gx) = (LF)x+(LG)x = (LF+LG)x \quad , \quad x \in \vartheta \; ,$$

$$((H+K)F)x = (H+K)(Fx) = H(Fx)+K(Fx) = (HF)x+(KF)x = (HF+KF)x \quad , \quad x \in \vartheta \; .$$

§ 12. Stetigkeit, gleichmäßige Stetigkeit, LIPSCHITZstetigkeit

Wir wollen jetzt Funktionen $F: \vartheta \to Y$, $\vartheta \subseteq X$, unter der Voraussetzung betrachten, daß beide Räume X,Y über dem Körper $\mathbb{K}$ normierte Vektorräume sind. Auf diese Weise wird es möglich, weitere wichtige Begriffe aus der klassischen Analysis auf die Funktionalanalysis zu übertragen. Dabei ist zu beachten, daß die Normen $||x||$, $x \in X$, und $||y||$, $y \in Y$, im allgemeinen verschiedene Bedeutungen haben. Da jedoch aus dem Zusammenhang stets eindeutig hervorgeht, um welche Norm es sich handelt, bedarf es in dieser Hinsicht keiner näheren Unterscheidung in der Bezeichnung. Die Spezialfälle der Operatoren $A: \vartheta \to X$, $\vartheta \subseteq X$, und Funktionale $\phi: \vartheta \to \mathbb{K}$, $\vartheta \subseteq X$, beziehen sich naturgemäß auf nur einen normierten Vektorraum X und dessen Grundkörper $\mathbb{K}$; bei den Funktionalen wird $\mathbb{K}$ allerdings gleichzeitig als normierter Vektorraum über sich selbst aufgefaßt, der grundsätzlich mit der Betragsnorm versehen ist (vgl. Beispiel 4.4).

Definition 12.1. Seien X,Y normierte Vektorräume über dem Körper $\mathbb{K}$, so heißt eine Funktion $F: \vartheta \to Y$, $\vartheta \subseteq X$, beschränkt, wenn ihr Wertebereich $F\vartheta \subseteq Y$ beschränkt ist, d.h. wenn es eine reelle Zahl $M \geqq 0$, genannt eine Schranke, gibt mit der Eigenschaft

$$||Fx|| \leqq M \quad , \quad x \in \vartheta \; .$$

Satz 12.1. Seien X,Y normierte Vektorräume über dem Körper $\mathbb{K}$, so heißt eine Funktion $F: \vartheta \to Y$, $\vartheta \subseteq X$, an einer Stelle $x_o \in \vartheta$ stetig, wenn eine der beiden folgenden, untereinander äquivalenten Bedingungen erfüllt ist:

I. Zu jeder reellen Zahl $\varepsilon > 0$ gibt es eine reelle Zahl $\delta > 0$ derart, daß die Ungleichung

$$(12.2) \qquad ||Fx - Fx_o|| < \varepsilon$$

für alle $x \in \vartheta$ mit $||x-x_o|| \leqq \delta$ erfüllt ist.

II. Für jede gegen $x_o \in \vartheta$ konvergente Vektorfolge $x_1, x_2, x_3, \ldots \in \vartheta$ gilt

$$(12.3) \qquad \lim_{n \to \infty} Fx_n = Fx_o \quad .$$

Beweis. Von I nach II. Es werde eine Folge $x_n \in \vartheta$ mit $x_n \to x_o \in \vartheta$ fest, aber beliebig gewählt. Zu $\varepsilon > 0$ bestimmen wir dann ein $\delta > 0$ gemäß Voraussetzung hinzu und zu diesem $\delta > 0$ anschließend ein natürliches N gemäß

$$||x_n - x_o|| < \delta \quad , \quad n \geqq N \quad .$$

Sodann liefert (12.2) die Behauptung

$$||Fx_n - Fx_o|| < \varepsilon \quad , \quad n \geqq N \quad .$$

Von II nach I. Annahme: Zu einem $\varepsilon > 0$ existiert kein $\delta > 0$ mit der behaupteten Eigenschaft. Dann haben nacheinander die Zahlen $1, \frac{1}{2}, \frac{1}{3}, \ldots$ nicht diese δ-Eigenschaft, d.h. es gibt eine Folge $x_1, x_2, x_3, \ldots \in \vartheta$ mit

$$(12.4) \qquad ||Fx_n - Fx_o|| \geqq \varepsilon \quad , \quad ||x_n - x_o|| \leqq \frac{1}{n} \quad , \quad n = 1,2,3,\ldots \quad .$$

Da nun offensichtlich $x_n \to x_o \in \vartheta$ strebt, konvergiert nach Voraussetzung $Fx_n \to Fx_o \in Y$. Damit liefert aber der Grenzübergang $n \to \infty$ in der ersten Ungleichung (12.4) den Widerspruch $0 \geqq \varepsilon$.

Definition 12.2. Eine Funktion $F: \vartheta \to Y$, $\vartheta \subseteq X$, heißt stetig, wenn sie für alle $x \in \vartheta$ stetig ist.

Ganz analog zum Klassischen findet man, am besten durch Berufung auf Definition II der Stetigkeit, daß die Summe zweier stetiger Funktionen, das Produkt einer stetigen Funktion mit einem Skalar und das Produkt zweier stetiger Funktionen (mittelbare Funktion stetiger Funktionen) jeweils wieder eine stetige Funktion ergibt. Insbesondere bilden die stetigen Funktionen $F: \vartheta \to Y$, $\vartheta \subseteq X$, einen Untervektorraum des Vektorraumes aller Funktionen, die ϑ in Y abbilden.

Als nächstes betrachtet man Funktionenfolgen $F_1, F_2, F_3, \ldots : \vartheta \to Y$, $\vartheta \subseteq X$. Darunter fallen auch die Funktionenreihen in der üblichen Bedeutung als Funktionenfolgen von Partialsummen. Die Normierung der Räume erlaubt es dann, Konvergenzbegriffe für Funktionenfolgen einzuführen.

Definition 12.3. Es seien X,Y normierte Vektorräume über dem Körper $\mathbb{K}$. Dann heißt eine Funktionenfolge $F_1, F_2, F_3, \ldots : \vartheta \to Y$, $\vartheta \subseteq X$, elementweise konvergent oder kurz konvergent, wenn die Folge $F_1x, F_2x, F_3x, \ldots \in Y$ für jedes $x \in \vartheta$ konvergiert. Die für konvergente Funktionenfolgen durch

$$(12.5) \qquad Fx \equiv \lim_{n \to \infty} F_n x \quad , \quad x \in \vartheta \quad ,$$

erklärte Funktion $F: \vartheta \to Y$ heißt Grenzfunktion der Folge.

Definition 12.4. Seien X,Y normierte Vektorräume über dem Körper $\mathbb{K}$, so heißt eine konvergente Funktionenfolge $F_1, F_2, F_3, \ldots : \vartheta \to Y$, $\vartheta \subseteq X$, mit der Grenzfunktion $F: \vartheta \to Y$ gleichmäßig konvergent, wenn es zu jedem $\varepsilon > 0$ ein natürliches N derart gibt, daß

$$(12.6) \qquad \|F_n x - Fx\| < \varepsilon$$

ausfällt für alle $n \geqq N$ und alle $x \in \vartheta$.

Satz 12.2. Seien X,Y normierte Vektorräume über dem Körper $\mathbb{K}$. Sind dann alle Funktionen einer gleichmäßig konvergenten Funktionenfolge $F_1, F_2, F_3, \ldots : \vartheta \to Y$, $\vartheta \subseteq X$, stetig, so ist auch die Grenzfunktion $F: \vartheta \to Y$ stetig.

Beweis. Wir wählen $x_o \in \vartheta$ fest, aber beliebig. Zu $\varepsilon > 0$ gibt es dann ein natürliches N mit der Eigenschaft

$$\|F_N x - Fx\| < \frac{\varepsilon}{3} \quad , \quad x \in \vartheta \quad .$$

Wegen der Stetigkeit von F_N existiert weiter ein $\delta > 0$ derart, daß

$$\|F_N x - F_N x_o\| < \frac{\varepsilon}{3}$$

ausfällt für alle $x \in \vartheta$ mit $\|x - x_o\| \leqq \delta$. Es folgt für alle $x \in \vartheta$ mit $\|x - x_o\| \leqq \delta$

$$
\begin{aligned}
||Fx - Fx_o|| &= ||(Fx - F_N x) + (F_N x - F_N x_o) + (F_N x_o - Fx_o)|| \\
&\leqq ||Fx - F_N x|| + ||F_N x - F_N x_o|| + ||F_N x_o - Fx_o|| \\
&< \frac{\varepsilon}{3} + \frac{\varepsilon}{3} + \frac{\varepsilon}{3} = \varepsilon
\end{aligned}
$$

und damit die Stetigkeit der Funktion $F: \vartheta \to Y$ an der Stelle $x_o \in \vartheta$.

Beispiel 12.1. Der Einheitsoperator $I: \vartheta \to X$, $\vartheta \subseteq X$, ist nach Definition II aus Satz 12.1 stetig, da $x_n \to x_o$ mit $x_n, x_o \in \vartheta$ unmittelbar $Ix_n \to Ix_o$ zur Folge hat.

Beispiel 12.2. Im Raume $C[a,b]$, jetzt allerdings mit der T-Norm versehen, greifen wir noch einmal das (nichtlineare) Funktional $\phi : C[a,b] \to \mathbb{R}$ aus Beispiel 11.3 auf:

$$
(12.7) \qquad \phi f = \int_a^b |f(x)|^2 dx \quad , \quad f \in C[a,b] \quad .
$$

Wir betrachten irgendeine gegen ein Element $f_o \in C[a,b]$ konvergente Folge $f_1, f_2, f_3, \ldots \in C[a,b]$; diese besitzt nach Satz 5.3 eine Schranke $M > 0$, die dann zugleich auch für das Grenzelement f_o gültig ist. Wegen der Übereinstimmung des vorliegenden Konvergenzbegriffes mit der gleichmäßigen Konvergenz im klassischen Sinne können wir zu $\varepsilon > 0$ ein natürliches N gemäß

$$
|f_n(x) - f_o(x)| < \frac{\varepsilon}{2M(b-a)} \quad , \quad x \in [a,b] \quad , \quad n \geqq N \quad ,
$$

hinzubestimmen. Es folgt für alle $n \geqq N$

$$
\begin{aligned}
|\phi f_n - \phi f_o| &= \left| \int_a^b \left\{ |f_n(x)|^2 - |f_o(x)|^2 \right\} dx \right| \\
&\leqq \int_a^b |f_n(x) - f_o(x)| \, |f_n(x) + f_o(x)| dx < \int_a^b \frac{\varepsilon}{2M(b-a)} (M + M) dx = \varepsilon
\end{aligned}
$$

und damit nach Definition II die Stetigkeit des Funktionals ϕ an der Stelle $f_o \in C[a,b]$. Wegen der Willkür von f_o ist ϕ im ganzen Definitionsbereich $C[a,b]$ stetig.

Eine wichtige Klasse bilden die stetigen Funktionen mit kompaktem Definitionsbereich (und damit entsprechende Operatoren und Funktionale), die wir anschließend näher untersuchen wollen. Zuvor folgende

Definition 12.5. Seien X,Y normierte Vektorräume über dem Körper $\mathbb{K}$, so heißt eine Funktion $F: \vartheta \to Y$, $\vartheta \subseteq X$, gleichmäßig stetig, wenn es zu jedem $\varepsilon > 0$ ein $\delta > 0$ derart gibt, daß

(12.8) $$\|Fx_1 - Fx_2\| < \varepsilon$$

ausfällt für alle $x_1, x_2 \in \vartheta$ mit $\|x_1 - x_2\| \leqq \delta$.

Offenbar zieht die gleichmäßige Stetigkeit die Stetigkeit einer Funktion nach sich. Umgekehrt braucht eine stetige Funktion nicht gleichmäßig stetig zu sein, wie das Beispiel der klassischen Funktion $f(x) = \frac{1}{x}$, $0 < x \leqq 1$, zeigt. Es gilt jedoch

Satz 12.3. Seien X,Y normierte Vektorräume über dem Körper $\mathbb{K}$, so bildet eine stetige Funktion $F: \vartheta \to Y$, $\vartheta \subseteq X$, jede kompakte Teilmenge ihres Definitionsbereiches ϑ in eine kompakte Teilmenge ihres Wertebereiches $F\vartheta$ ab.

Beweis. Sei $\mathfrak{M} \subseteq \vartheta$ eine kompakte Teilmenge des Definitionsbereiches und $y_1, y_2, y_3, \ldots \in F\mathfrak{M}$ eine fest, aber beliebig gewählte Folge. Dazu gibt es eine Folge $x_1, x_2, x_3, \ldots \in \mathfrak{M}$ mit

$$y_n = Fx_n \quad , \qquad n = 1,2,3,\ldots \quad .$$

Da $\mathfrak{M}$ kompakt ist, existiert eine konvergente Teilfolge $x_{\nu_1}, x_{\nu_2}, x_{\nu_3}, \ldots \in \mathfrak{M}$ mit dem Grenzelement $x \in \mathfrak{M}$. Es folgt für die zugehörige Teilfolge $y_{\nu_1}, y_{\nu_2}, y_{\nu_3}, \ldots \in F\mathfrak{M}$ auf Grund der Stetigkeit von F

$$\lim_{n\to\infty} y_{\nu_n} = \lim_{n\to\infty} Fx_{\nu_n} = Fx \quad ,$$

d.h. die Teilfolge $y_{\nu_1}, y_{\nu_2}, y_{\nu_3}, \ldots \in F\mathfrak{M}$ konvergiert gegen das Grenzelement $Fx \in F\mathfrak{M}$. Also ist $F\mathfrak{M}$ kompakt.

Korollar 12.1. Eine stetige Funktion mit kompaktem Definitionsbereich besitzt einen kompakten Wertebereich.

Satz 12.4 (Satz von HEINE für normierte Vektorräume). Eine stetige Funktion $F: \vartheta \to Y$, $\vartheta \subseteq X$, die ein Kompaktum ϑ eines normierten Vektorraumes X über $\mathbb{K}$ in einen normierten Vektorraum Y über $\mathbb{K}$ abbildet, ist gleichmäßig stetig.

Beweis. Wir nehmen an, F sei nicht gleichmäßig stetig. Dann gibt es zu einem $\varepsilon > 0$ keine positiv reelle Zahl mit der δ-Eigenschaft. Insbesondere besitzen die reziproken natürlichen Zahlen $\frac{1}{n}$ diese Eigenschaft nicht, so daß wir zu jedem n zwei Elemente $x_{1n}, x_{2n} \in \vartheta$ mit

$$\|Fx_{1n} - Fx_{2n}\| \geqq \varepsilon \quad , \qquad \|x_{1n} - x_{2n}\| \leqq \frac{1}{n} \quad , \qquad n = 1,2,3,\ldots ,$$

angeben können. Da ϑ kompakt ist, enthält zunächst x_{1n} eine gegen ein Grenzelement aus ϑ konvergente Teilfolge; diese gestattet ihrerseits die Auswahl einer Teilfolge $x_{1\nu_n}$ derart, daß auch $x_{2\nu_n}$ gegen ein Grenzelement aus ϑ konvergiert. Die Durchführung des Grenzüberganges $n \to \infty$ in der Ungleichung

$$||x_{1\nu_n} - x_{2\nu_n}|| \leqq \frac{1}{\nu_n} \quad , \qquad n = 1,2,3,\ldots \quad ,$$

ergibt dann, daß beide Teilfolgen $x_{1\nu_n}$ und $x_{2\nu_n}$ gegen dasselbe Grenzelement aus ϑ streben. Beachtet man jetzt noch die Stetigkeit der Funktion F, so führt der Grenzübergang $n \to \infty$ in

$$||Fx_{1\nu_n} - Fx_{2\nu_n}|| \geqq \varepsilon \quad , \qquad n = 1,2,3,\ldots \quad ,$$

auf den Widerspruch $0 \geqq \varepsilon$.

<u>Satz 12.5</u> (Satz von WEIERSTRASS für normierte Vektorräume). Eine stetige Funktion $F: \vartheta \to Y$, $\vartheta \subseteq X$, die ein Kompaktum ϑ eines normierten Vektorraumes X über $\mathbb{K}$ in einen normierten Vektorraum Y über $\mathbb{K}$ abbildet, nimmt der Norm nach ihr Maximum an, d.h. es existiert ein Element $x_o \in \vartheta$ mit der Eigenschaft

$$(12.9) \qquad ||Fx|| \leqq ||Fx_o|| \quad , \qquad x \in \vartheta \ .$$

Insbesondere ist F eine beschränkte Funktion.

<u>Beweis.</u> Das Bild $F\vartheta \subseteq Y$ ist nichtleer, nach Korollar 12.1 kompakt und daher nach Satz 7.1 beschränkt. Es existiert also das Supremum

$$G \equiv \sup_{x \in \vartheta} ||Fx||$$

und damit eine Folge $x_n \in \vartheta$ mit der Eigenschaft

$$G = \lim_{n \to \infty} ||Fx_n|| \ .$$

Da ϑ kompakt ist, gibt es eine konvergente Teilfolge $x_{\nu_n} \to x_o \in \vartheta$, und dies bewirkt bei Beachtung der Stetigkeit der Funktion F

$$G = \lim_{n \to \infty} ||Fx_{\nu_n}|| = ||\lim_{n \to \infty} Fx_{\nu_n}|| = ||Fx_o|| \ .$$

Damit gewinnt das Supremum die Bedeutung des Maximums. Die Zusatzbehauptung ist trivial.

In Beispiel 6.2 sahen wir, daß der Raum $C[a,b]$ mit der Maximumnorm ein BANACHraum ist. Dieses Resultat gestattet jetzt eine wichtige Verallgemeinerung:

Satz 12.6. Seien X,Y normierte Vektorräume über dem Körper $\mathbb{K}$ und $\vartheta \subseteq X$ ein nichtleeres Kompaktum. Dann bildet die Menge $C(\vartheta)$ aller stetigen Funktionen $F: \vartheta \to Y$ mit der Maximum- oder TSCHEBYSCHEFFnorm

$$(12.10) \qquad ||F|| \equiv \max_{x \in \vartheta} ||Fx|| \quad , \quad F \in C(\vartheta) \ ,$$

einen normierten Vektorraum über dem Körper $\mathbb{K}$. Ist Y außerdem ein BANACHraum, so ist auch $C(\vartheta)$ ein BANACHraum.

Bemerkung. Analog zum Raume $C[a,b]$ mit T-Norm ist der Konvergenzbegriff des Raumes $C(\vartheta)$ mit T-Norm durch die in Definition 12.4 erklärte gleichmäßige Konvergenz gegeben.

Beweis. Die Existenz des Maximums (12.10) ist durch den WEIERSTRASSschen Satz 12.5 gesichert. Daß der Vektorraum $C(\vartheta)$ durch (12.10) zu einem normierten Vektorraum wird, folgt ganz analog zu Beispiel 4.2. Schließlich erhält man die Zusatzbehauptung analog zu Beispiel 6.2, indem man zunächst die elementweise und dann die gleichmäßige Konvergenz einer CAUCHYfolge $F_1, F_2, F_3, \ldots \in C(\vartheta)$ nachweist. Die Grenzfunktion einer solchen Folge gehört aber nach Satz 12.2 ebenfalls zu $C(\vartheta)$.

Wir schränken jetzt die Klasse der gleichmäßig stetigen Funktionen (und damit der gleichmäßig stetigen Operatoren und Funktionale) noch einmal ein:

Definition 12.6. Seien X,Y normierte Vektorräume über dem Körper $\mathbb{K}$, so heißt eine Funktion $F: \vartheta \to Y$, $\vartheta \subseteq X$, LIPSCHITZstetig, wenn es eine reelle Zahl $L \geqq 0$, genannt eine LIPSCHITZkonstante, gibt mit der Eigenschaf

$$(12.11) \qquad ||Fx_1 - Fx_2|| \leqq L||x_1 - x_2|| \quad , \quad x_1, x_2 \in \vartheta \ .$$

Offensichtlich ist eine LIPSCHITZstetige Funktion gleichmäßig stetig, denn zu $\varepsilon > 0$ braucht man nur $\delta = \frac{\varepsilon}{L+1}$ hinzuzubestimmen, um für alle $x_1, x_2 \in \vartheta$ mit $||x_1 - x_2|| \leqq \delta$ von (12.11) auf (12.8) schließen zu können. Daß umgekehrt die gleichmäßige Stetigkeit nicht allgemein die LIPSCHITZstetigkeit nach sich zieht, zeigt das Beispiel der stetigen klassischen Funktion $f(x) = \sqrt{x}$, $0 \leqq x \leqq 1$, die nach dem (klassischen) Satz von HEINE auch gleichmäßig stetig ist. Wäre sie auch LIPSCHITZstetig, so würde mit einer reellen Zahl $L \geqq 0$

$$|\sqrt{x} - \sqrt{0}| \leqq L|x - 0| \quad , \quad 0 < x \leqq 1 \ ,$$

gelten, und man erhielte nach Division durch x den Widerspruch

$$\frac{1}{\sqrt{x}} \leqq L \quad , \quad 0 < x \leqq 1 \ .$$

Abschließend wollen wir uns den linearen Funktionen und ihren speziellen Eigenschaften zuwenden.

Satz 12.7. Seien X,Y normierte Vektorräume über dem Körper $\mathbb{K}$, so sind für lineare Funktionen $F: U \to Y$, $U \subseteq X$, die Begriffe "stetig", "gleichmäßig stetig" und "LIPSCHITZstetig" äquivalent [1].

Beweis. Wir brauchen nur zu zeigen, daß eine stetige lineare Funktion $F: U \to Y$, $U \subseteq X$, LIPSCHITZstetig ist. Infolge der Stetigkeit der Funktion im Ursprung und $F0 = 0$ gibt es eine reelle Zahl $\delta > 0$ derart, daß

$$||Fx - F0|| = ||Fx|| < 1$$

ausfällt für alle $x \in U$ mit $||x - 0|| = ||x|| \leqq \delta$. Es folgt für alle $x_1, x_2 \in U$ mit $x_1 \neq x_2$

$$||Fx_1 - Fx_2|| = ||F(x_1 - x_2)|| = \frac{||x_1 - x_2||}{\delta} \left|\left| F\left(\frac{x_1 - x_2}{||x_1 - x_2||}\,\delta\right)\right|\right|$$

und damit

$$||Fx_1 - Fx_2|| \leqq \frac{1}{\delta}\,||x_1 - x_2|| \quad , \quad x_1, x_2 \in U \ ,$$

zunächst für $x_1 \neq x_2$, dann aber trivialerweise auch für $x_1 = x_2$. Also gewinnt $\frac{1}{\delta}$ die Bedeutung einer LIPSCHITZkonstanten.

Satz 12.8. Seien X,Y normierte Vektorräume über dem Körper $\mathbb{K}$, so ist eine lineare Funktion $F: U \to Y$, $U \subseteq X$, stetig, wenn sie an einer Stelle ihres Definitionsbereiches stetig ist.

Beweis. Die Funktion sei an der Stelle $x_o \in U$ stetig. Wir wählen jetzt $x_1 \in U$ fest, aber beliebig. Zu $\varepsilon > 0$ gibt es dann ein δ gemäß

$$||Fx - Fx_o|| < \varepsilon \quad , \quad ||x - x_o|| \leqq \delta \quad , \quad x \in U \ .$$

Es folgt für alle $x \in U$ mit $||x - x_1|| \leqq \delta$

$$||Fx - Fx_1|| = ||F(x - x_1 + x_o) - Fx_o|| < \varepsilon \ ,$$

denn es gilt ja $||(x - x_1 + x_o) - x_o|| = ||x - x_1|| \leqq \delta$.

Ein sehr wichtiges Stetigkeitskriterium für lineare Funktionen ist

---

1) Es sei daran erinnert, daß nur Untervektorräume als Definitionsbereiche für lineare Funktionen in Frage kommen.

Satz 12.9. Eine lineare Funktion $F: U \to Y$, $U \subseteq X$, ist genau dann stetig, wenn es eine reelle Zahl $L \geqq 0$ gibt mit der Eigenschaft [1]

$$(12.12) \qquad \|Fx\| \leqq L\|x\| \quad , \quad x \in U \ .$$

Beweis. N o t w e n d i g k e i t . Die lineare Funktion F sei stetig. Dann ist sie nach Satz 12.7 LIPSCHITZstetig, und (12.12) geht aus (12.11), genommen für $x_2 = 0$, hervor. – H i n l ä n g l i c h k e i t . Es gebe ein $L \geqq 0$ mit der genannten Eigenschaft. Dann folgt auf Grund der Linearität der Funktion F

$$\|Fx_1 - Fx_2\| = \|F(x_1 - x_2)\| \leqq L\|x_1 - x_2\| \quad , \quad x_1, x_2 \in U \ ,$$

und damit die LIPSCHITZstetigkeit von F. Also ist F auch stetig.

Bemerkung. Der Beweis hat für den Fall linearer Funktionen gezeigt, daß die Ungleichung (12.12) mit jeder LIPSCHITZkonstanten $L \geqq 0$ erfüllt ist und daß umgekehrt jede reelle Zahl $L \geqq 0$ mit der Eigenschaft (12.12) die Bedeutung einer LIPSCHITZkonstanten hat.

Beispiel 12.3. Wir betrachten noch einmal den linearen Projektionsoperator aus § 11

$$(12.13) \qquad Ax = x - (n,x)n \quad , \quad x \in \mathbb{R}^3 \ ,$$

jetzt jedoch im $\mathbb{R}^3$ mit euklidischer Norm. Wie man Fig. 13 unmittelbar entnimmt, gilt dann

$$\|Ax\| \leqq \|x\| \quad , \quad x \in \mathbb{R}^3 \ ,$$

und Satz 12.9 liefert die Stetigkeit des Operators.

Ein weiteres Stetigkeitskriterium für lineare Funktionen enthält

Satz 12.10. Eine lineare Funktion $F: U \to Y$, $U \subseteq X$, ist genau dann stetig, wenn sie jede beschränkte Teilmenge ihres Definitionsbereiches U in eine beschränkte Teilmenge ihres Wertebereiches FU abbildet.

---

1) Lineare Funktionen mit der Eigenschaft (12.12) werden in der Literatur vielfach als "beschränkt" bezeichnet. Wir wollen diese Bezeichnungsweise vermeiden, da der Begriff der Schranke einer Funktion bereits anderweitig festgelegt ist (vgl. Definition 12.1).

Beweis. N o t w e n d i g k e i t . Sei $\mathfrak{M} \subseteq U$ durch $M \geqq 0$ beschränkt, so liefert Satz 12.9 die Behauptung $||Fx|| \leqq L||x|| \leqq LM$, $x \in \mathfrak{M}$. – H i n l ä n g l i c h k e i t . Wir nehmen an, F sei unstetig. Dann gibt es zu jedem natürlichen n ein $x_n \in U$ mit

$$(12.14) \qquad ||Fx_n|| > n||x_n|| \quad , \quad n = 1,2,3,\ldots \ ,$$

denn anderenfalls wäre ja F nach Satz 12.9 stetig. Es folgt $||Fx_n|| > 0$, was nur für $x_n \neq 0$ möglich ist. Division von (12.14) durch $||x_n||$ liefert dann

$$\left|\left| F \frac{x_n}{||x_n||} \right|\right| > n \quad , \quad n = 1,2,3,\ldots \ ,$$

und damit eine Folge aus der Einheitskugel $\mathfrak{K} \subseteq U$ mit unbeschränktem Bild. Also ist auch das Bild von $\mathfrak{K}$ unbeschränkt (Widerspruch).

Beispiel 12.4. Im Raume $C[a,b]$ mit T-Norm wird durch das bestimmte RIEMANNsche Integral

$$(12.15) \qquad \phi f = \int_a^b f(x)\,dx \quad , \quad f \in C[a,b] \ ,$$

ein Funktional $\phi : C[a,b] \to \mathbb{R}$ erklärt, dessen Linearität unmittelbar einleuchtet. Es folgt für eine durch $M \geqq 0$ beschränkte Teilmenge $\mathfrak{M} \subseteq C[a,b]$

$$|\phi f| = \left| \int_a^b f(x)dx \right| \leqq \int_a^b |f(x)|\,dx \leqq \int_a^b ||f||dx \leqq \int_a^b M\,dx = M(b-a) \ , \quad f \in \mathfrak{M} \ .$$

Somit ist das Bild $\phi\mathfrak{M} \subseteq \phi\, C[a,b]$ beschränkt, und man erhält die Stetigkeit des Funktionals ϕ als Folge von Satz 12.10.

§ 13. Vollstetigkeit und Satz von ARZELÀ-ASCOLI

Für die Funktionalanalysis und ihre Anwendungen ist jetzt noch eine andere Einengung der Klasse der stetigen Funktionen (und damit der stetigen Operatoren und Funktionale) von weitreichender Bedeutung:

Satz 13.1. Seien X,Y normierte Vektorräume über dem Körper $\mathbb{K}$, so heißt eine stetige Funktion $F: \vartheta \to Y$, $\vartheta \subseteq X$, vollstetig, wenn sie eine der beiden folgenden, untereinander äquivalenten Bedingungen erfüllt:

I. Für jede beschränkte Folge $x_1, x_2, x_3, \ldots \in \vartheta$ gestattet die Bildfolge $Fx_1, Fx_2, Fx_3, \ldots \in F\vartheta$ die Auswahl einer konvergenten Teilfolge $Fx_{\nu_1}, Fx_{\nu_2}, Fx_{\nu_3}, \ldots \in F\vartheta$.

II. Die Funktion F bildet jede beschränkte Teilmenge ihres Definitionsbereiches ϑ in eine relativkompakte Teilmenge ihres Wertebereiches $F\vartheta$ ab.

Beweis. V o n I n a c h II . Es sei $\mathfrak{M} \subseteq \vartheta$ eine beschränkte Menge des Definitionsbereiches und $F\mathfrak{M} \subseteq F\vartheta$ die zugehörige Bildmenge. Dann wählen wir eine Folge $y_1, y_2, y_3, \ldots \in F\mathfrak{M}$ fest, aber beliebig. Dazu gehört eine Folge $x_1, x_2, x_3, \ldots \in \mathfrak{M}$ mit

$$y_n = Fx_n \quad , \quad n = 1,2,3,\ldots \quad .$$

Da $\mathfrak{M}$ beschränkt ist, existiert nach I eine konvergente Teilfolge

$$y_{\nu_n} = Fx_{\nu_n} \quad , \quad n = 1,2,3,\ldots \quad .$$

Also ist $F\mathfrak{M}$ relativkompakt. – V o n II n a c h I . Sei $x_1, x_2, x_3, \ldots \in \vartheta$ eine durch $M \geqq 0$ beschränkte Folge. Bedeute dann $\mathfrak{M}$ die Menge aller durch M beschränkten Elemente aus ϑ, so ist deren Bild $F\mathfrak{M}$ nach II relativkompakt. Wegen $x_1, x_2, x_3, \ldots \in \mathfrak{M}$ gestattet die Bildfolge $Fx_1, Fx_2, Fx_3, \ldots \in F\mathfrak{M} \subseteq F\vartheta$ die Auswahl einer konvergenten Teilfolge $Fx_{\nu_1}, Fx_{\nu_2}, Fx_{\nu_3}, \ldots \in F\vartheta$.

Satz 13.2. Die Summe zweier vollstetiger Funktionen, das Produkt einer vollstetigen Funktion mit einem Skalar und das Produkt zweier vollstetiger Funktionen ergibt jeweils wieder eine vollstetige Funktion.

Beweis. Da die Vollstetigkeit nach Definition die Stetigkeit impliziert, sind Summe, Produkt mit einem Skalar und Produkt bereits stetige

Funktionen, für die daher nur noch eine der Eigenschaften I,II aus Satz 13.1 nachgewiesen zu werden braucht. – Seien F,G: $\vartheta \to Y$, $\vartheta \subseteq X$, vollstetig und bedeute $x_n \in \vartheta$ eine beschränkte Folge, so enthält zunächst Fx_n eine konvergente Teilfolge. Aus dieser kann man eine weitere (und damit ebenfalls konvergente) Teilfolge Fx_{ν_n} derart auswählen, daß auch Gx_{ν_n} konvergiert. Infolgedessen konvergiert auch $Fx_{\nu_n} + Gx_{\nu_n} = (F+G)x_{\nu_n}$. Damit gestattet $(F+G)x_n$ die Auswahl einer konvergenten Teilfolge, und $F+G: \vartheta \to Y$ ist vollstetig. – Sei F: $\vartheta \to Y$, $\vartheta \subseteq X$, vollstetig und $\lambda \in \mathbb{K}$ ein Skalar. Bedeute dann $x_n \in \vartheta$ eine beschränkte Folge, so enthält Fx_n eine konvergente Teilfolge Fx_{ν_n}. Dann konvergiert auch $\lambda(Fx_{\nu_n}) = (\lambda F)x_{\nu_n}$, und $\lambda F: \vartheta \to Y$ erweist sich als vollstetig. – Seien F: $\vartheta \to Y$, $\vartheta \subseteq X$, und G: $\vartheta' \to Z$, $\vartheta' \subseteq Y$, mit $F\vartheta \subseteq \vartheta'$ vollstetig und bedeute $\mathfrak{M} \subseteq \vartheta$ eine beschränkte Menge. Deren Bild $F\mathfrak{M} \subseteq F\vartheta \subseteq \vartheta'$ ist wegen der Vollstetigkeit von F relativkompakt und damit nach Satz 7.1 beschränkt. Die vollstetige Funktion G bildet daher $F\mathfrak{M}$ in eine relativkompakte Menge $GF\mathfrak{M} \subseteq GF\vartheta$ ab. Also bildet das Produkt GF: $\vartheta \to Z$ die beschränkte Teilmenge $\mathfrak{M}$ ihres Definitionsbereiches ϑ in die relativkompakte Teilmenge $GF\mathfrak{M}$ ihres Wertebereiches $GF\vartheta$ ab und ist daher vollstetig.

Satz 13.3. Es sei X ein normierter Vektorraum und Y ein BANACHraum, beide über dem Körper $\mathbb{K}$. Sind dann alle Funktionen einer gleichmäßig konvergenten Funktionenfolge $F_1, F_2, F_3, \ldots: \vartheta \to Y$, $\vartheta \subseteq X$, vollstetig, so ist auch die Grenzfunktion F: $\vartheta \to Y$ vollstetig.

Beweis. Da alle $F_1, F_2, F_3, \ldots$ stetig sind, ist nach Satz 12.2 auch die Grenzfunktion F stetig. Es sei $\mathfrak{M} \subseteq \vartheta$ irgendeine beschränkte Teilmenge des Definitionsbereiches und $F\mathfrak{M} \subseteq F\vartheta$ deren Bildmenge. Jetzt bestimmen wir zu $\varepsilon > 0$ auf Grund der gleichmäßigen Konvergenz der Folge ein natürliches N mit der Eigenschaft

$$(13.1) \qquad ||F_N x - Fx|| < \varepsilon \quad , \quad x \in \mathfrak{M} ,$$

hinzu. Wählen wir dann $y \in F\mathfrak{M}$ fest, aber beliebig, so gilt $y = Fx$ mit einem gewissen $x \in \mathfrak{M}$, und (13.1) liefert für das Element $y_N \equiv F_N x \in F_N\mathfrak{M}$

$$||y_N - y|| < \varepsilon \quad .$$

Damit erweist sich $F_N\mathfrak{M} \subseteq Y$ als ε-Netz für $F\mathfrak{M} \subseteq Y$. Wegen der Beschränktheit von $\mathfrak{M}$ und der Vollstetigkeit von F_N ist die Menge $F_N\mathfrak{M}$

außerdem relativ- und damit praekompakt. Also ist $F\mathfrak{M} \subseteq Y$ nach dem zweiten HAUSDORFFschen Satz (Satz 8.3) selbst praekompakt. Da Y aber ein BANACHraum ist, folgt aus Satz 7.7 die Relativkompaktheit von $F\mathfrak{M}$. Damit ist F eine vollstetige Funktion.

Wir stellen anschließend einige Kriterien für Vollstetigkeit von Funktionen (und damit von Operatoren und Funktionalen) zusammen.

Satz 13.4. Eine stetige Funktion $F\colon \vartheta \to Y$, $\vartheta \subseteq X$, mit relativkompaktem Wertebereich $F\vartheta \subseteq Y$ ist vollstetig.

Beweis. Für jede und damit insbesondere jede beschränkte Folge aus ϑ gestattet die zugehörige Bildfolge wegen der Relativkompaktheit von $F\vartheta$ die Auswahl einer konvergenten Teilfolge.

Satz 13.5. Eine Funktion $F\colon \vartheta \to Y$, $\vartheta \subseteq X$, ist vollstetig, wenn sie

1.) stetig ist,

2.) jede beschränkte Teilmenge ihres Definitionsbereiches ϑ in eine beschränkte Teilmenge ihres Wertebereiches $F\vartheta$ abbildet und

3.) endlichdimensional ist, d.h. wenn ihr Wertebereich $F\vartheta$ in einem endlichdimensionalen Untervektorraum V von Y enthalten ist:

$$F\vartheta \subseteq V \subseteq Y \quad , \quad \dim V < \infty \; . \tag{13.2}$$

Beweis. Sei $\mathfrak{M} \subseteq \vartheta$ eine beliebig gewählte beschränkte Menge, so ist nach Voraussetzung $F\mathfrak{M} \subseteq F\vartheta \subseteq V$ beschränkt. Da $F\mathfrak{M}$ Teilmenge des endlichdimensionalen normierten Vektorraumes V ist und da nach Satz 7.5 die Begriffe "beschränkt" und "relativkompakt" in solchen Räumen äquivalent sind, ist $F\mathfrak{M}$, bezogen auf V, relativkompakt. Dann ist auch $F\mathfrak{M}$, bezogen auf Y, relativkompakt.

Satz 13.6. Eine stetige beschränkte endlichdimensionale Funktion ist vollstetig.

Beweis. Da der Wertebereich beschränkt ist, ist auch das Bild jeder beschränkten Teilmenge des Definitionsbereiches beschränkt, und Satz 13.5 liefert die Behauptung.

Besondere Verhältnisse trifft man wiederum bei linearen Funktionen an:

Satz 13.7. Eine lineare Funktion $F\colon U \to Y$, $U \subseteq X$, ist vollstetig, wenn sie eine der beiden Bedingungen I, II aus Satz 13.1 erfüllt.

Beweis nur für die Stetigkeit der Funktion F erforderlich. Da die beiden Bedingungen, wie im Beweis von Satz 13.1 gezeigt, ohne Bezugnahme auf die Stetigkeit äquivalent sind, genügt es ferner, von einer, etwa der zweiten, als Voraussetzung auszugehen. Die Funktion F bildet dann die durch 1 beschränkte Einheitskugel

$$\mathfrak{K} = \left\{ x \in U \,\middle|\, ||x|| = 1 \right\} \subseteq U$$

in eine relativkompakte und damit nach Satz 7.1 beschränkte Menge $F\mathfrak{K} \subseteq FU$ ab. Sei $M \geqq 0$ deren Schranke, so folgt zunächst für alle $x \in U$ mit $x \neq 0$

$$||Fx|| = \left|\left| F \frac{x}{||x||} \right|\right| \, ||x|| \leqq M \, ||x|| \; ;$$

da diese Abschätzung jedoch für $x = 0$ trivialerweise richtig ist, liefert Satz 12.9 die Stetigkeit der Funktion.

Satz 13.8. Eine endlichdimensionale stetige lineare Funktion ist vollstetig.

Beweis. Da eine stetige lineare Funktion nach Satz 12.10 jede beschränkte Teilmenge ihres Definitionsbereiches in eine beschränkte Teilmenge ihres Wertebereiches abbildet, liefert Satz 13.5 die Behauptung.

Satz 13.9. Sei X ein normierter Vektorraum über $\mathbb{K}$, so ist das Produkt zweier stetiger linearer Operatoren $A,B: X \to X$ vollstetig, wenn ein Faktor vollstetig ist.

Beweis. Wir stellen zunächst fest, daß das Produkt $BA: X \to X$ stetig ist. Dann wählen wir eine beschränkte Folge $x_n \in X$ fest, aber beliebig, und es bedeute $M \geqq 0$ eine Schranke für diese Folge. Falls nun A vollstetig ist, gestattet $Ax_n \in X$ die Auswahl einer konvergenten Teilfolge $Ax_{\nu_n} \in X$, die gegen das Element $y_o \in X$ konvergieren möge; wegen der Stetigkeit von B gilt dann

$$\lim_{n \to \infty} (BA)x_{\nu_n} = \lim_{n \to \infty} B(Ax_{\nu_n}) = By_o \in X \quad ,$$

und BA beweist sich als vollstetig. Ist dagegen B vollstetig, so liefert Satz 12.9 infolge der Linearität und Stetigkeit des Operators A

$$||Ax_n|| \leqq L||x_n|| \leqq LM \quad ;$$

also ist $Ax_n \in X$ eine beschränkte Folge. Dann aber gestattet $(BA)x_n = B(Ax_n)$ die Auswahl einer konvergenten Teilfolge, d.h. der Operator BA ist vollstetig.

Beispiel 13.1. Alle beschränkten stetigen klassischen Funktionen einer oder mehrerer reeller Veränderlicher sind wegen $\dim \mathbb{R} = 1$ endlichdimensional und damit nach Satz 13.6 vollstetig.

Beispiel 13.2. Für den stetigen linearen Projektionsoperator (12.14) erfüllt sowohl der Wertebereich als auch der $\mathbb{R}^3$ selbst die Bedingungen des Untervektorraumes V in (13.2). Also ist der Operator endlichdimensional und daher nach Satz 13.8 vollstetig.

Beispiel 13.3. Das bestimmte RIEMANNsche Integral (12.15), das wir in Beispiel 12.2 als stetiges lineares Funktional erkannt hatten, ist nach Satz 13.8 vollstetig, da alle Funktionale trivialerweise endlichdimensional sind.

Beispiel 13.4. Der in einem normierten Vektorraum X erklärte Einheitsoperator $I: X \to X$ ist trivialerweise linear und (vgl. Beispiel 12.4) stetig. Im Falle $\dim X < \infty$ ist I endlichdimensional und daher nach Satz 13.8 vollstetig. Wäre nun I auch im Falle $\dim X = \infty$ vollstetig, so wäre das Bild der (durch 1 beschränkten) Einheitskugel $\mathfrak{K} \subseteq X$, also $\mathfrak{K}$ selbst, im Widerspruch zu Satz 7.8 relativkompakt. Also ist I im Falle $\dim X = \infty$ nicht vollstetig.

Bei dem Bemühen, auch in weniger einfach gelagerten Fällen Aufschluß über die Vollstetigkeit zu erhalten, spielt oft der folgende, tiefer liegende Satz eine entscheidende Rolle:

Satz 13.10 (Satz von ARZELÀ[1]-ASCOLI[2]). Gegeben sei eine Funktionenfolge

$$F_1, F_2, F_3, \ldots : \vartheta \to \vartheta' \qquad (13.3)$$

die ein Kompaktum ϑ eines normierten Vektorraumes X in ein Kompaktum ϑ' eines normierten Vektorraumes Y, beide Vektorräume über dem Körper $\mathbb{K}$,

1) Cesare ARZELÀ (1847-1912), italienischer Mathematiker, lehrte an den Universitäten in Palermo und Bologna.

2) Giulio ASCOLI (1843-1896), italienischer Mathematiker, lehrte am Polytechnikum in Mailand.

abbildet. Die Folge (13.3) sei gleichgradig stetig, d.h. zu jedem $\varepsilon > 0$ existiere ein $\delta > 0$ derart, daß

$$(13.4) \qquad ||F_n x_1 - F_n x_2|| < \varepsilon$$

ausfällt für alle natürlichen n und alle $x_1, x_2 \in \vartheta$, die der Bedingung $||x_1 - x_2|| \leqq \delta$ genügen [1]. Dann gestattet die Funktionenfolge (13.3) die Auswahl einer gleichmäßig konvergenten Teilfolge

$$(13.5) \qquad F_{\nu_1}, F_{\nu_2}, F_{\nu_3}, \ldots : \vartheta \to \vartheta' \quad .$$

Bemerkung. Aus der Kompaktheit und damit der Abgeschlossenheit von $\vartheta' \subseteq Y$ folgt unmittelbar, daß die Folge $F_{\nu_1}x, F_{\nu_2}x, F_{\nu_3}x, \ldots \in \vartheta'$ für jedes feste $x \in \vartheta$ gegen ein Element aus ϑ' konvergiert, (13.5) also eine Grenzfunktion $F: \vartheta \to \vartheta'$ besitzt. Diese Grenzfunktion ist auf Grund der Stetigkeit der Folgenelemente und der gleichmäßigen Konvergenz nach Satz 12.2 ebenfalls stetig.

Beweis. Im Vektorraum $C(\vartheta)$ mit T-Norm (vgl. Satz 12.6) bedeute $\mathfrak{M} \subseteq C(\vartheta)$ die aus den Elementen der Folge (13.3) bestehende Teilmenge. Wir konstruieren zu einem beliebig vorgegebenen $\varepsilon > 0$ ein in $\mathfrak{M}$ enthaltenes, endliches ε-Netz für $\mathfrak{M}$. Voraussetzungsgemäß existiert zu $\varepsilon > 0$ ein $\delta > 0$ derart, daß

$$(13.6) \qquad ||Fx' - Fx''|| < \frac{\varepsilon}{4}$$

ausfällt für alle $F \in \mathfrak{M}$ und alle $x', x'' \in \vartheta$ mit $||x' - x''|| \leqq \delta$. Wegen der Kompaktheit und damit Praekompaktheit der Mengen $\vartheta \subseteq X$ und $\vartheta' \subseteq Y$ gibt es nach dem ersten HAUSDORFFschen Satz (Satz 8.2) ein endliches δ-Netz $x_1, x_2, \ldots, x_m \in \vartheta$ für ϑ sowie ein endliches $\frac{\varepsilon}{4}$-Netz $y_1, y_2, \ldots, y_n \in \vartheta'$ für ϑ'. Jedem $F \in \mathfrak{M}$ können wir sodann ein Zahlen-m-tupel $\varrho_1, \varrho_2, \ldots, \varrho_m$ mit Werten aus $1, 2, \ldots, n$ derart zuordnen, daß $Fx_1 \in \vartheta'$ in der $\frac{\varepsilon}{4}$-Umgebung von $y_{\varrho_1} \in \vartheta'$ etc. liegt:

$$(13.7) \qquad ||Fx_\mu - y_{\varrho_\mu}|| < \frac{\varepsilon}{4} \quad , \qquad \mu = 1, 2, \ldots, m \quad .$$

---

1) Der Begriff der gleichgradigen Stetigkeit läßt sich ganz analog auch für Funktionenmengen erklären. Offenbar impliziert die gleichgradige Stetigkeit einer Funktionenfolge bzw. -menge die gleichmäßige Stetigkeit (und damit auch die Stetigkeit) aller Elemente der Folge bzw. Menge.

Gibt es nun umgekehrt Funktionen aus $\mathfrak{M}$, denen wir ein bestimmtes Zahlen-m-tupel $\varrho_1,\varrho_2,\dots,\varrho_m$ mit Werten aus 1,2,...,n zugeordnet haben, so gehöre eine dieser Funktionen zur Menge $\mathfrak{N} \subseteq \mathfrak{M}$. Da es insgesamt n^m Zahlen-m-tupel mit Werten aus 1,2,...,n gibt, besteht $\mathfrak{N}$ aus höchstens n^m Elementen. Jetzt werde $F \in \mathfrak{M}$ fest, aber beliebig gewählt. Bedeute $\varrho_1,\varrho_2,\dots,\varrho_m$ das zugehörige Zahlen-m-tupel mit Werten aus 1,2,...,n, so gibt es nach Konstruktion ein $G \in \mathfrak{N}$ mit

$$(13.8) \qquad ||Gx_\mu - y_{\varrho_\mu}|| < \frac{\varepsilon}{4} \quad , \quad \mu = 1,2,\dots,m \quad .$$

Nimmt die Funktion $F - G \in C(\vartheta)$ dann an der Stelle $x_o \in \vartheta$ der Norm nach ihr Maximum an und liegt diese Stelle in der δ-Umgebung von $x_\mu \in \vartheta$ mit festem $1 \leqq \mu \leqq m$, so folgt mit (13.6), (13.7) und (13.8)

$$||F - G|| = ||(F - G)x_o|| = ||Fx_o - Fx_\mu + Fx_\mu - y_{\varrho_\mu} + y_{\varrho_\mu} - Gx_\mu + Gx_\mu - Gx_o||$$

$$\leqq ||Fx_o - Fx_\mu|| + ||Fx_\mu - y_{\varrho_\mu}|| + ||Gx_\mu - y_{\varrho_\mu}|| + ||Gx_o - Gx_\mu|| < \frac{\varepsilon}{4} + \frac{\varepsilon}{4} + \frac{\varepsilon}{4} + \frac{\varepsilon}{4} = \varepsilon$$

so daß $\mathfrak{N} \subseteq C(\vartheta)$ die Bedeutung eines endlichen und damit praekompakten ε-Netzes für $\mathfrak{M} \subseteq C(\vartheta)$ gewinnt. Also ist $\mathfrak{M} \subseteq C(\vartheta)$ nach dem zweiten HAUSDORFFschen Satz (Satz 8.3) selbst praekompakt.

Jede Folge aus $\mathfrak{M}$ gestattet nunmehr die Auswahl einer CAUCHYschen Teilfolge, und dies gilt insbesondere für unsere ursprüngliche Folge (13.3) Sei (13.5) eine solche Teilfolge, so gibt es wegen der Bedeutung der T-Norm zu $\varepsilon > 0$ ein N derart, daß

$$(13.9) \qquad ||F_{\nu_m}x - F_{\nu_n}x|| = ||(F_{\nu_m} - F_{\nu_n})x|| \leqq ||F_{\nu_m} - F_{\nu_n}|| < \varepsilon$$

ausfällt für alle $m \geqq N$, $n \geqq N$ und alle $x \in \vartheta$. Zusammen mit $F_{\nu_n}x \in \vartheta'$, der Kompaktheit und damit der Vollständigkeit von $\vartheta' \subseteq Y$ folgt die elementweise Konvergenz der Teilfolge (13.5). Bestimmt man schließlich(analog zur Schlußweise in Beispiel 6.2) eine natürliche Zahl N derart, daß (13.9) mit $\frac{\varepsilon}{2}$ statt ε gilt, so liefert der Grenzübergang $n \to \infty$ in (13.9) die behauptete gleichmäßige Konvergenz der Teilfolge (13.5).

Ist eine Folge $F_1, F_2, F_3, \dots : \vartheta \to Y$ mit kompaktem Definitionsbereich $\vartheta \subseteq X$ gleichmäßig beschränkt, d.h. gibt es eine Schranke $M \geqq 0$ gemäß

$$(13.10) \qquad ||F_n x|| \leqq M \quad , \quad x \in \vartheta \quad , \quad n = 1,2,3,\dots \quad ,$$

und gilt außerdem $\dim Y < \infty$, so erfüllt die (abgeschlossene und beschränkte und daher nach Satz 7.6 kompakte) Vollkugel

$$\vartheta' = \{ y \in Y \mid \|y\| \leqq M \} \tag{13.11}$$

die Voraussetzungen zu Satz 13.10, und man erhält das

Korollar 13.1. Eine gleichmäßig beschränkte und gleichgradig stetige Funktionenfolge, die ein Kompaktum in einen endlichdimensionalen Raum abbildet, gestattet die Auswahl einer gleichmäßig konvergenten Teilfolge.

Beispiel 13.5. Mit Hilfe einer stetigen Kernfunktion zweier reeller Veränderlicher $K(s,t)$, $a \leqq s,\ t \leqq b$, erklären wir im Raume $C[a,b]$ mit T-Norm einen Operator $A\colon C[a,b] \to C[a,b]$ durch die Vorschrift [1])

$$Ax(s) = \int_a^b K(s,t)x(t)\,dt \quad , \quad s \in [a,b] \quad , \quad x \in C[a,b] \quad ; \tag{13.12}$$

dabei garantiert Korollar II.10.1, daß mit x auch Ax wirklich ein Element aus $C[a,b]$ ist. Weiter folgt mit $x,y \in C[a,b]$ und $\lambda \in \mathbb{R}$ aus

$$\begin{aligned}(A(x+y))(s) &= \int_a^b K(s,t)(x(t)+y(t))\,dt \\ &= Ax(s) + Ay(s) = (Ax+Ay)(s) \quad , \quad s \in [a,b] \quad , \\ (A(\lambda x))(s) &= \int_a^b K(s,t)\lambda x(t)\,dt \\ &= \lambda(Ax(s)) = (\lambda(Ax))(s) \quad , \quad s \in [a,b]\end{aligned}$$

die Linearität von A.

Anschließend wollen wir die Vollstetigkeit des Operators A nachweisen. Sei $x_1, x_2, x_3, \ldots \in C[a,b]$ eine durch $M \geqq 0$ (bezüglich der T-Norm) beschränkte Folge, so bildet zugleich $x_1, x_2, x_3, \ldots\colon [a,b] \to \mathbb{R}$, $[a,b] \subseteq \mathbb{R}$, eine durch $M \geqq 0$ gleichmäßig beschränkte (klassische) Funktionenfolge:

$$|x_n(s)| \leqq M \quad , \quad s \in [a,b] \quad , \quad n = 1,2,3,\ldots \ . \tag{13.13}$$

Wir untersuchen die Bildfolge $Ax_1, Ax_2, Ax_3, \ldots\colon [a,b] \to \mathbb{R}$, die ihrerseits

1) In diesem Zusammenhang ist $Ax(s)$ als (klassischer) Funktionswert der Funktion $Ax \in C[a,b]$ an der Stelle $x \in [a,b]$ zu interpretieren (man beachte, daß eine "Anwendung" von A auf $x(s)$ nicht möglich ist).

aus (klassischen) Funktionen besteht, die das Kompaktum $[a,b] \subseteq \mathbb{R}$ in den endlichdimensionalen Raum $\mathbb{R}$ abbilden. Bedeute $L \geqq 0$ eine Schranke für die Kernfunktion $K(s,t)$, $a \leqq s,t \leqq b$, so entnimmt man der für alle $n = 1,2,3,\ldots$ und alle $s \in [a,b]$ gültigen Abschätzung

$$|Ax_n(s)| = \left| \int_a^b K(s,t)x_n(t)\,dt \right| \leqq \int_a^b LM\,dt = LM(b-a)$$

die gleichmäßige Beschränktheit der Funktionenfolge $Ax_1, Ax_2, Ax_3, \ldots$: $[a,b] \to \mathbb{R}$. Zum Nachweis der gleichgradigen Stetigkeit dieser Folge bestimmen wir zu $\varepsilon > 0$ auf Grund des Satzes von HEINE ein $\delta > 0$ derart hinzu, daß

$$(13.14) \qquad |K(s_1,t_1) - K(s_2,t_2)| < \frac{\varepsilon}{(b-a)(M+1)}$$

ausfällt für alle $s_1, s_2, t_1, t_2 \in [a,b]$ mit

$$(13.15) \qquad \sqrt{(s_1 - s_2)^2 + (t_1 - t_2)^2} \leqq \delta .$$

Es folgt für feste, aber beliebige $n = 1,2,3,\ldots$ und $s_1, s_2 \in [a,b]$ mit $|s_1 - s_2| \leqq \delta$ aus (13.12) und (13.13)

$$|Ax_n(s_1) - Ax_n(s_2)| = \left| \int_a^b (K(s_1,t) - K(s_2,t))x_n(t)\,dt \right|$$

$$\leqq \int_a^b |K(s_1,t) - K(s_2,t)|\, M\,dt \quad ;$$

da

$$\sqrt{(s_1 - s_2)^2 + (t - t)^2} = |s_1 - s_2| \leqq \delta \quad , \quad t \in [a,b] \quad ,$$

ausfällt, liefern (13.14) und (13.15)

$$|K(s_1,t) - K(s_2,t)| < \frac{\varepsilon}{(b-a)(M+1)} \quad , \quad t \in [a,b] \quad ,$$

und damit

$$|Ax_n(s_1) - Ax_n(s_2)| \leqq \int_a^b \frac{\varepsilon}{(b-a)(M+1)}\, M\,dt = \frac{M}{M+1}\varepsilon < \varepsilon \quad .$$

Also ist die Funktionenfolge $Ax_1, Ax_2, Ax_3, \ldots$: $[a,b] \to \mathbb{R}$ auch gleichgradig stetig, und der Satz von ARZELÀ-ASCOLI garantiert in Form von Korollar 13.1 die Existenz einer gleichmäßig konvergenten Teilfolge $Ax_{\nu_1}, Ax_{\nu_2}, Ax_{\nu_3}, \ldots$: $[a,b] \to \mathbb{R}$. Dies ist schließlich gleichbedeutend mit der Konvergenz (bezüglich der T-Norm) der Folge $Ax_{\nu_1}, Ax_{\nu_2}, Ax_{\nu_3}, \ldots \in C[a,b]$, d.h. die Bedingung I aus Satz 13.1 ist erfüllt. Also ist A: $C[a,b] \to C[a,b]$ nach Satz 13.7 ein vollstetiger Operator.

§14. Die RIESZsche Theorie für vollstetige lineare Operatoren

Sei X ein (nicht notwendig normierter) Vektorraum über dem Körper $\mathbb{K}$, so versteht man unter einer Operatorgleichung erster Art eine Bedingung von der Form

$$(14.1) \qquad Sx = u \quad ,$$

in der ein Operator $S: \vartheta \to X$, $\vartheta \subseteq X$, und eine rechte Seite $u \in X$ gegeben und Lösungen $x \in \vartheta$ gesucht sind. Zerfällt der Operator gemäß

$$(14.2) \qquad S = I - A$$

in den Einheitsoperator und einen Operator $A: \vartheta \to X$, so gewinnt (14.1) die Gestalt einer Operatorgleichung zweiter Art

$$(14.3) \qquad x - Ax = u \quad .$$

Wir wollen uns jetzt der Behandlung von Operatorgleichungen zweiter Art für den besonders im Hinblick auf Anwendungen wichtigen Fall zuwenden, daß X normiert und $A: X \to X$ ein vollstetiger linearer Operator ist (diese Voraussetzung wollen wir, ohne jedesmal besonders darauf hinzuweisen, für den laufenden Paragraphen beibehalten). Wir beginnen mit einer eingehenden Untersuchung des Operators $S = I - A: X \to X$ der zugehörigen Operatorgleichung erster Art; dieser Operator ist wie A linear und stetig, jedoch nur in endlichdimensionalen Räumen auch vollstetig, da nur dort, wie wir in (Beispiel 13.4) sahen, der Einheitsoperator vollstetig ist.

Satz 14.1 (erster RIESZscher Satz). Der Nullraum des Operators S

$$(14.4) \qquad N(S) \equiv \left\{ x \in X \mid Sx = 0 \right\}$$

ist ein endlichdimensionaler Untervektorraum von X.

Beweis. Die Vektorraumeigenschaft von N(S) ist unmittelbar klar. Sei nun x_ν eine fest, aber beliebig gewählte beschränkte Folge aus N(S), so gibt es wegen der Vollstetigkeit von A eine Teilfolge x_{μ_ν} derart, daß Ax_{μ_ν} konvergiert. Infolge

$$Sx_{\mu_\nu} = x_{\mu_\nu} - Ax_{\mu_\nu} = 0$$

ist dann auch x_{μ_ν} konvergent, und dies bedeutet, daß in N(S) der Satz von BOLZANO-WEIERSTRASS gilt. Satz 7.9 liefert dann die Behauptung $\dim N(S) < \infty$.

<u>Satz 14.2</u> (zweiter RIESZscher Satz). Der Bildraum des Operators S

(14.5) $$SX = \left\{ u \in X \mid u = Sx\ ,\ x \in X \right\}$$

ist ein abgeschlossener Untervektorraum von X.

<u>Beweis.</u> Die Vektorraumeigenschaft von SX ist wieder sofort klar. Sei $u_\nu \in SX$ eine fest, aber beliebig gewählte konvergente Folge und $u \in X$ das Grenzelement, so gibt es dazu eine Folge $x_\nu \in X$ mit

(14.6) $$u_\nu = Sx_\nu\ .$$

Wegen $\dim N(S) < \infty$ (erster RIESZscher Satz) existiert dann nach dem Fundamentalsatz der Approximationstheorie zur Folge $x_\nu \in X$ eine Folge $y_\nu \in N(S)$ mit

(14.7) $$||x_\nu - y_\nu|| \leqq ||x_\nu - y||\quad ,\quad y \in N(S)\ .$$

Wir nehmen nun an, die Folge

(14.8) $$v_\nu \equiv x_\nu - y_\nu \in X$$

sei unbeschränkt. Dann können wir eine Teilfolge $v_{\lambda_\nu} \in X$ mit der Eigenschaft

(14.9) $$||v_{\lambda_\nu}|| > \nu$$

aussondern und mit dieser die Folge von Einheitsvektoren

(14.10) $$w_\nu \equiv \frac{v_{\lambda_\nu}}{||v_{\lambda_\nu}||} \in X$$

erklären. Da sie beschränkt und A vollstetig ist, existiert eine Teilfolge $w_{\mu_\nu} \in X$ mit

(14.11) $$\lim_{\nu \to \infty} Aw_{\mu_\nu} \equiv w \in X\ .$$

Außerdem folgt aus (14.6), (14.8), (14.9), (14.10) und $y_{\lambda_{\mu_\nu}} \in N(S)$

$$||Sw_{\mu_\nu}|| = \left|\left| S\,\frac{v_{\lambda_{\mu_\nu}}}{||v_{\lambda_{\mu_\nu}}||} \right|\right| = \frac{||Sv_{\lambda_{\mu_\nu}}||}{||v_{\lambda_{\mu_\nu}}||} \leqq \frac{||u_{\lambda_{\mu_\nu}}||}{\mu_\nu}\quad ;$$

da nun mit u_ν auch $u_{\lambda_{\mu_\nu}}$ konvergiert und $\frac{1}{\mu_\nu}$ eine Nullfolge bildet, strebt die rechte Seite der erhaltenen Ungleichung gegen Null, und man bekommt

$$(14.12) \qquad \lim_{\nu \to \infty} Sw_{\mu_\nu} = 0 \ .$$

Sodann liefern (14.11) und (14.12)

$$(14.13) \qquad \lim_{\nu \to \infty} w_{\mu_\nu} = \lim_{\nu \to \infty} (Sw_{\mu_\nu} + Aw_{\mu_\nu}) = w$$

und (14.12) und (14.13) infolge der Stetigkeit des Operators S

$$Sw = 0 \qquad \text{bzw.} \qquad w \in N(S) \ .$$

Dann gilt auch $y_{\lambda_{\mu_\nu}} + \|v_{\lambda_{\mu_\nu}}\| w \in N(S)$, und (14.7), (14.8) und (14.10) ergeben

$$\|w_{\mu_\nu} - w\| = \frac{\left\|x_{\lambda_{\mu_\nu}} - \left(y_{\lambda_{\mu_\nu}} + \|v_{\lambda_{\mu_\nu}}\| w\right)\right\|}{\|v_{\lambda_{\mu_\nu}}\|} \geqq \frac{\|x_{\lambda_{\mu_\nu}} - y_{\lambda_{\mu_\nu}}\|}{\|v_{\lambda_{\mu_\nu}}\|} = 1$$

im Widerspruch zu (14.13). Damit ist gezeigt, daß die Folge (14.8) beschränkt ist. Dann aber existiert eine Teilfolge $v_{\varkappa_\nu}$ derart, daß $Av_{\varkappa_\nu}$ konvergiert. Die aus (14.6), (14.8) und $y_{\varkappa_\nu} \in N(S)$ folgende Beziehung

$$(14.14) \qquad u_{\varkappa_\nu} = Sx_{\varkappa_\nu} = Sv_{\varkappa_\nu} = v_{\varkappa_\nu} - Av_{\varkappa_\nu}$$

zeigt dann, daß mit $u_{\varkappa_\nu}$ und $Av_{\varkappa_\nu}$ auch $v_{\varkappa_\nu}$ konvergiert, und es bezeichne $v \in X$ das Grenzelement von $v_{\varkappa_\nu}$. Schließlich liefert der Grenzübergang $\nu \to \infty$ in (14.14) bei Beachtung der Stetigkeit des Operators S die Behauptung

$$u = Sv \in SX \ .$$

Beachtet man die Anwendbarkeit der distributiven Gesetze entsprechend Satz 11.6, so erhält man die Zerlegungen

$$(14.15) \qquad S^n = I - A_n \ , \qquad n = 0,1,2,\ldots \ ,$$

mit nach Satz 13.2 vollstetigen Anteilen

$$(14.16)\qquad A_n = I - (I-A)^n = \begin{cases} 0 & , \quad n = 0 \, , \\ \sum\limits_{\nu=1}^{n} (-1)^{\nu-1}\binom{n}{\nu}A^\nu & , \quad n > 0 \, , \end{cases}$$

und damit zu den Sätzen 14.1 und 14.2 je ein Korollar:

Korollar 14.1. Die Nullräume der Potenzen von S

$$(14.17)\qquad N(S^n) = \{x \in X \mid S^n x = 0\} \quad , \quad n = 0,1,2,\ldots \; ,$$

sind endlichdimensionale Untervektorräume von X.

Korollar 14.2. Die Bildräume der Potenzen von S

$$(14.18)\qquad S^n X = \{u \in X \mid u = S^n x \, , \, x \in X\} \quad , \quad n = 0,1,2,\ldots \; ,$$

sind abgeschlossene Untervektorräume von X.

Satz 14.3 (dritter RIESZscher Satz). Für den Operator S existiert eine eindeutig bestimmte nichtnegativ ganze Zahl r, genannt die RIESZsche Zahl des Operators, mit folgenden Eigenschaften:

$$(14.19)\qquad \{0\} = N(S^o) \subset N(S^1) \subset \ldots \subset N(S^r) = N(S^{r+1}) = \ldots \; ,$$

$$(14.20)\qquad X = S^o X \supset S^1 X \supset \ldots \supset S^r X = S^{r+1} X = \ldots \; .$$

Beweis. Sei j nichtnegativ ganz, so ist eine Lösung von $S^j x = 0$ immer zugleich auch eine Lösung von $S^{j+1} x = 0$, mit anderen Worten, es gilt

$$(14.21)\qquad \{0\} = N(S^o) \subseteq N(S^1) \subseteq N(S^2) \subseteq \ldots \; .$$

Wir nehmen jetzt

$$(14.22)\qquad \{0\} = N(S^o) \subset N(S^1) \subset N(S^2) \subset \ldots$$

an. Wegen der Abgeschlossenheit aller Nullräume als Folge von Korollar 14.1 gibt es sodann nach dem RIESZschen Lemma 7.2 zu jedem nichtnegativ ganzen m ein $x_m \in N(S^{m+1})$ mit den drei Eigenschaften [1)]

1) Der Leser möge folgende einfache Tatsache, die hier benutzt wird, nicht unbemerkt lassen: Sei $\mathfrak{M}$ eine abgeschlossene Teilmenge eines Untervektorraumes V in einem normierten Vektorraum X, so ist $\mathfrak{M}$ auch in ihrer Eigenschaft als Teilmenge des Vektorraumes V abgeschlossen; sei nämlich $u_n \in \mathfrak{M}$ eine konvergente Teilfolge mit Grenzelement $u \in V$, so gilt ja zugleich $u \in X$, und die Abgeschlossenheit von $\mathfrak{M}$ hinsichtlich X liefert $u \in \mathfrak{M}$. Also ist $\mathfrak{M}$ auch hinsichtlich V abgeschlossen.

$$(14.23) \qquad x_m \notin N(S^m) \ , \quad ||x_m|| = 1 \ , \quad ||x_m - x|| \geqq \frac{1}{2} \ , \quad x \in N(S^m) \ .$$

Bilden wir anschließend für alle $m > n \geqq 0$

$$Ax_m - Ax_n = x_m - (x_n + Sx_m - Sx_n) \ ,$$

so gilt hier

$$S^m(x_n + Sx_m - Sx_n) = S^{m-n-1}S^{n+1}x_n + S^{m+1}x_m - S^{m-n}S^{n+1}x_n = 0$$

und damit infolge (14.23)

$$(14.24) \qquad ||Ax_m - Ax_n|| \geqq \frac{1}{2} \ , \qquad m > n \geqq 0 \ .$$

Da nun die Folge x_m durch 1 beschränkt ist, gibt es eine Teilfolge x_{μ_m} derart, daß Ax_{μ_m} konvergiert. Dann existiert ein N gemäß

$$||Ax_{\mu_{N+1}} - Ax_{\mu_N}|| < \frac{1}{2}$$

im Widerspruch zu (14.24). Also ist (14.22) nicht richtig, und man findet zusammen mit (14.21) in der Folge der Nullräume $N(S^o), N(S^1), N(S^2), \ldots$ zwei aufeinanderfolgende, die gleich sind:

$$N(S^k) = N(S^{k+1}) \ .$$

Werde dann $x \in N(S^{k+2})$ fest, aber beliebig gewählt, so folgt

$$S^{k+1}Sx = S^{k+2}x = 0 \ ,$$

weiter

$$Sx \in N(S^{k+1}) = N(S^k)$$

und hieraus schließlich

$$S^{k+1}x = S^kSx = 0 \ ;$$

also hat man $x \in N(S^{k+1})$. Zusammen mit (14.21) erhält man

$$N(S^{k+1}) = N(S^{k+2}) \ ,$$

und die Fortsetzung dieses Verfahrens liefert lauter gleiche Nullräume von $N(S^k)$ an aufwärts. Dann gibt es eine kleinste Zahl $r \geqq 0$ derart, daß von $N(S^r)$ an aufwärts alle Nullräume übereinstimmen. Falls $r > 0$, können aber andererseits von den Räumen $N(S^0), N(S^1), \ldots, N(S^r)$ nicht zwei aufeinanderfolgende gleich sein, da man ja sonst eine Stelle, von der an alle Räume gleich wären, unterhalb r angeben könnte. Zusammen mit (14.21) bewirkt dies

$$(14.25) \qquad \{0\} = N(S^0) \subset N(S^1) \subset \ldots \subset N(S^r) = N(S^{r+1}) = \ldots$$

zunächst für $r > 0$; für $r = 0$ folgt (14.25) direkt aus der Bedeutung für r.

Sei nun j nichtnegativ ganz, so besitzt ein Element $u \in S^{j+1}X$ mit einem $x \in X$ die Darstellung

$$u = S^{j+1}x = S^j Sx \quad ;$$

folglich gilt auch $u \in S^j X$, und wir erhalten insgesamt

$$(14.26) \qquad X = S^0 X \supseteq S^1 X \supseteq S^2 X \supseteq \ldots \quad .$$

Wir nehmen an, es gelte

$$(14.27) \qquad X = S^0 X \supset S^1 X \supset S^2 X \supset \ldots \quad .$$

Infolge der Abgeschlossenheit aller Bildräume, die durch Korollar 14.2 garantiert wird, können wir dann nach dem RIESZschen Lemma für jedes nichtnegativ ganze n ein $u_n \in S^n X$ mit den drei Eigenschaften

$$(14.28) \qquad u_n \notin S^{n+1} \quad , \quad ||u_n|| = 1 \quad , \quad ||u_n - u|| \geqq \frac{1}{2} \quad , \quad u \in S^{n+1}X \quad ,$$

bestimmen [1]; dazu gehört jeweils ein $x_n \in X$ gemäß

$$u_n = S^n x_n \quad .$$

Für alle $m > n \geqq 0$ bilden wir jetzt

$$-(Au_m - Au_n) = u_n - (u_m + Su_n - Su_m) \quad ;$$

wegen

$$u_m + Su_n - Su_m = S^{n+1}(S^{m-n-1}x_m + x_n - S^{m-n}x_m) \in S^{n+1}X$$

---

1) Vgl. Fußnote 1 auf S. 108.

folgt dann zusammen mit (14.28)

$$||Au_m - Au_n|| \geqq \frac{1}{2} \quad , \quad m > n \geqq 0 \ .$$

Da jedoch u_n durch 1 beschränkt ist, existiert eine Teilfolge u_{ν_n} mit konvergenter Folge Au_{ν_n} und damit ein N gemäß

$$\left|\left|Au_{\nu_{n+1}} - Au_{\nu_N}\right|\right| < \frac{1}{2}$$

(Widerspruch). Also ist (14.27) falsch, und von den Bildräumen $S^oX, S^1X, S^2X, \ldots$ stimmen zwei aufeinanderfolgende überein:

$$S^kX = S^{k+1}X \ .$$

Wir wählen jetzt $u \in S^{k+1}X$ mit der Darstellung $u = S^{k+1}x$ fest, aber beliebig. Dann gilt $S^kx \in S^kX = S^{k+1}X$ und damit die Darstellung $S^kx = S^{k+1}y$. Es folgt $u = SS^kx = S^{k+2}y \in S^{k+2}X$, woraus sich zusammen mit (14.26)

$$S^{k+1}X = S^{k+2}X$$

ergibt. Durch Fortsetzung des Verfahrens erweisen sich dann alle Bildräume von S^kX an aufwärts als identisch, und durch dieselbe einfache Schlußweise wie oben erhält man die Existenz einer Zahl $s \geqq 0$ mit

(14.29) $$X = S^oX \supset S^1X \supset \ldots \supset S^sX = S^{s+1}X = \ldots \ .$$

Es bleibt $r = s$ zu zeigen. Die Annahme $r > s$ liefert zusammen mit (14.25) und (14.29) die Situation

(14.30) $$N(S^{r-1}) \subset N(S^r) = N(S^{r+1}) \quad , \quad S^{r-1}X = S^rX \ .$$

Dann existiert ein $x \in N(S^r)$ mit $x \notin N(S^{r-1})$. Es folgt

$$S^{r-1}x \in S^{r-1}X = S^rX$$

und damit die Existenz eines Elementes $y \in X$ gemäß

(14.31) $$S^{r-1}x = S^ry \ .$$

Durch beiderseitige Anwendung des Operators S folgt bei Beachtung von $S^rx = 0$ und (14.30)

$$y \in N(S^{r+1}) = N(S^r) \ .$$

Dann verschwindet aber die rechte und folglich auch die linke Seite in (14.31), und dies bedeutet den Widerspruch $x \in N(S^{r-1})$. – Wir nehmen umgekehrt $r < s$ an. Dann ergeben (14.25) und (14.29)

$$N(S^{s-1}) = N(S^s) \quad , \quad S^{s-1}X \supset S^sX = S^{s+1}X \quad . \tag{14.32}$$

Danach gibt es ein Element $u \in S^{s-1}X$ mit $u \notin S^sX$. Es folgt die Existenz eines Elementes $x \in X$ gemäß $u = S^{s-1}x$. Wegen $Su = S^sx \in S^sX = S^{s+1}X$ gibt es ferner ein Element $y \in X$ mit der Eigenschaft $Su = S^{s+1}y$. Die beiden Darstellungen für Su führen dann auf die Gleichung

$$S^s(x - Sy) = 0 \quad .$$

Diese und (14.32) bewirken $x - Sy \in N(S^s) = N(S^{s-1})$ und damit

$$S^{s-1}(x - Sy) = 0 \quad ,$$

was schließlich $u = S^{s-1}x = S^sy \in S^sX$ zur Folge hat (Widerspruch).

Der jetzt bewiesene Satz 14.3, das Kernstück der RIESZschen Theorie, gestattet durch Unterscheidung der Fälle $r = 0$ und $r > 0$ zwei unmittelbare Konsequenzen für das Lösungsverhalten der Operatorgleichung (14.3). Für $r = 0$ bedingen sich die Aussagen $N(S) = \{0\}$ und $SX = X$ gegenseitig; dabei liefert $N(S) = \{0\}$ durch die übliche Schlußweise, daß (14.3) höchstens eine Lösung besitzt, während $SX = X$ bedeutet, daß S den Raum X <u>auf</u> sich abbildet, (14.3) also mindestens eine Lösung besitzt:

<u>Korollar 14.3.</u> Hat die homogene Operatorgleichung zweiter Art

$$x - Ax = 0 \tag{14.33}$$

nur die triviale Lösung $x = 0$, so besitzt die inhomogene Operatorgleichung zweiter Art

$$x - Ax = u \tag{14.34}$$

für jede Inhomogenität $u \in X$ genau eine Lösung $x \in X$.

Im Falle $r > 0$ besitzt N(S) nach den Sätzen 14.1 und 14.3 eine natürliche Dimension n und dementsprechend eine Basis $e_1, e_2, \ldots, e_n \in N(S)$; ein Äquivalent hierzu bildet gemäß (14.20) die echte Inklusion $SX \subset X$. Da sich nun die allgemeine Lösung eines linearen Problems stets aus der allgemeinen Lösung der homogenen und einer speziellen der inhomogenen Gleichung additiv zusammensetzt [1], erhält man das

Korollar 14.4. Hat die homogene Operatorgleichung (14.33) nicht nur die triviale Lösung, so ist die inhomogene Gleichung (14.34) entweder unlösbar, oder ihre allgemeine Lösung hat mit einer natürlichen Zahl n die Form

$$x = \lambda^1 e_1 + \lambda^2 e_2 + \ldots + \lambda^n e_n + x^* \in X \quad ; \tag{14.35}$$

dabei bedeuten $e_1, e_2, \ldots, e_n \in X$ linear unabhängige Lösungen der homogenen Gleichung, $x^* \in X$ eine spezielle Lösung der inhomogenen Gleichung und $\lambda^1, \lambda^2, \ldots, \lambda^n \in \mathbb{K}$ willkürliche Skalare.

Die RIESZsche Theorie läßt die Frage offen, wie man im Falle $r > 0$ einer Inhomogenität $u \in X$ ansehen kann, ob die Operatorgleichung (14.34) lösbar ist oder nicht. Vor allem hieraus ergibt sich die Notwendigkeit, den Ausbau der Lösungstheorie der linearen Operatorgleichungen zweiter Art anschließend noch weiter zu verfolgen.

---

1) Die hierzu erforderliche Schlußweise enthält den Beweis des Satzes III.9.1.

§ 15. Die FREDHOLMsche Theorie für vollstetige lineare Operatoren [1)]

Wir gehen jetzt von zwei Vektorräumen X,Y über demselben Grundkörper $\mathbb{K}$ aus und betrachten dann mit zwei vollstetigen linearen Operatoren $A: X \to X$, $B: Y \to Y$ und zwei Inhomogenitäten $u \in X$, $v \in Y$ die beiden Operatorgleichungen zweiter Art

$$(15.1) \qquad x - Ax = u \quad , \quad y - By = v \ .$$

Während nun die RIESZsche Theorie auf jede dieser Gleichungen isoliert anwendbar ist, wollen wir auf der Basis einer geeigneten Verbindung zwischen den Vektorräumen X,Y die Auflösung der Operatorgleichungen (15.1) miteinander verknüpfen.

Definition 15.1. Seien X,Y Vektorräume über dem Körper $\mathbb{K}$, so heißt eine Vorschrift, die jedem geordneten Paar von Elementen $x \in X$, $y \in Y$ eindeutig einen Skalar $< x,y > \in \mathbb{K}$ zuordnet, ein bilineares Funktional, wenn sie hinsichtlich beider Faktoren homogen und distributiv ist:

$$(15.2) \qquad < \lambda x,y > = < x, \lambda y > = \lambda < x,y > \quad , \quad \lambda \in \mathbb{K} \ , \ x \in X \ , \ y \in Y \ ,$$

$$(15.3) \qquad \begin{array}{ll} < x,y_1 + y_2 > = < x,y_1 > + < x,y_2 > \quad , & x \in X \ , \ y_1,y_2 \in Y \ , \\ < x_1 + x_2,y > = < x_1,y > + < x_2,y > \quad , & x_1,x_2 \in X \ , \ y \in Y \ . \end{array}$$

Satz 15.1. Ein bilineares Funktional verschwindet, wenn ein Faktor verschwindet.

Beweis nur für den ersten Faktor. Es folgt aus (15.2)

$$< 0,y > = < 0 \cdot 0,y > = 0 < 0,y > = 0 \quad , \quad y \in Y \ .$$

Eine Verallgemeinerung dieses Satzes bildet

Satz 15.2. Für Elemente $x_1,\ldots,x_n \in X$, $y_1,\ldots,y_n \in Y$, n natürlich, ist die n-reihige Determinante der entsprechenden bilinearen Funktionale

$$(15.4) \qquad \det < x_i,y_k > = 0 \ ,$$

wenn die $x_1,\ldots,x_n \in X$ oder die $y_1,\ldots,y_n \in Y$ linear abhängig sind.

---

1) Dieser Paragraph berücksichtigt sehr weitgehende Verallgemeinerungen der ursprünglichen klassischen Resultate von FREDHOLM (vgl. Fußnote 1 auf S. 118). Die Weiterführung der Theorie, die bis in die jüngste Zeit hinein Gegenstand mathematischer Forschung gewesen ist, geschah in der Hauptsache durch RIESZ (vgl. Fußnote 1 auf S. 50 und § 14) und SCHAUDER (vgl. Fußnote 1 auf S.163). Den derzeitigen Stand enthält mit einem kurzen historischen Überblick und entsprechenden Literaturangaben die Arbeit von W. WENDLAND, Bemerkungen über die Fredholmschen Sätze, Methoden und Verfahren der mathematischen Physik, Bd. 3, S. 141-176 (1970).

<u>Beweis</u> nur für linear abhängige $x_1,\ldots,x_n \in X$. Es gibt nicht sämtlich verschwindende Skalare $\lambda^1,\ldots,\lambda^n \in \mathbb{K}$ mit

$$\sum_{i=1}^{n} \lambda^i x_i = 0 \quad .$$

Multipliziert man diese Gleichung unter Benutzung von Satz 15.1 von rechts mit y_k, $k = 1,\ldots,n$, so erweist sich λ^i, $i = 1,\ldots,n$, als nichttriviale Lösung des linearen Gleichungssystems

$$\sum_{i=1}^{n} \lambda^i < x_i,y_k > = 0 \quad , \qquad k = 1,\ldots,n \quad .$$

Folglich muß die Determinante dieses Systems verschwinden.

Wir betrachten anschließend spezielle bilineare Funktionale, die für unsere Zwecke von Bedeutung sind.

<u>Definition 15.2.</u> Seien X,Y Vektorräume über dem Körper $\mathbb{K}$, so heißt ein bilineares Funktional $< x,y > \in \mathbb{K}$, $x \in X$, $y \in Y$, <u>trennend</u> oder <u>nichtentartet</u>, wenn es zu jedem $x \in X$ mit $x \neq 0$ ein $y \in Y$ und zu jedem $y \in Y$ mit $y \neq 0$ ein $x \in X$ gibt mit der Eigenschaft

$$(15.5) \qquad < x,y > \neq 0 \quad .$$

<u>Bemerkung.</u> Da (15.5) infolge Satz 15.1 nur für $x \neq 0$, $y \neq 0$ bestehen kann, ist auch das in Definition 15.2 hinzubestimmte Element jeweils vom Nullelement verschieden.

<u>Satz 15.3.</u> Seien X,Y Vektorräume über dem Körper $\mathbb{K}$ und $< x,y > \in \mathbb{K}$, $x \in X$, $y \in Y$, ein trennendes bilineares Funktional, so gibt es zu linear unabhängigen Elementen $x_1,\ldots,x_n \in X$ stets Elemente $y_1,\ldots,y_n \in Y$ und zu linear unabhängigen Elementen $y_1,\ldots,y_n \in Y$ stets Elemente $x_1,\ldots,x_n \in X$ mit der Eigenschaft

$$(15.6) \qquad < x_i,y_k > = \delta_{ik} \quad , \qquad i,k = 1,\ldots,n \quad .$$

<u>Bemerkung.</u> Da (15.6) infolge Satz 15.2 nur bestehen kann, wenn sowohl die $x_1,\ldots,x_n \in X$ als auch die $y_1,\ldots,y_n \in Y$ linear unabhängig sind (denn anderenfalls hätte man den Widerspruch $\det < x_i,y_k > = \det (\delta_{ik}) = 0$), sind auch die nach Satz 15.3 hinzubestimmbaren Elemente jeweils linear unabhängig.

<u>Beweis</u> nur für den Fall gegebener $x_1,\ldots,x_n \in X$. Zunächst konstruieren wir auf rekursivem Wege Elemente $y'_1,\ldots,y'_n \in Y$ derart, daß für jedes $\nu = 1,\ldots,n$ die aus den Funktionalen der $x_1,\ldots,x_\nu \in X$ und $y'_1,\ldots,y'_\nu \in Y$ ge-

bildete ν-reihige Determinante

$$\det < x_i, y'_k > \neq 0 \tag{15.7}$$

ausfällt. Für $\nu = 1$ folgt die Existenz eines $y'_1 \in Y$ mit (15.7) unmittelbar aus $x_1 \neq 0$ und der Definition der Trennungseigenschaft des Funktionals. Weiter gehen wir im Falle $n > 1$ davon aus, daß für irgendein $1 \leqq \nu < n$ die Elemente $y'_1, \ldots, y'_\nu \in Y$ mit der geforderten Eigenschaft (15.7) bereits bestimmt seien. Dann kann

$$x'_{\nu+1} \equiv \begin{vmatrix} < x_1, y'_1 > & \ldots < x_1, y'_\nu > & x_1 \\ \vdots & \vdots & \vdots \\ < x_\nu, y'_1 > & \ldots < x_\nu, y'_\nu > & x_\nu \\ < x_{\nu+1}, y'_1 > & \ldots < x_{\nu+1}, y'_\nu > & x_{\nu+1} \end{vmatrix} \in X \tag{15.8}$$

nicht das Nullelement sein, da sonst, wie eine Entwicklung der Determinante nach der letzten Spalte unmittelbar zeigt, die $x_1, \ldots, x_\nu, x_{\nu+1} \in X$ und damit sämtliche $x_1, \ldots, x_n \in X$ linear abhängig wären. Dann aber existiert ein $y'_{\nu+1} \in Y$ mit der Eigenschaft

$$< x'_{\nu+1}, y'_{\nu+1} > = \det < x_i, y'_k > \neq 0 \quad ;$$

dabei entsteht die aus den Funktionalen der $x_1, \ldots, x_\nu, x_{\nu+1} \in X$ und $y'_1, \ldots, y'_\nu, y'_{\nu+1} \in Y$ gebildete $(\nu+1)$-reihige Determinante, indem man $y'_{\nu+1}$ von rechts in die letzte Spalte der Determinante (15.8) hineinmultipliziert. Also leisten die $y'_1, \ldots, y'_\nu, y'_{\nu+1} \in Y$ das Gewünschte, und man gelangt nach endlich vielen Schritten zu den angekündigten $y'_1, \ldots, y'_n \in Y$.

Wegen (15.7), genommen für $\nu = n$, ist jetzt die inverse Matrix $\lambda_{jk} \in \mathbb{K}$, $j,k = 1,\ldots,n$, zu $< x_i, y'_j > \in \mathbb{K}$, $i,j = 1,\ldots,n$, eindeutig durch

$$\sum_{j=1}^{n} < x_i, y'_j > \lambda_{jk} = \delta_{ik} \quad , \quad i,k = 1,\ldots,n \quad ,$$

bestimmt. Dann haben schließlich die Elemente

$$y_k \equiv \sum_{j=1}^{n} \lambda_{jk} y'_j \in Y \quad , \quad k = 1,\ldots,n \quad ,$$

die behauptete Eigenschaft (15.6):

$$< x_i, y_k > = \sum_{j=1}^{n} \lambda_{jk} < x_i, y'_j > = \delta_{ik} \quad , \quad i,k = 1,\ldots,n \quad .$$

Satz 15.4. Seien X,Y normierte Vektorräume über dem Körper $\mathbb{K}$, so heißt ein bilineares Funktional $< x,y > \in \mathbb{K}$, $x \in X$, $y \in Y$, stetig, wenn eine der beiden folgenden, untereinander äquivalenten Bedingungen erfüllt ist:

I. Es gibt eine reelle Zahl $c \geqq 0$ mit der Eigenschaft

(15.9) $$|< x,y >| \leqq c \,||x||\, ||y|| \quad , \quad x \in X \quad , \quad y \in Y \quad .$$

II. Für jedes Paar konvergenter Folgen $x_n \to x$, $y_n \to y$ aus X,Y gilt

(15.10) $$\lim_{n \to \infty} < x_n, y_n > = < x,y > \quad .$$

Beweis. V o n I n a c h II . Seien $x_n \to x$, $y_n \to y$ konvergente Folgen, so liefert (15.9) die Abschätzung

$$| < x_n, y_n > - < x,y > | = | < x_n - x, y_n > + < x, y_n - y > |$$
$$\leqq | < x_n - x, y_n >| + |< x, y_n - y >| \leqq c(||x_n - x||\, ||y_n|| + ||x||\, ||y_n - y||) \; .$$

Da die erhaltene rechte Seite nach den Limesregeln offensichtlich eine Nullfolge bildet, kann sie und damit auch die linke Seite für genügend große n unter jedes $\varepsilon > 0$ gedrückt werden. Dies ergibt die Behauptung (15.10). – V o n II n a c h I . Wir nehmen an, es gebe keine reelle Zahl $c \geqq 0$ mit der Eigenschaft (15.9). Dann haben insbesondere die Quadrate der natürlichen Zahlen diese Eigenschaft nicht, und somit existiert ein Folgenpaar $x_n' \in X$, $y_n' \in Y$ gemäß

(15.11) $$|< x_n', y_n' >| > n^2 ||x_n'||\, ||y_n'|| \quad , \quad n = 1,2,3,\ldots \quad .$$

Es folgt $|< x_n', y_n' >| > 0$, was aber nur für $x_n' \neq 0$, $y_n' \neq 0$ möglich ist. Damit werden durch

$$x_n = \frac{1}{n} \frac{x_n'}{||x_n'||} \quad , \quad y_n = \frac{1}{n} \frac{y_n'}{||y_n'||} \quad , \quad n = 1,2,3,\ldots \quad ,$$

zwei Nullfolgen definiert, für die nach Voraussetzung II einerseits

$$\lim_{n \to \infty} < x_n, y_n > = < 0,0 > = 0 \quad ,$$

infolge (15.11) jedoch andererseits

$$< x_n, y_n > \; > 1 \quad , \quad n = 1,2,3,\ldots \quad ,$$

gilt (Widerspruch).

Jetzt bringen wir auch die in den Räumen X,Y erklärten Operatoren A,B miteinander in Verbindung.

Definition 15.3. Seien X,Y Vektorräume über dem Körper $\mathbb{K}$ und bedeute $< x,y > \in \mathbb{K}$, $x \in X$, $y \in Y$, ein bilineares Funktional, so heißen zwei lineare Operatoren A: X -> X , B: Y -> Y bezüglich des bilinearen Funktionals adjungiert oder kurz adjungiert, wenn gilt

$$(15.12) \qquad < Ax,y > = < x,By > \quad , \quad x \in X \quad , \quad y \in Y \quad .$$

Nunmehr sind wir in der Lage, die eigentlichen Resultate der FREDHOLMschen Theorie zusammenzustellen.

Satz 15.5 (erster FREDHOLMscher [1] Satz). Seien X,Y normierte Vektorräume über dem Körper $\mathbb{K}$ und A: X -> X, B: Y -> Y vollstetige lineare Operatoren, die bezüglich eines stetigen trennenden bilinearen Funktionals $< x,y > \in \mathbb{K}$, $x \in X$, $y \in Y$, adjungiert sind, so haben die Nullräume der Operatoren I-A: X -> X, I-B: Y -> Y gleiche endliche Dimension:

$$(15.13) \qquad \dim N(I-A) = \dim N(I-B) < \infty \quad .$$

Beweis nur für die Gleichheit der Dimensionen erforderlich, da der erste RIESZsche Satz (Satz 14.1) die Endlichdimensionalität der Nullräume garantiert. Es gelte

$$(15.14) \qquad \dim N(I-A) = m \quad , \quad \dim N(I-B) = n \quad .$$

Wir nehmen $m > n$ an und betrachten zunächst den Fall $n = 0$. Wegen $m > 0$ existiert dann ein $x \in X$ mit $x \neq 0$ und

$$(15.15) \qquad x - Ax = 0$$

und hierzu weiter infolge der Trennungseigenschaft des bilinearen Funktionals ein $y' \in Y$ mit

$$(15.16) \qquad < x,y' > \neq 0 \quad .$$

---

1) Ivar FREDHOLM (1866-1927), schwedischer Mathematiker, lehrte in Uppsala mathematische Physik. Ihm gelang es in zwei Arbeiten aus den Jahren 1900 und 1903, mit einer originellen Methode, den FREDHOLMschen Determinanten [12], eine vollständige Theorie der nach ihm benannten linearen Integralgleichungen zweiter Art (vgl. § 16) zu entwickeln, nachdem viele Versuche anderer Mathematiker in dieser Richtung nicht zum Ziele geführt hatten. Er wurde dadurch zu einem bedeutenden Wegbereiter der Funktionalanalysis.

Wegen n = 0 können wir nach Korollar 14.3 zu $y' \in Y$ ein $y \in Y$ mit

$$y - By = y' \tag{15.17}$$

eindeutig hinzubestimmen. Multiplikation von (15.17) mit $x \in X$ ergibt infolge (15.12) und (15.15) einen Widerspruch zu (15.16):

$$< x,y'> = < x,y-By > = < x-Ax, y > = < 0,y > = 0 \quad .$$

Im Falle $n \neq 0$ gilt $m > n > 0$. Hier existieren m und daher auch n linear unabhängige Elemente

$$x_1,\ldots,x_n \in N(I-A)$$

und zu diesen nach Satz 15.3 Elemente

$$y_1',\ldots,y_n' \in Y$$

mit

$$< x_i,y_k' > = \delta_{ik} \quad , \qquad i,k = 1,\ldots,n \quad . \tag{15.18}$$

Weiter bedeute

$$y_1,\ldots,y_n \in N(I-B)$$

eine Basis für N(I-B) und

$$x_1',\ldots,x_n' \in X$$

nach Satz 15.3 hinzubestimmte Elemente mit

$$< x_i',y_k > = \delta_{ik} \quad , \qquad i,k = 1,\ldots,n \quad . \tag{15.19}$$

Sowohl die $y_k' \in Y$ als auch die $x_i' \in X$ sind linear unabhängig, da anderenfalls $\det < x_i,y_k' > = 1$ oder $\det < x_i',y_k > = 1$ im Widerspruch zu Satz 15.2 stünde.

Nun erklären wir einen Operator $\tilde{B}$: Y -> Y durch

$$\tilde{B}y \equiv By - \sum_{k=1}^{n} < x_k',y > y_k' \quad , \qquad y \in Y \quad .$$

Der zweite Anteil rechts ist offensichtlich linear, wegen der Stetigkeit des bilinearen Funktionals (vgl. Definition II aus Satz 15.4) auch stetig und schließlich, da sein Bild im Untervektorraum $\mathcal{L}\{y_1',\ldots,y_n'\} \subseteq Y$ enthalten ist, endlichdimensional, so daß er nach Satz 13.8 vollstetig ist; also ist auch $\tilde{B}$ als Summe zweier vollstetiger linearer Operatoren linear und vollstetig. Für ein $y \in Y$ gelte jetzt

(15.20) $$y - \tilde{B}y = y - By + \sum_{k=1}^{n} \langle x_k', y \rangle y_k' = 0 \quad .$$

Multiplikation mit $x_i \in N(I-A)$ ergibt bei Beachtung von (15.12) und (15.18)

$$\langle x_i - Ax_i, y \rangle + \langle x_i', y \rangle = 0 \quad , \quad i = 1,\ldots,n \quad ;$$

wegen $x_i - Ax_i = 0$ folgt

(15.21) $$\langle x_i', y \rangle = 0 \quad , \quad i = 1,\ldots,n \quad ,$$

und (15.20) reduziert sich auf

$$y - By = 0 \quad .$$

Also gilt $y \in N(I-B)$ und mit Skalaren $\mu^1,\ldots,\mu^n \in \mathbb{K}$ die Darstellung

$$y = \sum_{k=1}^{n} \mu^k y_k \quad .$$

Multipliziert man diese Gleichung mit $x_i' \in X$, so folgt zusammen mit (15.19) und (15.21), daß alle Komponenten μ^i von y und damit y selbst verschwinden. Also hat die homogene Operatorgleichung zweiter Art (15.20) nur die triviale Lösung.

Es muß nun ferner

$$N(I-A) \supset \mathcal{L}\left\{x_1,\ldots,x_n\right\}$$

gelten, denn im Falle der Gleichheit dieser beiden Untervektorräume hätte N(I-A) im Widerspruch zu (15.14) die Dimension $n < m$. Daher können wir ein Element $x' \in N(I-A)$ mit $x' \notin \mathcal{L}\left\{x_1,\ldots,x_n\right\}$ angeben. Dann ist auch

(15.22) $$x \equiv x' - \sum_{i=1}^{n} \langle x', y_i' \rangle x_i \in N(I-A) \quad ,$$

und (15.18) liefert weiter

(15.23) $$\langle x, y_k' \rangle = 0 \quad , \quad k = 1,\ldots,n \quad .$$

Schließlich führt (15.22) die Annahme $x = 0$ auf den Widerspruch $x' \in \mathcal{L}\left\{x_1,\ldots,x_n\right\}$. Also gilt $x \neq 0$, und die Trennungseigenschaft des bilinearen Funktionals liefert ein $y' \in Y$ mit

(15.24) $$\langle x, y' \rangle \neq 0 \quad .$$

Da nun der Operator $\tilde{B}$: Y -> Y alle Voraussetzungen zu Korollar 14.3 erfüllt, besitzt die inhomogene Operatorgleichung zweiter Art

$$(15.25) \qquad y - \tilde{B}y = y - By + \sum_{k=1}^{n} \langle x_k', y \rangle y_k' = y'$$

genau eine Lösung $y \in Y$. Durch Multiplikation von (15.25) mit $x \in N(I-A)$ folgt dann zusammen mit (15.12) und (15.23)

$$\langle x - Ax, y \rangle = \langle x, y' \rangle$$

und damit $\langle x, y' \rangle = 0$ im Widerspruch zu (15.24).

Es gilt also $m \leqq n$, und durch analoge Schlußweise erhält man $m \geqq n$. Dies ergibt die Behauptung $m = n$.

Satz 15.6 (zweiter FREDHOLMscher Satz). Unter denselben Voraussetzungen wie beim ersten FREDHOLMschen Satz ist die inhomogene Operatorgleichung zweiter Art

(15.26) $\quad x - Ax = u \quad | \quad y - By = v$

für eine Inhomogenität

$u \in X \quad | \quad v \in X$

genau dann lösbar, wenn die Bedingung

(15.27) $\quad \langle u, y \rangle = 0 \quad | \quad \langle x, v \rangle = 0$

für alle Lösungen der adjungierten homogenen Operatorgleichung

(15.28) $\quad y - By = 0 \quad | \quad x - Ax = 0$

erfüllt ist. Die allgemeine Lösung der inhomogenen Operatorgleichung (15.26) setzt sich additiv zusammen aus der allgemeinen Lösung der homogenen Operatorgleichung

(15.29) $\quad x - Ax = 0 \quad | \quad y - By = 0$

und einer speziellen Lösung der inhomogenen Operatorgleichung (15.26).

Beweis nur für den linken Teil der Behauptung. Notwendigkeit. Sei x eine Lösung des inhomogenen Problems (15.26), so folgt für alle Lösungen y des adjungierten homogenen Problems (15.28) bei Beachtung von (15.12)

$$\langle u, y \rangle = \langle x - Ax, y \rangle = \langle x, y - By \rangle = \langle x, 0 \rangle = 0 .$$

Hinlänglichkeit. Falls die adjungierte homogene Gleichung (15.28) nur die triviale Lösung besitzt, liefert Satz 15.5

$$\dim N(I-A) = \dim N(I-B) = 0 \quad ,$$

d.h. die homogene Gleichung (15.29) hat ebenfalls nur die triviale Lösung. Dann liefert Korollar 14.3 die Lösbarkeit der inhomogenen Gleichung (15.26). – Ist dagegen die adjungierte homogene Gleichung (15.28) nichttrivial lösbar, so wird durch Satz 15.5 eindeutig eine natürliche Zahl

$$\dim N(I-A) = \dim N(I-B) = n$$

festgelegt. Seien dann

$$x_1,\ldots,x_n \in N(I-A) \quad ,$$
$$y_1,\ldots,y_n \in N(I-B)$$

Basen für die Nullräume $N(I-A)$, $N(I-B)$, so gibt es hierzu nach Satz 15.3 Elemente

$$y_1',\ldots,y_n' \in Y \quad ,$$
$$x_1',\ldots,x_n' \in X$$

mit

$$(15.30) \qquad < x_i,y_k' > = \delta_{ik} \quad , \qquad i,k = 1,\ldots,n \quad ,$$

$$(15.31) \qquad < x_i',y_k > = \delta_{ik} \quad , \qquad i,k = 1,\ldots,n \quad .$$

Ganz analog zum Beweis von Satz 15.5 wird nun durch

$$\tilde{A}x \equiv Ax - \sum_{i=1}^{n} < x,y_i' > x_i' \quad , \qquad x \in X \quad ,$$

ein vollstetiger linearer Operator $\tilde{A} : X \to X$ mit der Eigenschaft erklärt, daß die homogene Operatorgleichung zweiter Art $x - \tilde{A}x = 0$ nur die triviale Lösung hat [1]. Damit besitzt die inhomogene Operatorgleichung zweiter Art

$$(15.32) \qquad x - \tilde{A}x = x - Ax + \sum_{i=1}^{n} < x,y_i' > x_i' = u$$

nach Korollar 14.3 genau eine Lösung $x \in X$. Multiplikation von (15.32) mit $y_k \in N(I-B)$ ergibt infolge (15.12), (15.27) und (15.31)

$$< x, y_k - By_k > + < x,y_k' > = 0 \quad , \qquad k = 1,\ldots,n \quad ,$$

---

1) Dem Leser sei empfohlen, die entsprechenden Schlüsse für den Operator $\tilde{A}$ noch einmal ausführlich nachzuvollziehen.

Naturwissenschaften

Fachbücher

Schöne Literatur

Kunst- und
Geschenkbändchen

Taschenbücher

Lehrbücher der VHS

Kunstdrucke

Hamburger Kassenblockfabrik - Gebr. Görisch KG. - 2105 Seevetal 2

Musterschmidt - Buchhandlung

34 Göttingen - Hospitalstraße 3 b - Ruf: 4 10 41

Anz.	Datum	Preis	DM	Pf
1	BJ 768		7,	80

In diesem Rechnungsbetrag sind ______ % MWSt. enthalten

Verk. 000405-38

Bei Irrtum oder Umtausch bitte diese Quittung vorlegen

16 VIII 74 6301 ★ -.007.90

und weiter

$$< x,y_k' > = 0 \quad , \quad k = 1,\ldots,n \quad .$$

Damit reduziert sich (15.32) auf (15.26), und x hat die behauptete Lösungseigenschaft.

Die Zusatzbehauptung über die Gestalt der allgemeinen Lösung ist auf Grund der Linearität des Problems unmittelbar klar.

Besonders im Hinblick auf Anwendungen ist es nützlich, die Ergebnisse der FREDHOLMschen Theorie folgendermaßen zusammenzufassen in

Korollar 15.1 (FREDHOLMsche Alternative). Seien X,Y normierte Vektorräume über dem Körper $\mathbb{K}$ und $A: X \to X$, $B: Y \to Y$ vollstetige lineare und bezüglich eines stetigen trennenden bilinearen Funktionals adjungierte Operatoren, so haben

entweder beide homogenen Operatorgleichungen zweiter Art

$$(15.33) \qquad x - Ax = 0 \quad , \quad y - By = 0$$

nur die triviale Lösung, und die inhomogenen Operatorgleichungen zweiter Art

$$(15.34) \qquad x - Ax = u \quad , \quad y - By = v$$

sind für beliebige, rechte Seiten eindeutig lösbar

oder beide homogenen Operatorgleichungen (15.33) haben dieselbe endliche Vielfalt [1] nichttrivialer Lösungen, und die inhomogenen Operatorgleichungen (15.34) sind dann und nur dann lösbar, wenn ihre rechten Seiten zur allgemeinen Lösung der jeweils adjungierten homogenen Operatorgleichung orthogonal [2] sind.

---

1) Im Sinne der Dimension des Nullraumes.

2) Im Sinne von (15.27).

§ 16. FREDHOLMsche Integralgleichungen zweiter Art

Wir kommen jetzt zu einem der wichtigsten Anwendungsgebiete der Funktionalanalysis, den Integralgleichungen, die ihrerseits entscheidend zur Entwicklung der Funktionalanalysis beigetragen haben.

Betrachtet man in dem (zunächst noch unnormierten) reellen Vektorraum $X = C[a,b]$ mit einer stetigen Funktion $K(s,t)$, $s,t \in [a,b]$, den linearen Operator

$$(16.1) \qquad Ax(s) \equiv \int_a^b K(s,t)x(t)\,dt \quad , \quad s \in [a,b] \quad , \quad x \in C[a,b] \quad ,$$

so gewinnt die Operatorgleichung zweiter Art (14.3) die Gestalt der linearen oder FREDHOLMschen Integralgleichung zweiter Art

$$(16.2) \qquad x(s) - \int_a^b K(s,t)x(t)\,dt = u(s) \quad , \quad s \in [a,b] \quad ,$$

mit dem Kern $K(s,t)$; dabei sind zu gegebener stetiger Inhomogenität $u(s)$, $s \in [a,b]$, stetige Lösungen $x(s)$, $s \in [a,b]$, gesucht. Im Spezialfall $u(s) = 0$ bekommen wir die homogene Integralgleichung zweiter Art

$$(16.3) \qquad x(s) - \int_a^b K(s,t)x(t)\,dt = 0 \quad , \quad s \in [a,b] \quad .$$

Führt man nun im Raume $C[a,b]$ die TSCHEBYSCHEFFnorm ein, so erweist sich der lineare Operator (16.1), wie wir in Beispiel 13.5 sahen, als vollstetig. Damit sind wir in der Lage, die Aussage des Korollars 14.3 der RIESZschen Theorie auf unser Problem übertragen zu können:

Hat die homogene Integralgleichung (16.3) nur die triviale stetige Lösung $x(s) = 0$, $s \in [a,b]$, so besitzt die inhomogene Integralgleichung (16.2) für jede stetige Inhomogenität $u(s)$, $s \in [a,b]$, genau eine stetige Lösung $x(s)$, $s \in [a,b]$.

Beispiel 16.1. Mit positiv reellen Zahlen a,b sei für das Intervall $[0,2\pi]$ die FREDHOLMsche Integralgleichung zweiter Art

$$(16.4) \qquad x(s) + \frac{ab}{\pi} \int_0^{2\pi} \frac{x(t)\,dt}{a^2+b^2-(a^2-b^2)\cos(s+t)} = u(s) \quad , \quad s \in [0,2\pi] \quad ,$$

vorgelegt; dabei wollen wir die Inhomogenität $u(s)$, $s \in [0,2\pi]$, der Einfachheit halber als zweimal stetig differenzierbar und mit der Eigenschaft

$$(16.5) \qquad u(0) = u(2\pi)$$

voraussetzen. Wegen

$$a^2+b^2-(a^2-b^2)\cos(s+t) \geqq a^2+b^2-|a^2-b^2| = \min\{2a^2, 2b^2\} > 0$$

ist der Kern in (16.4) für alle $s,t \in [0,2\pi]$ wohldefiniert und beliebig oft stetig differenzierbar. Zur praktischen Behandlung der Integralgleichung (16.4) wollen wir uns anschließend der FOURIERreihenmethode bedienen.

Sei zunächst $x(s)$, $s \in [0,2\pi]$, eine stetige Lösung der homogenen Integralgleichung

$$(16.6) \qquad x(s) + \frac{ab}{\pi}\int_0^{2\pi} \frac{x(t)\,dt}{a^2+b^2-(a^2-b^2)\cos(s+t)} = 0 \quad , \quad s \in [0,2\pi] \quad ,$$

so ist diese, da man in (16.6) nach Korollar II.10.2 beliebig oft unter dem Integralzeichen nach s differenzieren darf, selbst beliebig oft differenzierbar. Beachtet man weiter $x(0) = x(2\pi)$ als direkte Folge von (16.6), so kann man $x(s)$ von $[0,2\pi]$ mit der Periode 2π stetig nach $(-\infty,\infty)$ fortsetzen. Faßt man dann $x(s)$, $s \in (-\infty,\infty)$, als reellwertige komplexe Funktion auf, so existiert nach Satz III.27.1 eine gleichmäßig konvergente FOURIERentwicklung

$$(16.7) \qquad x(s) = \sum_{\nu=-\infty}^{\infty} c_\nu e^{i\nu s} \quad , \quad s \in (-\infty,\infty) \quad .$$

Dabei gilt

$$(16.8) \qquad \overline{c_\nu} = c_{-\nu} \quad , \quad \nu \in \mathbb{Z} \quad ,$$

infolge (III.27.3); außerdem wollen wir die Konvergenz der Reihe $\sum_{\nu=-\infty}^{\infty} |c_\nu|$, die sich aus der Abschätzung (III.27.4) ergibt, im Auge behalten. Setzt man jetzt (16.7) in (16.6) ein, so darf wegen der gleichmäßigen Konvergenz von (16.7) entsprechend Korollar III.26.1 gliedweise integriert werden:

$$\sum_{\nu=-\infty}^{\infty} c_\nu e^{i\nu s} + \frac{ab}{\pi} \sum_{\nu=-\infty}^{\infty} c_\nu \int_0^{2\pi} \frac{e^{i\nu t}\,dt}{a^2+b^2-(a^2-b^2)\cos(s+t)} = 0 \quad .$$

Bei Benutzung der komplexen Integrale [1)]

$$\frac{ab}{\pi}\int_0^{2\pi}\frac{e^{i\nu t}\,dt}{a^2+b^2-(a^2-b^2)\cos(s+t)} = \left(\frac{a-b}{a+b}\right)^{|\nu|} e^{-i\nu s} \;, \tag{16.9}$$

$$s\in(-\infty,\infty)\quad,\quad \nu\in\mathbb{Z}\quad,$$

folgt nach Durchführung einer Indextransformation $\nu \to -\nu$ zusammen mit (16.8)

$$\sum_{\nu=-\infty}^{\infty}\left\{c_\nu+\bar{c}_\nu\left(\frac{a-b}{a+b}\right)^{|\nu|}\right\}e^{i\nu s}=0\quad,\quad s\in[0,2\pi]\;. \tag{16.10}$$

Die erhaltene FOURIERreihe besitzt wegen

$$\left|\frac{a-b}{a+b}\right|<1 \tag{16.11}$$

die von s unabhängige, konvergente Majorante $\sum_{\nu=-\infty}^{\infty} 2|c_\nu|$, ist also nach dem Majorantenkriterium für Funktionenreihen gleichmäßig konvergent. Infolgedessen kann sie nur dann für alle $s\in[0,2\pi]$ den Wert 0 haben, wenn alle Koeffizienten verschwinden [2)]:

$$c_\nu+\bar{c}_\nu\left(\frac{a-b}{a+b}\right)^{|\nu|}=0\quad,\quad \nu\in\mathbb{Z}\;. \tag{16.12}$$

Für $\nu=0$ liefern (16.8) und (16.12) zusammen $c_0=0$, für $\nu\neq 0$ erhält man $c_\nu=0$ bei Beachtung von (16.11) allein aus (16.12). Also gilt $x(s)=0$, $s\in[0,2\pi]$, und die homogene Integralgleichung (16.6) hat nur die triviale Lösung.

Die inhomogene Integralgleichung (16.4) besitzt somit nach der allgemeinen Theorie eine eindeutig bestimmte stetige Lösung $x(s)$, $s\in[0,2\pi]$. Wir leiten hierfür einen quantitativen Ausdruck her. Die Lösung ist zweimal stetig differenzierbar, da man in (16.4) unter dem Integralzeichen

---

1) Der Leser möge diese nach der Residuenmethode (§ II.25) selbst bestätigen. Hierzu substituiere man zunächst die Integrationsvariable t durch t-s.

2) Der hier verwendete Koeffizientenvergleich für FOURIERreihen beruht auf der gliedweisen Integration der mit $\frac{1}{2\pi}e^{-i\mu s}$, $\mu\in\mathbb{Z}$, multiplizierten Reihe (16.10) über das Periodenintervall $[0,2\pi]$.

nach s differenzieren darf und wir die rechte Seite zweimal stetig differenzierbar vorausgesetzt haben. Wegen $x(0) = x(2\pi)$ als Folge von (16.4) und (16.5) erhalten wir durch periodische Fortsetzung eine stetige Funktion $x(s)$, $s \in (-\infty, \infty)$, die, als komplexe Funktion aufgefaßt, alle Voraussetzungen für die Entwickelbarkeit in eine gleichmäßig konvergente FOURIERreihe von der Form (16.7) erfüllt. Durch Einsetzen in (16.4) entsteht dann analog zur vorherigen Schlußweise

$$(16.13) \qquad \sum_{\nu=-\infty}^{\infty} \left\{ c_\nu + \bar{c}_\nu \left(\frac{a-b}{a+b}\right)^{|\nu|} \right\} e^{i\nu s} = u(s) \quad , \quad s \in [0,2\pi] \ .$$

Multiplikation mit $\frac{1}{2\pi} e^{-i\mu s}$, $\mu \in \mathbb{Z}$, und anschließende Integration über $[0,2\pi]$ liefert

$$(16.14) \qquad c_\mu + \bar{c}_\mu \left(\frac{a-b}{a+b}\right)^{|\mu|} = \frac{1}{2\pi} \int_0^{2\pi} u(s)\, e^{-i\mu s}\, ds \quad , \quad \mu \in \mathbb{Z} \quad ,$$

als Bestimmungsgleichung für die Koeffizienten. Zerlegt man diese unter Berücksichtigung von (16.8) gemäß

$$(16.15) \qquad c_o = a_o \ , \quad c_\mu = \frac{1}{2}(a_\mu - ib_\mu) \ , \quad c_{-\mu} = \frac{1}{2}(a_\mu + ib_\mu) \ , \quad \mu = 1,2,3,\ldots ,$$

in Real- und Imaginärteil, so liefert der Realteil von (16.7) die reelle FOURIERreihe

$$(16.16) \qquad x(s) = \sum_{\mu=o}^{\infty} a_\mu \cos \mu s + \sum_{\mu=1}^{\infty} b_\mu \sin \mu s \ , \qquad s \in [0,2\pi] \ ,$$

und (16.14) die reellen Koeffizienten

$$(16.17) \qquad a_o = \frac{1}{4\pi} \int_0^{2\pi} u(s)\, ds \ ,$$

$$a_\mu = \frac{1}{\pi} \frac{\int_0^{2\pi} u(s) \cos \mu s\, ds}{1 + \left(\frac{a-b}{a+b}\right)^\mu} \ , \quad b_\mu = \frac{1}{\pi} \frac{\int_0^{2\pi} u(s) \sin \mu s\, ds}{1 - \left(\frac{a-b}{a+b}\right)^\mu} \ , \quad \mu = 1,2,3,\ldots \ .$$

Beide Reihenanteile in (16.16) konvergieren gleichmäßig, da sie die von s unabhängigen konvergenten Majoranten $\sum_{\mu=o}^{\infty} 2|c_\mu|$, $\sum_{\mu=1}^{\infty} 2|c_\mu|$ besitzen.

Wir wollen jetzt die FREDHOLMsche Theorie für Integralgleichungen zweiter Art formulieren. Dazu gehen wir von gleichen reellen Vektorräumen $X = Y = C[a,b]$ mit T-Norm aus und erklären hierfür das offensichtlich bilineare Funktional

$$(16.18) \qquad < x,y > \equiv \int_a^b x(s)y(s)\, ds \quad , \quad x,y \in C[a,b] \quad .$$

Bestimmt man zu $x \neq 0$ das Element $y = x$ hinzu, so wird $< x,y > \neq 0$; die Trennungseigenschaft liegt also vor. Weiter folgt

$$|< x,y >| \leqq \int_a^b |x(s)|\ |y(s)|\, ds \leqq \int_a^b ||x||\ ||y||\, ds = (b-a)||x||\ ||y||$$

für alle $x,y \in C[a,b]$ und damit (vgl. Definition I in Satz 15.4) die Stetigkeit des Funktionals. Wir zeigen schließlich unter Benutzung des Satzes II.11.1 von FUBINI, daß bei gegebenem stetigen Kern $K(s,t)$, $s,t \in [a,b]$, die vollstetigen linearen Operatoren (16.1) und [1)]

$$(16.19) \qquad By(s) \equiv \int_a^b K(t,s)y(t)\, dt \quad , \quad s \in [a,b] \quad , \quad y \in C[a,b] \quad ,$$

in Bezug auf das bilineare Funktional (16.18) adjungiert sind:

$$\begin{aligned} < Ax,y > &= \int_a^b \left\{ \int_a^b K(s,t)x(t)\, dt \right\} y(s)\, ds \\ &= \int_a^b x(t) \left\{ \int_a^b K(s,t)y(s)\, ds \right\} dt = < x,By > . \end{aligned}$$

Sodann lautet die FREDHOLMsche Alternative (Korollar 15.1) für Integralgleichungen zweiter Art:

Entweder besitzen die zueinander adjungierten homogenen Integralgleichungen zweiter Art

$$(16.20) \qquad \begin{aligned} x(s) - \int_a^b K(s,t)x(t)\, dt = 0 \quad &, \quad s \in [a,b] \quad , \\ y(s) - \int_a^b K(t,s)y(t)\, dt = 0 \quad &, \quad s \in [a,b] \quad , \end{aligned}$$

---

1) Die Vollstetigkeit des Operators (16.19) ergibt sich aus der Tatsache, daß mit $K(s,t)$, $s,t \in [a,b]$ auch $K(t,s)$, $s,t \in [a,b]$, eine stetige Funktion ist.

beide nur die triviale stetige Lösung und die inhomogenen Integralgleichungen zweiter Art

$$(16.21)\qquad \begin{aligned} x(s) - \int_a^b K(s,t)x(t)\,dt &= u(s) \quad , \quad s\in[a,b] \ , \\ y(s) - \int_a^b K(t,s)y(t)\,dt &= v(s) \quad , \quad s\in[a,b] \ , \end{aligned}$$

für beliebige stetige Inhomogenitäten $u(s)$, $v(s)$, $s\in[a,b]$, jeweils genau eine stetige Lösung $x(s)$, $y(s)$, $s\in[a,b]$,

oder die homogenen Integralgleichungen (16.20) besitzen beide dieselbe endliche Vielfalt nichttrivialer stetiger Lösungen und die inhomogenen Integralgleichungen (16.21) dann und nur dann stetige Lösungen, wenn die Integrabilitätsbedingungen

$$(16.22)\qquad \begin{aligned} \int_a^b u(s)y(s)\,ds &= 0 \quad , \\ \int_a^b v(s)x(s)\,ds &= 0 \end{aligned}$$

mit der allgemeinen stetigen Lösung $y(s)$, $x(s)$, $s\in[a,b]$, der jeweils adjungierten homogenen Integralgleichung (16.20) erfüllt sind.

Beispiel 16.2. Unter denselben Voraussetzungen wie bei Beispiel 16.1 betrachten wir jetzt die Integralgleichung zweiter Art

$$(16.23)\qquad x(s) - \frac{ab}{\pi}\int_0^{2\pi} \frac{x(t)\,dt}{a^2+b^2-(a^2-b^2)\cos(s+t)} = u(s) \ , \quad s\in[0,2\pi] .$$

Wieder hat eine stetige Lösung $x(s)$, $s\in[0,2\pi]$, der homogenen Integralgleichung

$$(16.24)\qquad x(s) - \frac{ab}{\pi}\int_0^{2\pi} \frac{x(t)\,dt}{a^2+b^2-(a^2-b^2)\cos(s+t)} = 0 \quad , \quad s\in[0,2\pi] \ ,$$

die FOURIERdarstellung (16.7), doch führt hier der Koeffizientenvergleich analog zu (16.12) auf

$$(16.25)\qquad c_\nu - \bar{c}_\nu \left(\frac{a-b}{a+b}\right)^{|\nu|} = 0 \quad , \quad \nu\in\mathbb{Z} \ .$$

Diese Bedingung ist für $\nu = 0$ wegen (16.8) mit allen (reellen) c_0 erfüllt und führt nur für $\nu \neq 0$ wie oben auf $c_\nu = 0$. Also kann $x(s)$ höchstens gleich einer reellen Konstanten c_0 sein. Da nun

(16.26) $$x(s) = C \quad , \quad x \in [0,2\pi] \quad ,$$

mit einer willkürlichen reellen Konstanten C tatsächlich die Integralgleichung (16.24) löst – man braucht hierzu die bisherigen Schlüsse nur noch einmal durchzugehen –, stellt (16.26) die allgemeine Lösung der homogenen Integralgleichung dar. Der Nullraum des Operators hat damit die Dimension 1. Da nun die adjungierte homogene Operatorgleichung sich wegen der Symmetrie des Kernes hinsichtlich der Variablen s,t nicht von der homogenen Gleichung (16.24) unterscheidet [1], bilden die reellen Zahlen zugleich die allgemeine Lösung der adjungierten homogenen Integralgleichung.

Es liegt somit der zweite Fall (das "oder") der FREDHOLMschen Alternative vor, und die inhomogene Integralgleichung (16.23) ist dann und nur dann lösbar, wenn die Inhomogenität zu allen reellen Konstanten orthogonal [2] ist, wenn also

(16.27) $$\int_0^{2\pi} u(s)\, ds = 0$$

gilt. Wir setzen jetzt voraus, daß diese Bedingung erfüllt sei. Dann bekommen wir für eine beliebig herausgegriffene, stetige und periodisch fortgesetzte Lösung der inhomogenen Integralgleichung (16.23) wieder eine FOURIERreihendarstellung der Form (16.7). Für die Koeffizienten erhält man analog zu (16.14) die Bestimmungsgleichung

(16.28) $$c_\mu - \bar{c}_\mu \left(\frac{a-b}{a+b}\right)^{|\mu|} = \frac{1}{2\pi} \int_0^{2\pi} u(s)\, e^{-i\mu s}\, ds \quad , \quad \mu \in \mathbb{Z} \quad ,$$

die für $\mu = 0$ wegen (16.8) und (16.27) mit allen reellen c_0 erfüllt ist.

---

1) Wir haben es hier mit einem wichtigen Spezialfall der FREDHOLMschen Theorie der linearen Operatorgleichungen zweiter Art zu tun, bei dem in einem Vektorraum X ein vollstetiger linearer und im Sinne von

$$\langle Ax,y \rangle = \langle x,Ay \rangle \quad , \quad x,y \in X \quad ,$$

selbstadjungierter Operator $A: X \to X$ gegeben ist. In diesem Fall sind die Voraussetzungen zur FREDHOLMschen Theorie mit $Y = X$, $B = A$ gegeben. Insbesondere fallen damit die adjungierten homogenen Operatorgleichungen mit den homogenen Operatorgleichungen zusammen.

2) Im Sinne der ersten Gleichung (16.22).

Die Zerlegung (16.15) führt wieder auf die reelle FOURIERreihe (16.16), jedoch legt (16.28) deren reelle Koeffizienten hier nur für $\mu > 0$ eindeutig fest:

(16.29)
$$a_\mu = \frac{1}{\pi} \frac{\int_0^{2\pi} u(s)\cos \mu s \, ds}{1 - (\frac{a-b}{a+b})^\mu} , \quad b_\mu = \frac{1}{\pi} \frac{\int_0^{2\pi} u(s)\sin \mu s \, ds}{1 + (\frac{a-b}{a-b})^\mu} ,$$

$$\mu = 1,2,3,\ldots \quad .$$

Da sich die allgemeine Lösung der inhomogenen Gleichung schließlich aus der betrachteten speziellen und einer willkürlichen reellen Konstanten, der allgemeinen Lösung der homogenen Gleichung, additiv zusammensetzt, kommt es auf den Koeffizienten a_o in (16.16) nicht an, und wir erhalten in

(16.30)
$$x(s) = C + \sum_{\mu=1}^{\infty} a_\mu \cos \mu s + \sum_{\mu=1}^{\infty} b_\mu \sin \mu s \quad , \qquad s \in [0,2\pi] \quad ,$$

mit einer willkürlichen reellen Konstanten C und den Koeffizienten (16.29) die allgemeine stetige Lösung der inhomogenen Integralgleichung (16.23). Auf die gleichmäßige Konvergenz beider Reihenanteile in (16.30) schließt man wie oben.

§ 17. Das BANACHsche Fixpunktprinzip [1)]

Wir wollen uns jetzt unter einem anderen Gesichtspunkt noch einmal mit der Auflösung von Operatorgleichungen befassen. Sei X ein Vektorraum und $T: \vartheta \Rightarrow X$, $\vartheta \subseteq X$, ein Operator, der ausdrücklich auch nichtlinear sein kann, so fragen wir nach <u>Fixpunkten</u> des Operators, d.h. nach der Existenz von Elementen $x \in \vartheta$, die gemäß

(17.1)
$$Tx = x$$

---

1) Dieser Paragraph berücksichtigt Ergebnisse der Arbeiten von J. WEISSINGER, Zur Theorie und Anwendung des Iterationsverfahrens, Mathematische Nachrichten Bd. 8, S. 193-212 (1952), und L. COLLATZ, Einige Anwendungen funktionalanalytischer Methoden in der praktischen Analysis, Zeitschrift für Angewandte Mathematik und Physik, Bd. 4, S.327-357 (1953).

durch T in sich überführt werden. Die Fixpunktgleichung (17.1) ist selbstverständlich nur eine andere Formulierung einer Operatorgleichung zweiter Art, und man kann daher nicht erwarten, bei dieser Allgemeinheit der Problemstellung bereits zu konkreten Resultaten zu gelangen.

Im wesentlichen werden wir in dreierlei Hinsicht einschränkende Voraussetzungen treffen. Erstens soll

$$T\vartheta \subseteq \vartheta \tag{17.2}$$

gelten, der Operator T also seinen Definitionsbereich in sich abbilden. Insbesondere sind damit alle Potenzen $T^\nu: \vartheta \to X$, $\nu = 0,1,2,\ldots$, nach den Ausführungen des § 11 wohldefiniert. Weiter wollen wir X als normiert und T als LIPSCHITZstetig (vgl. Definition 12.6) mit anschließend noch zu präzisierenden Einschränkungen voraussetzen. Dies bewirkt zunächst die LIPSCHITZstetigkeit aller Potenzen von T: Sei nämlich L eine (stets nichtnegativ reelle) LIPSCHITZkonstante für T, so ist

$$\|T^\nu x' - T^\nu x''\| \leqq L^\nu \|x'-x''\| \quad , \quad x',x'' \in \vartheta \quad , \quad \nu = 0,1,2,\ldots , \tag{17.3}$$

sicher für n = 0 richtig, und die allgemeine Gültigkeit folgt durch Induktion:

$$\|T^{\nu+1}x' - T^{\nu+1}x''\| = \|TT^\nu x' - TT^\nu x''\| \leqq L\|T^\nu x' - T^\nu x''\| \leqq L^{\nu+1}\|x'-x''\| .$$

Indem wir drittens noch den Definitionsbereich ϑ geeignet voraussetzen, formulieren wir nunmehr den wichtigen

Satz 17.1 (allgemeiner BANACHscher Fixpunktsatz). In einem normierten Vektorraum X über dem Körper $\mathbb{K}$ sei ein (nicht notwendig linearer) LIPSCHITZstetiger Operator $T: \vartheta \to X$ mit vollständigem Definitionsbereich $\vartheta \subseteq X$ erklärt [1]. Der Operator bilde seinen Definitionsbereich in sich ab. Ferner seien für die (ebenfalls LIPSCHITZstetigen) Potenzen $T^0, T^1, T^2, \ldots : \vartheta \to X$ LIPSCHITZkonstanten $L_0, L_1, L_2, \ldots$ angebbar, die sich zu einer konvergenten Reihe aufsummieren lassen:

$$\sum_{\nu=0}^{\infty} L_\nu < \infty . \tag{17.4}$$

---

1) Die Vollständigkeit des Definitionsbereiches $\vartheta \subseteq X$ ist nach Korollar 6.1 beispielsweise dann gegeben, wenn X ein BANACHraum und ϑ abgeschlossen ist.

Dann besitzt der Operator T genau einen Fixpunkt $x \in \vartheta$, und dieser kann nach Wahl eines festen, aber beliebigen Elementes $x_o \in \vartheta$ als Grenzelement des (stets konvergenten) Iterationsverfahrens [1]

$$(17.5) \qquad x_{n+1} = Tx_n \quad , \quad n = 0,1,2,\ldots \quad ,$$

erhalten werden [2]. Dabei gelten für die n^{te} Iteration $x_n \in \vartheta$, $n = 0,1,2,\ldots$, die insgesamt n+1 Fehlerabschätzungen

$$(17.6) \qquad ||x-x_n|| \leqq \Big(\sum_{\nu=n-p}^{\infty} L_\nu \Big) ||x_{p+1} - x_p|| \;, \quad p = 0,1,\ldots,n \quad .$$

Bemerkung 1. Es ist besonders hervorzuheben, daß dieser Fixpunktsatz(einschließlich der weiter unten behandelten Spezialfälle) über die Existenz- und Eindeutigkeitsaussage hinaus eine Konstruktionsvorschrift zur Gewinnung der Lösung und praktisch verwendbare Fehlerabschätzungen enthält.

Bemerkung 2. Die n^{te} Iteration läßt sich als unmittelbare Konsequenz von (17.5) in der einfachen Form

$$(17.7) \qquad x_n = T^n x_o \quad , \quad n = 0,1,2,\ldots \quad ,$$

geschlossen darstellen.

Beweis. E x i s t e n z . Für ganze $m > n \geqq p \geqq 0$ erhält man mit (17.7)

$$\begin{aligned} x_m - x_n &= \sum_{\nu=n}^{m-1} (x_{\nu+1} - x_\nu) = \sum_{\nu=n}^{m-1} (T^{\nu+1}x_o - T^\nu x_o) \\ &= \sum_{\nu=n}^{m-1} (T^{\nu-p}T^{p+1}x_o - T^{\nu-p}T^p x_o) \\ &= \sum_{\nu=n-p}^{m-p-1} (T^\nu T^{p+1}x_o - T^\nu T^p x_o) = \sum_{\nu=n-p}^{m-p-1} (T^\nu x_{p+1} - T^\nu x_p) \ . \end{aligned}$$

---

1) Man bezeichnet kurz ein Verfahren als konvergent, wenn die durch das Verfahren in eindeutiger Weise erklärte Folge konvergiert.

2) Da T seinen Definitionsbereich in sich abbildet, sind alle Elemente der Iterationsfolge $x_o, x_1, x_2, \ldots \in \vartheta$ durch $x_o \in \vartheta$ und (17.5) wohldefiniert.

Beachtet man nun, daß T^ν nach Voraussetzung die (nichtnegativ reelle) LIPSCHITZkonstante L_ν besitzt, so folgt

$$||x_m - x_n|| \leqq \sum_{\nu=n-p}^{m-p-1} ||T^\nu x_{p+1} - T^\nu x_p|| \leqq \sum_{\nu=n-p}^{m-p-1} L_\nu ||x_{p+1} - x_p||$$

und hieraus weiter wegen (17.4)

$$(17.8) \quad ||x_m - x_n|| \leqq \Big(\sum_{\nu=n-p}^{\infty} L_\nu\Big) ||x_{p+1} - x_p|| \quad , \quad m > n \geqq p \geqq 0 \; .$$

Infolge (17.4) ist es ferner möglich, zu $\varepsilon > 0$ ein nichtnegativ ganzes N gemäß

$$\Big(\sum_{\nu=n}^{\infty} L_\nu\Big) ||x_1 - x_o|| < \varepsilon \quad , \quad n \geqq N \; ,$$

hinzuzubestimmen (Nullfolgeneigenschaft der Reihenreste konvergenter Reihen). Dann liefert (17.8), genommen für $p = 0$,

$$||x_m - x_n|| \leqq \Big(\sum_{\nu=n}^{\infty} L_\nu\Big) ||x_1 - x_o|| < \varepsilon \quad , \quad m > n \geqq N \; ,$$

so daß sich die Iterationsfolge $x_o, x_1, x_2, \ldots \in \vartheta$ als CAUCHYfolge erweist. Wegen der vorausgesetzten Vollständigkeit von ϑ ist diese Folge dann auch konvergent mit einem Grenzelement $x \in \vartheta$. Da nun die LIPSCHITZstetigkeit eines Operators dessen Stetigkeit impliziert, liefert der in (17.5) durchgeführte Grenzübergang $n \to \infty$

$$x = Tx$$

und damit die Fixpunkteigenschaft des Grenzelements $x \in \vartheta$.

E i n d e u t i g k e i t . Wir nehmen an, es gebe zwei verschiedene Fixpunkte $x', x'' \in \vartheta$. Dann hat

$$Tx' = x' \quad , \quad Tx'' = x''$$

durch wiederholte Anwendung des Operators T unmittelbar

$$T^\nu x' = x' \quad , \quad T^\nu x'' = x'' \quad , \quad \nu = 0,1,2,\ldots \; ,$$

zur Folge. Weiter gilt

$$||x' - x''|| = ||T^\nu x' - T^\nu x''|| \leqq L_\nu ||x' - x''|| \quad , \quad \nu = 0,1,2,\ldots \; ,$$

und Division durch $||x' - x''|| > 0$ liefert

$$L_\nu \geqq 1 \quad , \quad \nu = 0,1,2,\ldots \quad .$$

Dann kann aber die Reihe (17.4) nicht konvergieren (Widerspruch).

Z u s a t z b e h a u p t u n g e n . Die Unabhängigkeit des Existenzbeweises von der Wahl von $x_o \in \vartheta$ bewirkt, daß das Iterationsverfahren für jede Ausgangsiteration gegen einen Fixpunkt konvergiert. Wegen der bewiesenen Eindeutigkeit des Fixpunktes muß das Iterationsverfahren unabhängig von der Wahl der Ausgangsiteration stets zu demselben Grenzelement führen. Schließlich liefert der bei festen n,p in (17.8) durchgeführte Grenzübergang $m \to \infty$ die behaupteten Fehlerabschätzungen (17.6).

Betrachtet man in den Abschätzungen (17.6) die Spezialfälle $n \geqq 0$, $p = 0$ und $n > 0$, $p = n-1$, so erhält man zwei Aussagen, die besonders im Hinblick auf praktische Anwendungen des Fixpunktsatzes von Bedeutung sind:

Korollar 17.1. Unter den in Satz 17.1 genannten Voraussetzungen gilt für die n^{te} Näherung des Iterationsverfahrens die a priori-Fehlerabschätzung [1)]

(17.9) $$||x - x_n|| \leqq \Big(\sum_{\nu=n}^{\infty} L_\nu\Big)||Tx_o - x_o|| \quad , \quad n = 0,1,2,\ldots \quad .$$

Korollar 17.2. Unter den in Satz 17.1 genannten Voraussetzungen gilt für die n^{te} Näherung des Iterationsverfahrens die a posteriori-Fehlerabschätzung [2)]

(17.10) $$||x - x_n|| \leqq \Big(\sum_{\nu=1}^{\infty} L_\nu\Big)||x_n - x_{n-1}|| \quad , \quad n = 1,2,\ldots \quad .$$

Bemerkung. Während eine a priori-Abschätzung(unabhängig von einer eventuellen Durchführung des Verfahrens) eine Aussage darüber ermöglicht, wieviele Schritte zur Erreichung einer bestimmten Genauigkeit höchstens erforderlich sind, erweist sich eine a posteriori-Abschätzung wegen der Berücksichtigung von Daten des tatsächlich durchgeführten Berechnungsverfahrens im allgemeinen als genauer und daher geeigneter für praktische Fehlerbetrachtungen.

---

1) Bezeichnung für eine Abschätzung, die nur solche Daten enthält, die bereits vor Beginn des Verfahrens zur Verfügung stehen.

2) Bezeichnung für eine Abschätzung, die Daten enthält, die sich erst während der Durchführung des Verfahrens ergeben.

In der Praxis spielt oft eine spezielle Klasse der in Satz 17.4 auftretenden Operatoren und damit eine spezielle Fassung dieses Satzes selbst eine wesentliche Rolle:

Definition 17.1. In einem normierten Vektorraum X über dem Körper $\mathbb{K}$ heißt ein Operator $T: \vartheta \to X$, $\vartheta \subseteq X$, kontrahierend, wenn er

1.) LIPSCHITZstetig ist und
2.) eine LIPSCHITZkonstante $L < 1$ besitzt.

Satz 17.2 (spezieller BANACHscher Fixpunktsatz). In einem normierten Vektorraum X über dem Körper $\mathbb{K}$ sei ein (nicht notwendig linearer) kontrahierender Operator $T: \vartheta \to X$ mit vollständigem Definitionsbereich $\vartheta \subseteq X$ erklärt, der diesen in sich selbst abbildet. Dann besitzt der Operator T genau einen Fixpunkt $x \in \vartheta$, und dieser kann nach Wahl eines festen, aber beliebigen Elementes $x_o \in \vartheta$ als Grenzelement des (stets konvergenten) Iterationsverfahrens

$$x_{n+1} = Tx_n \quad , \quad n = 0,1,2,\ldots \quad , \tag{17.11}$$

erhalten werden. Dabei gelten mit einer LIPSCHITZkonstanten $L < 1$ des Operators T für die n^{te} Iteration $x_n \in \vartheta$, $n = 0,1,2,\ldots$, die insgesamt n+1 Fehlerabschätzungen

$$||x - x_n|| \leqq \frac{L^{n-p}}{1-L} ||x_{p+1} - x_p|| \quad , \quad p = 0,1,\ldots,n \ . \tag{17.12}$$

Beweis durch Zurückführung auf Satz 17.1. Bedeutet $L < 1$ eine LIPSCHITZkonstante für T, so gewinnen die Potenzen L^ν nach (17.3) die Bedeutung von LIPSCHITZkonstanten für die Operatorpotenzen T^ν, $\nu = 0,1,2,\ldots$, Da diese LIPSCHITZkonstanten der Bedingung

$$\sum_{\nu=0}^{\infty} L^\nu = \frac{1}{1-L} < \infty \tag{17.13}$$

und damit der Voraussetzung (17.4) zu Satz 17.1 genügen, ist alles weitere eine Umformulierung dieses Satzes im Hinblick auf die genannten speziellen LIPSCHITZkonstanten für T^ν.

Korollar 17.3. Unter den in Satz 17.2 genannten Voraussetzungen gilt für die n^{te} Näherung des Iterationsverfahrens die a priori-Fehlerabschätzung

$$(17.14)\qquad ||x - x_n|| \leqq \frac{L^n}{1-L} ||Tx_o - x_o|| \quad , \quad n = 0,1,2,\ldots \ .$$

Korollar 17.4. Unter den in Satz 17.2 genannten Voraussetzungen gilt für die n^{te} Näherung die a posteriori-Fehlerabschätzung

$$(17.15)\qquad ||x - x_n|| \leqq \frac{L}{1-L} ||x_n - x_{n-1}|| \quad , \quad n = 1,2,\ldots \ .$$

Wir behandeln abschließend eine auf Satz 17.2 zurückführbare Situation, der man bei einer Reihe von praktischen Problemen begegnet:

Satz 17.3. In einem BANACHraum X über dem Körper $\mathbb{K}$ bedeute $\mathcal{W} \subseteq X$ eine Vollkugel vom Radius $R > 0$ um einen Punkt $x_o \in X$ und $T: \mathcal{W} \to X$ einen (nicht notwendig linearen) kontrahierenden Operator. Dabei genüge die LIPSCHITZkonstante $L < 1$ des Operators der Bedingung

$$(17.16)\qquad ||Tx_o - x_o|| \leqq R(1-L) \ .$$

Dann existiert genau ein Fixpunkt $x \in \mathcal{W}$ des Operators T, und dieser kann als Grenzelement des immer durchführbaren (und stets konvergenten) Iterationsverfahrens

$$(17.17)\qquad x_{n+1} = Tx_n \quad , \quad n = 0,1,2,\ldots \ ,$$

das den Kugelmittelpunkt x_o als Ausgangsiteration benutzt, gewonnen werden [1]. Dabei gelten die Fehlerabschätzungen a priori

$$(17.18)\qquad ||x - x_n|| \leqq RL^n \quad , \quad n = 0,1,2,\ldots \ ,$$

und a posteriori

$$(17.19)\qquad ||x - x_n|| \leqq \frac{L}{1-L} ||x_n - x_{n-1}|| \quad , \quad n = 1,2,\ldots \ .$$

---

1) Man bezeichnet das Iterationsverfahren (17.17) als durchführbar, wenn mit x_n stets auch das anschließend berechnete Element x_{n+1} in den Definitionsbereich des Operators T fällt, alle Elemente der Iterationsfolge $x_o, x_1, x_2, \ldots$ also wohldefiniert sind.

Beweis. Nach Korollar 6.1 ist $\mathcal{W}$ als abgeschlossene Teilmenge eines BANACHraumes vollständig. Für fest, aber beliebig gewähltes $x \in \mathcal{W}$ erhält man unter Benutzung von (17.16)

$$||Tx - x_o|| = ||Tx - Tx_o + Tx_o - x_o|| \leqq ||Tx - Tx_o|| + ||Tx_o - x_o||$$

$$\leqq L||x - x_o|| + R(1-L) \leqq LR + R(1-L) = R$$

und damit die Voraussetzung

(17.20) $$T\mathcal{W} \subseteq \mathcal{W}$$

für die Durchführbarkeit des Iterationsverfahrens (17.17). Anschließend liefert Satz 17.2, daß das Iterationsverfahren gegen einen eindeutig bestimmten Fixpunkt $x \in \mathcal{W}$ konvergiert. Die a priori-Abschätzung (17.18) folgt aus Korollar 17.3 in Verbindung mit (17.16), die a posteriori-Abschätzung (17.19) ist direkt aus Korollar 17.4 übernommen.

Der folgende Paragraph enthält eine Anwendung des soeben bewiesenen Satzes 17.3.

§ 18. Die Regula falsi – ein nichtlineares Fixpunktproblem

Mit reellen Zahlen x_o, $R > 0$ seien das abgeschlossene Intervall

(18.1) $$I = [x_o - R,\ x_o + R] \subseteq \mathbb{R}$$

und in diesem eine zweimal stetig differenzierbare Funktion $f(x)$, $x \in I$, mit nullstellenfreier erster Ableitung und entgegengesetzten Funktionswerten an den Intervallenden $x_o - R$, $x_o + R$ erklärt. Diese Funktion steigt daher entweder von $f(x_o - R) < 0$ nach $f(x_o + R) > 0$ monoton an (Fig. 14) oder fällt von $f(x_o - R) > 0$ nach $f(x_o + R) < 0$ monoton ab. Ferner existieren reelle Zahlen m,M mit

(18.2) $$|f'(x)| \geqq m > 0 \quad , \quad x \in I \ ,$$

(18.3) $$|f''(x)| \leqq M \quad , \quad x \in I \ ,$$

Der Satz von BOLZANO ergibt zusammen mit der Monotonie die Existenz genau einer Nullstelle $x \in I$, und diese ist Gegenstand des folgenden, als <u>Regula falsi</u> bezeichneten klassischen Berechnungsverfahrens.

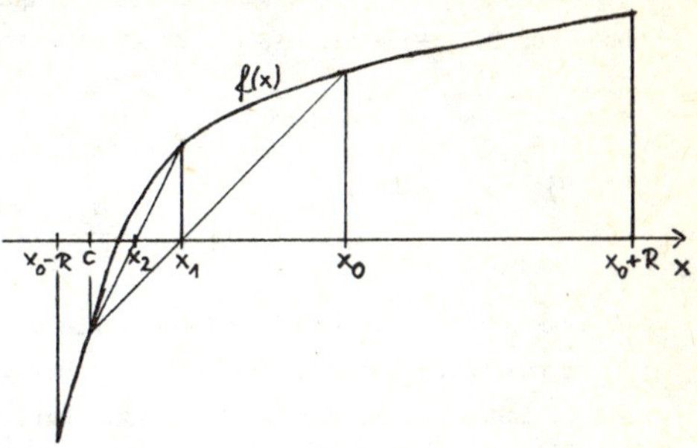

Fig. 14. Regula falsi

Ausgehend von der Intervallmitte $x_0 \in I$ als Ausgangsnäherung für die gesuchte Nullstelle und einer für das ganze Verfahren fest gewählten Zahl $c \in I$ mit

(18.4) $$c \neq x_0 \quad , \quad f(c) \neq 0$$

wird die nächstfolgende Näherung x_1 als Nullstelle der Geraden durch die Punkte $(x_0, f(x_0))$ und $(c, f(c))$ erklärt. Diese Nullstelle ist wegen der Monotonie der Funktion $f(x)$ und damit

(18.5) $$f(x_0) - f(c) \neq 0$$

eindeutig bestimmt und auf Grund einer einfachen elementargeometrischen Überlegung (Fig. 14) durch

(18.6) $$x_1 = x_0 - f(x_0)\,\frac{x_0 - c}{f(x_0) - f(c)}$$

oder auch

(18.7) $$x_1 = c - f(c)\,\frac{x_0 - c}{f(x_0) - f(c)}$$

darstellbar. Bei Beachtung von $x_1 \neq c$ und $f(x_1) - f(c) \neq 0$ als Folge von (18.4) und (18.7) kann man nach demselben Schema eine weitere Näherung x_2 bestimmen, vorausgesetzt, daß sich $x_1 \in I$ erweist (Fig. 14). Damit stellen sich die drei Fragen nach der Durchführbarkeit, der Konvergenz und der Fehlerabschätzung der Regula falsi, die wir anschließend mit funktionalanalytischen Methoden beantworten wollen.

Motiviert durch die Rekursionsvorschrift (18.7) erklären wir in dem BANACHraum der reellen Zahlen $\mathbb{R}$ mit Betragsnorm den i.a. nichtlinearen Operator $T: I \to \mathbb{R}$ als die klassische Funktion einer reellen Veränderlichen

$$(18.8) \qquad T(x) = \begin{cases} c - f(c)\,\dfrac{x-c}{f(x)-f(c)} , & x \neq c , \\ c - \dfrac{f(c)}{f'(c)} , & x = c . \end{cases}$$

Diese Funktion ist nicht nur stetig, wie der Grenzübergang $x \to c$, $x \neq c$, unter Anwendung der TAYLORschen Formel bzw. der L'HOSPITALschen Regel zeigt, sondern auch stetig differenzierbar. Man findet

$$(18.9) \qquad T'(x) = \begin{cases} f(c)\,\dfrac{f(c)-f(x)-(c-x)f'(x)}{[f(x)-f(c)]^2} , & x \neq c , \\ \dfrac{f(c)f''(c)}{2[f'(c)]^2} , & x = c , \end{cases}$$

wobei sich die Ableitungen an den Stellen $x \neq c$ nach der Quotientenregel und an der Stelle $x = c$ durch stetige Fortsetzung der für $x \neq c$ erhaltenen Werte wiederum unter Berechnung eines unbestimmten Ausdrucks ergeben (daß der bei einer solchen Fortsetzung erhaltene Wert tatsächlich die Ableitung an der betreffenden Stelle wiedergibt, ist eine generelle Folgerung aus dem Mittelwertsatz der Differentialrechnung).

Durch TAYLORentwicklung von $f(c)$ im Zähler und $f(x)$ im Nenner von (18.9) findet man die Darstellung

$$T'(x) = \frac{1}{2} f(c)\,\frac{(c-x)^2 f''(\alpha)}{[(x-c)f'(\beta)]^2} = \frac{f(c)f''(\alpha)}{2[f'(\beta)]^2} , \quad x \neq c ;$$

es folgt unter Benutzung von (18.2) und (18.3) die Abschätzung

$$(18.10) \qquad |T'(x)| \leqq \frac{|f(c)|M}{2m^2} , \quad x \in I ,$$

zunächst für $x \neq c$, dann aber auch für $x = c$ durch direkte Bezugnahme auf diese Stelle in (18.9). Eine Folge von (18.10) ist

$$(18.11) \quad |T(x')-T(x'')| = |(x'-x'')T'(\xi)| \leqq \frac{|f(c)|M}{2m^2}\,|x'-x''| , \quad x',x'' \in I ,$$

und damit die LIPSCHITZstetigkeit des Operators T.

Ist nun $x \in I$ eine Nullstelle von $f(x)$, so genügt x, wie eine Unterscheidung der Fälle $x \neq c$ und $x = c$ zeigt, infolge (18.8) der Fixpunktgleichung

$$T(x) = x \quad . \tag{18.12}$$

Sei umgekehrt $x \in I$ ein Fixpunkt von T, so führt die Annahme $x = c$ mit (18.8) auf den Widerspruch $f(c) = 0$. Es gilt also $x \neq c$. Zusammen mit (18.8) und (18.9) folgt

$$x = c - f(c)\,\frac{x-c}{f(x)-f(c)} \quad ;$$

Division durch $x-c \neq 0$ liefert

$$1 = -\frac{f(c)}{f(x)-f(c)}$$

und damit $f(x) = 0$. Damit erweist sich die Auflösung der Operatorgleichung (18.12) als äquivalent mit unserem eigentlichen Problem der Nullstellenbestimmung.

Wir wollen jetzt hinreichende Bedingungen an die Funktion $f(x)$ aufstellen, damit das BANACHsche Fixpunktprinzip auf den Operator $T\colon I \to \mathbb{R}$ anwendbar wird. Zunächst entnehmen wir (18.1), daß das Intervall I im BANACHraum $\mathbb{R}$ eine Vollkugel vom Radius R um den Punkt $x_o \in \mathbb{R}$ darstellt. Fällt nun die LIPSCHITZkonstante in (18.11)

$$L \equiv \frac{|f(c)|M}{2m^2} < 1 \tag{18.13}$$

aus, so ist der Operator T auch kontrahierend. Anschließend wollen wir davon ausgehen, daß (18.13) als zusätzliche Voraussetzung an die Funktion $f(x)$ und die Stelle c erfüllt ist. Bei Beachtung von $Tx_o = x_1$ als Folge von (18.7) und (18.8) liefern (18.2) und (18.6)

$$|T(x_o)-x_o| = |x_1 - x_o| = \left|f(x_o)\,\frac{x_o - c}{f(x_o)-f(c)}\right| = \left|\frac{f(x_o)}{f'(\gamma)}\right| \leqq \frac{|f(x_o)|}{m} ,$$

und die noch einmal zusätzlich angebrachte Voraussetzung

$$|f(x_o)| \leqq mR(1-L) \tag{18.14}$$

ergibt die Ungleichung

$$|T(x_o)-x_o| \leqq R(1-L) \quad . \tag{18.15}$$

Da jetzt alle Voraussetzungen zu Satz 17.3 erfüllt sind, ist das Iterationsverfahren

(18.16) $$x_{n+1} = T(x_n) \quad , \quad n = 0,1,2,\ldots \quad ,$$

beginnend mit der Intervallmitte x_o als Ausgangsiteration, durchführbar und gegen den eindeutig bestimmten Fixpunkt $x \in I$ konvergent. Die erhaltene Iterationsfolge hat die Eigenschaft

(18.17) $$x_n \neq c \quad , \quad n = 0,1,2,\ldots \quad ,$$

für $n = 0$ nach Voraussetzung (18.4); bestehe (18.17) für ein $n \geqq 0$, so liefern (18.4), (18.8) und (18.16) die Aussage $x_{n+1} \neq c$ und damit (18.17) für alle n. Infolge (18.8) und (18.17) stimmt dann das Iterationsverfahren (18.16) mit dem durch (18.6) bzw. (18.7) erklärten Algorithmus der Regula falsi

(18.18) $$x_{n+1} = x_n - f(x_n)\,\frac{x_n - c}{f(x_n) - f(c)} \quad , \quad n = 0,1,2,\ldots \quad ,$$

überein, die somit wegen der Äquivalenz von Nullstelle und Fixpunkt gegen die gesuchte Nullstelle $x \in I$ konvergiert. Fehlerabschätzungen a priori und a posteriori liefern schließlich (17.18) und (17.19):

(18.19) $$|x - x_n| \leqq RL^n \quad , \quad n = 0,1,2,\ldots \quad ,$$

(18.20) $$|x - x_n| \leqq \frac{L}{1-L}\,|x_n - x_{n-1}| \quad , \quad n = 1,2,\ldots \quad .$$

Beispiel 18.1. Die zur Nullstellenberechnung vorgelegte Funktion

$$f(x) = x^2 - 2 \quad , \quad x \in [1,2] \quad ,$$

erfüllt zunächst die eingangs von § 18 genannten Voraussetzungen. Es ist $x_o = \frac{3}{2}$, $R = \frac{1}{2}$, und man bekommt

$$|f'(x)| = |2x| \geqq 2 = m > 0 \quad , \quad x \in [1,2] \quad ,$$
$$|f''(x)| = |2| \leqq 2 = M \quad , \quad x \in [1,2] \quad .$$

Bei Wahl von $c = 1 \neq x_o$ lautet die LIPSCHITZkonstante (18.13)

$$L = \frac{1}{4} < 1$$

und auch die Bedingung (18.14) ist wegen

$$|f(x_o)| = \frac{1}{4} \quad , \quad mR(1-L) = \frac{3}{4}$$

erfüllt. Die Regula falsi (18.18), die hier die Form

$$x_{n+1} = x_n - \frac{x_n^2 - 2}{x_n + 1} = \frac{x_n + 2}{x_n + 1} \quad , \quad n = 0,1,2,\dots \quad ,$$

gewinnt, ist daher mit der Ausgangsiteration x_o durchführbar, und die erhaltene Iterationsfolge

$$x_o = \frac{3}{2}, \quad x_1 = \frac{7}{5}, \quad x_2 = \frac{17}{12}, \quad x_3 = \frac{41}{29}, \quad x_4 = \frac{99}{70}, \quad \dots \in [1,2] \ ,$$

konvergiert gegen die einzige Nullstelle $x = \sqrt{2}$. Dabei gelten die Fehlerabschätzungen a priori

$$|\sqrt{2} - x_n| \leqq \frac{1}{2^{2n+1}} \quad , \quad n = 0,1,2,\dots \quad ,$$

und a posteriori

$$|\sqrt{2} - x_n| \leqq \frac{1}{3} |x_n - x_{n-1}| \quad , \quad n = 1,2,\dots \quad .$$

§ 19. Die NEUMANNsche Reihe

Bedeute X einen Vektorraum über IK und A: X -> X einen linearen Operator, so wollen wir jetzt das BANACHsche Fixpunktprinzip und die in ihm enthaltene Lösungskonstruktion auf die inhomogene Operatorgleichung zweiter Art

(19.1) $$x - Ax = u$$

mit gegebenem $u \in X$ anwenden. Erklären wir hierzu in naheliegender Weise den Operator T: X -> X durch

(19.2) $$Tx = u + Ax \quad , \quad x \in X \quad ,$$

so gewinnt die Operatorgleichung (19.1) die Form der Fixpunktgleichung

(19.3) $$Tx = x \quad .$$

Der Operator T ist, abgesehen vom trivialen Fall u = 0, nichtlinear. Den Anschluß an den allgemeinen BANACHschen Fixpunktsatz erreicht man durch entsprechende Voraussetzungen über den Raum X und den Operator A:

Satz 19.1. In einem BANACHraum X über dem Körper $\mathbb{K}$ sei ein stetiger linearer Operator $A: X \to X$ erklärt. Für die Potenzen des Operators A seien LIPSCHITZkonstanten gemäß [1)]

$$(19.4) \qquad ||A^\nu x|| \leqq L_\nu ||x|| \quad , \quad x \in X \quad , \quad \nu = 0,1,2,\ldots \quad ,$$

mit der Eigenschaft

$$(19.5) \qquad \sum_{\nu=0}^{\infty} L_\nu < \infty$$

angebbar. Dann besitzt die Operatorgleichung zweiter Art (19.1) für jede Inhomogenität $u \in X$ genau eine Lösung $x \in X$, und diese ist durch die (stets konvergente) NEUMANNsche [2)] Reihe

$$(19.6) \qquad x = \sum_{\nu=0}^{\infty} A^\nu u$$

darstellbar. Für die n^{te} Partialsumme der NEUMANNschen Reihe, $n = 0,1,2,\ldots$, gelten die insgesamt $n+2$ Fehlerabschätzungen

$$(19.7) \qquad \left|\left|x - \sum_{\nu=0}^{n} A^\nu u\right|\right| \leqq \Big(\sum_{\nu=n-q+1}^{\infty} L_\nu\Big)||A^q u|| \quad , \quad q = 0,1,\ldots,n+1 \; .$$

Bemerkung 1. Die Glieder der NEUMANNschen Reihe (19.6)

$$(19.8) \qquad u_\nu = A^\nu u \quad , \quad \nu = 0,1,2,\ldots \quad ,$$

können nach der einfachen Vorschrift

$$(19.9) \qquad u_o = u \quad , \quad u_{\nu+1} = Au_\nu \quad , \quad \nu = 0,1,2,\ldots \quad ,$$

rekursiv berechnet werden.

---

1) Bei stetigen linearen (und damit nach Satz 12.7 LIPSCHITZstetigen) Funktionen $F: U \to Y$, $U \subseteq X$, beachte man generell folgenden Sachverhalt: Eine (nach Satz 12.9 immer vorhandene) reelle Zahl $L \geqq 0$ mit der Eigenschaft

$$||Fx|| \leqq L||x|| \quad , \quad x \in U \quad ,$$

ist wegen der Äquivalenz dieser Aussage mit

$$||Fx' - Fx''|| = ||F(x'-x'')|| \leqq L||x'-x''|| \quad , \quad x',x'' \in X \quad ,$$

immer gleichbedeutend mit einer LIPSCHITZkonstanten für die Funktion F.

2) Carl NEUMANN (1832-1925), Sohn von Franz Ernst NEUMANN (vgl. Fußnote 1 auf S. III.137), wirkte hauptsächlich in Leipzig. Man verdankt ihm wesentliche Beiträge zur Potentialtheorie.

Bemerkung 2. Die Partialsummen der NEUMANNschen Reihe (19.6)

(19.10) $$x_n \equiv \sum_{\nu=0}^{n} A^{\nu}u \quad , \quad n = 0,1,2,\ldots \; ,$$

erhält man aus dem Iterationsverfahren

(19.11) $$x_0 = u \quad , \quad x_{n+1} = u + Ax_n \quad , \quad n = 0,1,2,\ldots \; .$$

Beweis. Für den durch (19.2) erklärten Operator $T\colon X \to X$ und seine Potenzen beweisen wir zunächst

(19.12) $$T^{\nu}x' - T^{\nu}x'' = A^{\nu}(x'-x'') \quad , \quad x',x'' \in X \quad , \quad \nu = 0,1,2,\ldots \; ,$$

durch vollständige Induktion. Im Falle $\nu = 0$ ist (19.12) trivialerweise richtig. Gelte (19.12) für ein $\nu \geqq 0$, so folgt zusammen mit (19.2)

$$\begin{aligned} T^{\nu+1}x' - T^{\nu+1}x'' &= TT^{\nu}x' - TT^{\nu}x'' = u + AT^{\nu}x' - u - AT^{\nu}x'' \\ &= A(T^{\nu}x' - T^{\nu}x'') = A^{\nu+1}(x'-x'') \end{aligned}$$

und damit die Gültigkeit von (19.12) für alle ν. Da (19.4) und (19.12) die Abschätzung

(19.13) $$\|T^{\nu}x' - T^{\nu}x''\| \leqq L_{\nu}\|x'-x''\| \quad , \quad x',x'' \in X \quad , \quad \nu = 0,1,2,\ldots \; ,$$

liefern und die L_{ν} der Bedingung (19.5) genügen, erfüllt der Operator T nunmehr alle Voraussetzungen des Fixpunktsatzes 17.1. Infolgedessen konvergiert das Iterationsverfahren (17.5) mit der Ausgangsnäherung $u \in X$, in unserem Falle also das Verfahren (19.11), gegen den eindeutig bestimmten Fixpunkt $x \in X$. Da die Elemente der Iterationsfolge durch die Partialsummen (19.10) darstellbar sind, bekommt der Fixpunkt als Grenzelement der Partialsummen die Reihendarstellung (19.6). Infolge (19.10) lauten die Fehlerabschätzungen (17.6) für alle $n = 0,1,2,\ldots$

$$\Big\|x - \sum_{\nu=0}^{n} A^{\nu}u\Big\| \leqq \Big(\sum_{\nu=n-p}^{\infty} L_{\nu}\Big)\|A^{p+1}u\| \quad , \quad p = 0,\ldots,n \; ;$$

sie ergeben damit die Aussage (19.7) für $q = 1,\ldots,n+1$. Führt man schließlich in

$$\Big\|\sum_{\nu=0}^{m} A^{\nu}u - \sum_{\nu=0}^{n} A^{\nu}u\Big\| = \Big\|\sum_{\nu=n+1}^{m} A^{\nu}u\Big\| \leqq \sum_{\nu=n+1}^{m} L_{\nu}\|u\| \quad , \quad m > n \geqq 0 \; ,$$

den Grenzübergang $m \to \infty$ durch, so folgt (19.7) auch für $q = 0$.

Die wichtigsten Spezialfälle der Abschätzungen (19.7) erhält man für q = 0 und q = n:

Korollar 19.1. Unter den in Satz 19.1 genannten Voraussetzungen gilt für die n^{te} Partialsumme der NEUMANNschen Reihe (19.6) die a priori-Fehlerabschätzung

$$(19.14)\qquad \left\|x - \sum_{\nu=0}^{n} A^{\nu}u\right\| \leqq \left(\sum_{\nu=n+1}^{\infty} L_{\nu}\right)\|u\| \quad , \quad n = 0,1,2,\ldots .$$

Korollar 19.2. Unter den in Satz 19.1 genannten Voraussetzungen gilt für die n^{te} Partialsumme der NEUMANNschen Reihe (19.6) die a posteriori-Fehlerabschätzung

$$(19.15)\qquad \left\|x - \sum_{\nu=0}^{n} A^{\nu}u\right\| \leqq \left(\sum_{\nu=1}^{\infty} L_{\nu}\right)\|A^{n}u\| \quad , \quad n = 0,1,2,\ldots .$$

Für viele Anwendungen ist wieder eine spezielle Fassung von Satz 19.1 von Bedeutung:

Satz 19.2. In einem BANACHraum X über dem Körper $\mathbb{K}$ sei ein kontrahierender stetiger linearer Operator A: X -> X erklärt [1]. Dann besitzt die Operatorgleichung zweiter Art (19.1) für jede Inhomogenität $u \in X$ genau eine, durch die (stets konvergente) NEUMANNsche Reihe (19.6) darstellbare Lösung $x \in X$. Bedeute ferner $L < 1$ eine LIPSCHITZkonstante für A, so gelten für die n^{te} Partialsumme der NEUMANNschen Reihe, n = 0,1,2,... , die insgesamt n+2 Fehlerabschätzungen

$$(19.16)\qquad \left\|x - \sum_{\nu=0}^{n} A^{\nu}u\right\| \leqq \frac{L^{n-q+1}}{1-L}\|A^{q}u\| \quad , \quad q = 0,1,\ldots,n+1 \quad .$$

Beweis durch Zurückführung auf Satz 19.1. Mit $L < 1$ als LIPSCHITZkonstante für A ist

$$(19.17)\qquad \|A^{\nu}x\| \leqq L^{\nu}\|x\| \quad , \quad x \in X \quad , \quad \nu = 0,1,2,\ldots ,$$

trivialerweise für $\nu = 0$ richtig, und die allgemeine Gültigkeit folgt sofort durch vollständige Induktion:

$$\|A^{\nu+1}\| = \|AA^{\nu}x\| \leqq L\|A^{\nu}x\| \leqq L^{\nu+1}\|x\| \quad .$$

---

1) Vgl. Definition 17.1.

Wegen (19.17) und $L < 1$ haben die Potenzen L^{ν} die Bedeutung von aufsummierbaren LIPSCHITZkonstanten für die Operatorpotenzen A^{ν}, $\nu = 0,1,2,\ldots$. Alles weitere ist eine Umformulierung von Satz 19.1.

Korollar 19.3. Unter den in Satz 19.2 genannten Voraussetzungen gilt für die n^{te} Partialsumme der NEUMANNschen Reihe (19.6) die a priori-Fehlerabschätzung

$$(19.18) \qquad \left\|x - \sum_{\nu=0}^{n} A^{\nu}u\right\| \leqq \frac{L^{n+1}}{1-L} \|u\| \quad , \quad n = 0,1,2,\ldots \; .$$

Korollar 19.4. Unter den in Satz 19.2 genannten Voraussetzungen gilt für die n^{te} Partialsumme der NEUMANNschen Reihe (19.6) die a posteriori-Fehlerabschätzung

$$(19.19) \qquad \left\|x - \sum_{\nu=0}^{n} A^{\nu}u\right\| \leqq \frac{L}{1-L} \|A^{n}u\| \quad , \quad n = 0,1,2,\ldots \; .$$

§ 20. Iteration linearer Gleichungssysteme und Integralgleichungen

Schreibt man, was immer möglich ist, ein reelles lineares Gleichungssystem 1) in der Form

$$(20.1) \qquad x_i - \sum_{k=1}^{n} a_{ik}x_k = u_i \quad , \quad i = 1,\ldots,n \; ,$$

so gewinnt dieses, wenn man im $\mathbb{R}^n$ den linearen Operator $A: \mathbb{R}^n \to \mathbb{R}^n$ durch das Matrix-Vektor-Produkt

$$(20.2) \qquad Ax_i = \sum_{k=1}^{n} a_{ik}x_k \quad , \quad i = 1,\ldots,n \quad , \quad x \in \mathbb{R}^n \; ,$$

erklärt, die Bedeutung einer Operatorgleichung zweiter Art (19.1) im $\mathbb{R}^n$. Das Iterationsverfahren (19.11), das zugleich die Partialsummen (19.10) der NEUMANNschen Reihe (19.6) liefert, lautet im Falle (20.1)

1) Komplexe Gleichungssysteme lassen sich ganz analog behandeln.

$$x_i^{(o)} = u_i \quad , \quad i = 1,\ldots,n \ .$$

(20.3)

$$x_i^{(m+1)} = u_i + \sum_{k=1}^{n} a_{ik} x_k^{(m)} \quad , \quad i = 1,\ldots,n \quad , \quad m = 0,1,2,\ldots \ .$$

Um hier die Ergebnisse des § 19 anwenden zu können, müssen wir zunächst den $\mathbb{R}^n$ zu einem BANACHraum machen, was nach Satz 6.8 bereits durch eine Normierung geschieht, und für den Operator A eine LIPSCHITZkonstante angeben. Aus der Vielfalt der Möglichkeiten, den $\mathbb{R}^n$ zu normieren, wollen wir jetzt drei herausgreifen:

Satz 20.1. Legt man dem $\mathbb{R}^n$, $n \geqq 1$,

a.) die l^1-Norm $\quad ||x|| \equiv \sum_{i=1}^{n} |x_i| \quad , \quad x \in \mathbb{R}^n$,

b.) die l^2-Norm [1] $\quad ||x|| \equiv \sqrt{\sum_{i=1}^{n} x_i^2} \quad , \quad x \in \mathbb{R}^n$,

c.) die t-Norm [2] $\quad ||x|| \equiv \max_{i=1,\ldots,n} |x_i| \quad , \quad x \in \mathbb{R}^n$,

zugrunde [3], so ist der durch (20.2) erklärte lineare Operator $A: \mathbb{R}^n \to \mathbb{R}^n$ jeweils stetig und besitzt im Falle

a.) die Zeilenmaximasumme $\quad L = \sum_{i=1}^{n} \max_{k=1,\ldots,n} |a_{ik}|$,

b.) die Quadratsummenwurzel $\quad L = \sqrt{\sum_{i=1}^{n} \sum_{k=1}^{n} a_{ik}^2}$,

c.) das Zeilensummenmaximum $\quad L = \max_{i=1,\ldots,n} \sum_{k=1} |a_{ik}|$

als LIPSCHITZkonstante.

Beweis nur für den jeweiligen Wert der LIPSCHITZkonstanten erforderlich. Aus (20.2) folgt im Falle a.)

$$||Ax|| = \sum_{i=1}^{n} \left| \sum_{k=1}^{n} a_{ik} x_k \right| \leqq \sum_{i=1}^{n} \sum_{k=1}^{n} |a_{ik}||x_k|$$

---

1) Die l^2-Norm ist gleichbedeutend mit der (in Beispiel 4.1 betrachteten) euklidischen Norm.

2) Die t-Norm wird auch als "l^∞-Norm" bezeichnet.

3) Der Leser überzeuge sich in den bisher nicht behandelten Fällen der l^1- und t-Norm, daß die Normaxiome erfüllt sind.

$$\leqq \sum_{i=1}^{n} \sum_{k=1}^{n} \Big(\max_{j=1,\dots,n} |a_{ij}| \Big) |x_k| = \Big(\sum_{i=1}^{n} \max_{j=1,\dots,n} |a_{ij}| \Big) ||x|| \quad ,$$

im Falle b.) mit Hilfe der SCHWARZschen Ungleichung

$$||Ax|| = \sqrt{\sum_{i=1}^{n} \Big(\sum_{k=1}^{n} a_{ik}x_k\Big)^2} \leqq \sqrt{\sum_{i=1}^{n} \Big(\sum_{k=1}^{n} a_{ik}^2\Big)\Big(\sum_{j=1}^{n} x_j^2\Big)}$$

$$= \sqrt{\Big(\sum_{i=1}^{n} \sum_{k=1}^{n} a_{ik}^2\Big)\Big(\sum_{j=1}^{n} x_j^2\Big)} = \sqrt{\sum_{i=1}^{n} \sum_{k=1}^{n} a_{ik}^2}\; ||x||$$

und schließlich im Falle c.)

$$||Ax|| = \max_{i=1,\dots,n} \Big|\sum_{k=1}^{n} a_{ik}x_k\Big| = \Big|\sum_{k=1}^{n} a_{i_0k}x_k\Big| \leqq \sum_{k=1}^{n} |a_{i_0k}||x_k|$$

$$\leqq \sum_{k=1}^{n} |a_{i_0k}| \max_{j=1,\dots,n} |x_j| \leqq \Big(\max_{i=1,\dots,n} \sum_{k=1}^{n} |a_{ik}|\Big) ||x|| \quad .$$

Ist jetzt eine oder mehrere der in Satz 20.1 genannten LIPSCHITZ-konstanten $L < 1$, so konvergiert das Iterationsverfahren (20.3) nach Satz 19.2 gegen die eindeutig bestimmte Lösung des Gleichungssystems (20.1); dabei ist allerdings zu bedenken, daß Konvergenz und Fehlerabschätzungen bei verschiedener Normierung des $\mathbb{R}^n$ verschieden zu interpretieren sind. Dies gilt insbesondere für die vom praktischen Standpunkt aus hauptsächlich interessanten, in Korollar 19.4 angegebenen a posteriori-Abschätzungen (19.19). Denkt man sich diese durch die Partialsummen der NEUMANNschen Reihe (19.10) ausgedrückt und beachtet ferner

$$|x_i| \leqq ||x|| \quad , \quad i = 1,\dots,n \quad , \quad x \in \mathbb{R} \quad ,$$

für jede der drei betrachteten Normen, so erhält man (jeweils unter der Voraussetzung $L < 1$) die a posteriori-Schranken [1)]

---

1) Bei einer gegenseitigen Abwägung dieser Abschätzungen darf man sich wegen der verschiedenen Bedeutung der LIPSCHITZkonstanten L nicht allein auf die Tatsache stützen, daß der Faktor von $\frac{L}{1-L}$ in c.) günstiger als in b.) und in b.) wiederum günstiger als in a.) ausfällt.

a.) $|x_i - x_i^{(m)}| \leqq \frac{L}{1-L} \sum_{k=1}^{n} |x_k^{(m)} - x_k^{(m-1)}|$, $i=1,\ldots,n$, $m=1,2,\ldots$,

b.) $|x_i - x_i^{(m)}| \leqq \frac{L}{1-L} \sqrt{\sum_{k=1}^{n} (x_k^{(m)} - x_k^{(m-1)})^2}$, $i=1,\ldots,n$, $m=1,2,\ldots$,

c.) $|x_i - x_i^{(m)}| \leqq \frac{L}{1-L} \max_{k=1,\ldots,n} |x_k^{(m)} - x_k^{(m-1)}|$, $i=1,\ldots,n$, $m=1,2,\ldots$.

Beispiel 20.1. In Matrixschreibweise sei folgendes lineare Gleichungssystem vorgelegt:

$$\begin{pmatrix} x_1 \\ x_2 \\ x_3 \end{pmatrix} - \begin{pmatrix} 0 & 0{,}3 & -0{,}2 \\ 0{,}1 & 0 & -0{,}3 \\ -0{,}5 & 0{,}4 & 0 \end{pmatrix} \begin{pmatrix} x_1 \\ x_2 \\ x_3 \end{pmatrix} = \begin{pmatrix} -1{,}5 \\ 3{,}7 \\ 0{,}3 \end{pmatrix} .$$

Da es bereits die Form (20.1) hat [1], erhält man gemäß Satz 20.1 sofort

a.) die Zeilenmaximasumme $L = 1{,}1 \geqq 1$,

b.) die Quadratsummenwurzel $L = 0{,}8 < 1$,

c.) das Zeilensummenmaximum $L = 0{,}9 < 1$.

Die Theorie versagt also im Falle a.), während sie in den Fällen b.) und c.) die gewünschte Konvergenzaussage für das Iterationsverfahren

$$x_1^{(o)} = -1{,}5 \quad , \quad x_1^{(m+1)} = -1{,}5 + 0{,}3\, x_2^{(m)} - 0{,}2\, x_3^{(m)} ,$$

$$x_2^{(o)} = 3{,}7 \quad , \quad x_2^{(m+1)} = 3{,}7 + 0{,}1\, x_1^{(m)} - 0{,}3\, x_3^{(m)} ,$$

$$x_3^{(o)} = 0{,}3 \quad , \quad x_3^{(m+1)} = 0{,}3 - 0{,}5\, x_1^{(m)} + 0{,}4\, x_2^{(m)}$$

---

1) Es handelt sich hier um einen speziellen und für das Iterationsverfahren im allgemeinen günstigeren Typ eines linearen Gleichungssystems (20.1), bei dem sämtliche Diagonalelemente $a_{11},\ldots,a_{nn}$ verschwinden. In einen solchen Typ kann ein Gleichungssystem der Form

$$\sum_{i=1}^{n} s_{ik} x_k = u_i \quad , \quad i = 1,\ldots,n ,$$

immer dann überführt werden, wenn alle Diagonalelemente $s_{11},\ldots,s_{nn}$ von Null verschieden sind:

$$x_i + \sum_{\substack{k=1 \\ k \neq i}}^{n} \frac{s_{ik}}{s_{ii}} x_k = \frac{u_i}{s_{ii}} \quad , \quad i = 1,\ldots,n .$$

mit den a posteriori-Fehlerabschätzungen

b.) $|x_i - x_i^{(m)}| \leqq 4 \sqrt{\sum_{k=1}^{3} (x_k^{(m)} - x_k^{(m-1)})}$, $i = 1,2,3$, $m = 1,2,\ldots$,

c.) $|x_i - x_i^{(m)}| \leqq 9 \max_{k=1,2,3} |x_k^{(m)} - x_k^{(m-1)}|$, $i = 1,2,3$, $m = 1,2,\ldots$,

liefert. Numerisch erhält man nach wenigen Schritten die strenge Lösung auf drei Dezimalstellen nach dem Komma:

m	0	1	2	3	4	5	6	7	8	9
$x_1^{(m)}$	-1,500	-0,450	-0,968	-1,013	-0,979	-0,999	-1,000	-0,999	-1,000	-1,000
$x_2^{(m)}$	3,700	3,460	2,896	3,031	3,016	2,996	3,001	3,001	3,000	3,000
$x_3^{(m)}$	0,300	2,530	1,909	1,942	2,019	1,996	1,998	2,001	2,000	2,000

Ganz ähnlich läßt sich für eine FREDHOLMsche Integralgleichung zweiter Art

(20.4) $$x(s) - \int_a^b K(s,t)x(t)\,dt = u(s) \quad , \quad s \in [a,b] \quad ,$$

bei der die üblichen Stetigkeitsvoraussetzungen für den Kern und die Inhomogenität erfüllt sind, ein Iterationsverfahren angeben, wenn man im Raum $C[a,b]$ den linearen Operator

(20.5) $$Ax(s) = \int_a^b K(s,t)x(t)\,dt \quad , \quad s \in [a,b] \quad , \quad x \in C[a,b] \quad ,$$

betrachtet. Die Partialsummen der NEUMANNschen Reihe bzw. die Elemente der Iterationsfolge ergeben sich dann rekursiv aus

(20.6) $$x_o(s) = u(s) \quad , \quad s \in [a,b] \quad ,$$
$$x_{n+1}(s) = u(s) + \int_a^b K(s,t)x_n(t)\,dt \quad , \quad s \in [a,b] \quad , \quad n = 0,1,2,\ldots \ .$$

<u>Satz 20.2.</u> Im Raume $C[a,b]$ mit T-Norm ist der durch (20.5) erklärte lineare Operator $A: C[a,b] \to C[a,b]$ stetig und besitzt die LIPSCHITZkonstante

(20.7) $$L = \max_{s \in [a,b]} \int_a^b |K(s,t)|\,dt \ .$$

Beweis nur für den Wert der LIPSCHITZkonstanten erforderlich. Aus (20.5) folgt unmittelbar

$$||Ax|| = \max_{s\in[a,b]} \left| \int_a^b K(s,t)x(t)\,dt \right| = \left| \int_a^b K(s_o,t)x(t)\,dt \right|$$

$$\leqq \int_a^b |K(s_o,t)|\,||x||\,dt \leqq \left(\max_{s\in[a,b]} \int_a^b |K(s,t)|\,dt \right) ||x|| \;.$$

Im Falle $L < 1$ konvergiert das Iterationsverfahren (20.6) nach Satz 19.2 infolge der BANACHraumeigenschaft des Raumes $C[a,b]$ mit T-Norm im Sinne der Norm dieses Raumes, also gleichmäßig gegen die eindeutig bestimmte stetige Lösung der Integralgleichung (20.4). Diese kann bei Beachtung der Rekursionsbeziehung (19.9) durch die gleichmäßig konvergente NEUMANNsche Reihe

$$\begin{aligned} x(s) &= u(s) + \int_a^b K(s,t_1)u(t_1)dt_1 + \int_a^b\int_a^b K(s,t_1)K(t_1,t_2)u(t_2)dt_2dt_1 \\ &+ \int_a^b\int_a^b\int_a^b K(s,t_1)K(t_1,t_2)K(t_2,t_3)u(t_3)dt_3dt_2dt_1 + \dots \;, \quad s\in[a,b], \end{aligned} \tag{20.8}$$

geschlossen dargestellt werden. Bedenkt man noch

$$|x(s)| \leqq ||x|| \quad , \quad s\in[a,b] \quad , \quad x\in C[a,b] \quad ,$$

so liefert Korollar 19.4 für den n^{ten} Schritt des Iterationsverfahrens (20.6) bzw. für die n^{te} Partialsumme der NEUMANNschen Reihe (20.8) die a posteriori-Fehlerabschätzung

$$|x(s)-x_n(s)| \leqq \frac{L}{1-L} \max_{s\in[a,b]} |x_n(s)-x_{n-1}(s)| \;,\quad s\in[a,b],\; n=1,2,\dots \;. \tag{20.9}$$

Beispiel 20.2. Mit reellen Zahlen $a > 0$, $b > 0$ und λ sei die FREDHOLMsche Integralgleichung zweiter Art

$$x(s) - \frac{\lambda ab}{\pi} \int_0^{2\pi} \frac{x(t)dt}{a^2+b^2-(a^2-b^2)\cos(s+t)} = u(s) \quad,\quad s\in[0,2\pi] \;, \tag{20.10}$$

vorgelegt. Die LIPSCHITZkonstante (20.7) lautet

$$L = \max_{s\in[0,2\pi]} \frac{|\lambda|ab}{\pi} \int_0^{2\pi} \frac{dt}{a^2+b^2-(a^2-b^2)\cos(s+t)} \;.$$

Wegen der Unabhängigkeit des Integrals von s auf Grund der Periodizität des Integranden folgt [1]

$$L = \frac{|\lambda| ab}{\pi} \int_0^{2\pi} \frac{dt}{a^2+b^2-(a^2-b^2)\cos t} = \frac{2|\lambda| ab}{\sqrt{(a^2+b^2)^2-(a^2-b^2)^2}}$$

und damit

(20.11) $$L = |\lambda| .$$

Das Iterationsverfahren (20.6), angewandt auf (20.10), führt also im Falle $|\lambda| < 1$ auf die eindeutig bestimmte stetige Lösung $x(s)$, $s \in [a,b]$.

§ 21. VOLTERRAsche Integralgleichungen

Gegeben seien jetzt ein stetiger Dreieckskern, d.h. eine stetige Kernfunktion $K(s,t)$,

$$a \leqq s \leqq b \quad , \quad a \leqq t \leqq s \quad ,$$

mit dreieckigem Definitionsbereich (Fig. 15), und eine weitere stetige Funktion $u(s)$, $a \leqq s \leqq b$. Dann heißt

(21.1) $$\int_a^s K(s,t)x(t)dt = u(s), \quad s \in [a,b] \quad ,$$

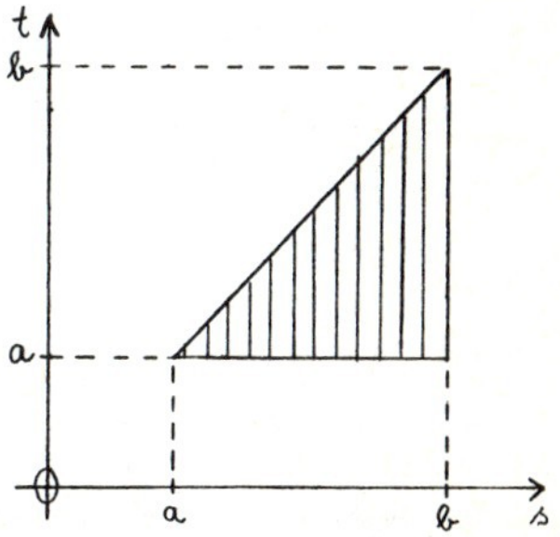

Fig. 15. Definitionsbereich des Kernes einer VOLTERRA-

1) Das hier benutzte Integral

$$\int_0^{2\pi} \frac{dt}{\alpha - \beta \cos t} = \frac{2\pi}{\sqrt{\alpha^2 - \beta^2}} \quad , \quad |\beta| < \alpha \quad ,$$

bestätigt man leicht mit der Residuenmethode.

eine VOLTERRAsche [1] Integralgleichung erster Art und

$$x(s) - \int_a^s K(s,t)x(t)\,dt = u(s) \quad , \quad s \in [a,b] \quad , \tag{21.2}$$

eine VOLTERRAsche Integralgleichung zweiter Art für eine gesuchte stetige Funktion $x(s)$, $a \leqq s \leqq b$. Daß es sich hier um Operatorgleichungen erster bzw. zweiter Art im Raume $C[a,b]$ handelt, ist keinesfalls selbstverständlich, wird jedoch garantiert durch den folgenden klassischen

Satz 21.1. Sei $K(s,t)$, $a \leqq s \leqq b$, $a \leqq t \leqq s$, ein stetiger Dreieckskern und $x(s)$, $a \leqq s \leqq b$, eine stetige Funktion, so ist auch

$$Ax(s) = \int_a^s K(s,t)x(t)\,dt \quad , \quad s \in [a,b] \quad , \tag{21.3}$$

eine stetige Funktion.

Beweis. Seien M, M^* positiv reelle Schranken gemäß

$$\begin{aligned} |K(s,t)| &< M \quad , \quad a \leqq s \leqq b \quad , \quad a \leqq t \leqq s \quad , \\ |x(s)| &< M^* \quad , \quad a \leqq s \leqq b \quad , \end{aligned} \tag{21.4}$$

so gibt es zu $\varepsilon > 0$ nach dem Satz von HEINE ein $\delta > 0$ derart, daß

$$|K(s_2,t_2) - K(s_1,t_1)| < \frac{\varepsilon}{3M^*(b-a)} \tag{21.5}$$

ausfällt für je zwei Punkte (s_1,t_1), (s_2,t_2) des Definitionsdreiecks, deren euklidischer Abstand δ nicht übersteigt. Für zwei Stellen $a \leqq s_1 \leqq s_2 \leqq b$ mit einem Abstand

$$s_2 - s_1 \leqq \min\left\{\delta \, , \, \frac{\varepsilon}{3MM^*}\right\} \tag{21.6}$$

folgt dann aus (21.3) bis (21.6)

$$\begin{aligned} |Ax(s_2) - Ax(s_1)| &= \left| \int_a^{s_1} (K(s_2,t) - K(s_1,t))x(t)dt + \int_{s_1}^{s_2} K(s_2,t)x(t)dt \right| \\ &\leqq \int_a^{s_1} |K(s_2,t) - K(s_1,t)| M^* dt + \int_{s_1}^{s_2} MM^*\,dt \\ &\leqq \int_a^{s_1} \frac{\varepsilon}{3M^*(b-a)} M^*\,dt + \frac{\varepsilon}{3MM^*}\, MM^* \leqq \frac{\varepsilon}{3} + \frac{\varepsilon}{3} < \varepsilon \end{aligned}$$

---

1) Vito VOLTERRA (1860-1940), Professor in Turin und Rom, leistete Beiträge zur Theorie der Differential- und Integralgleichungen.

und damit die (gleichmäßige) Stetigkeit der Funktion (21.3).

Zu näheren Aussagen über den in (21.1) und (21.2) auftretenden Integraloperator (21.3) gelangt man durch eine geeignete Normierung des Raumes $C[a,b]$:

Satz 21.2. Mit einem stetigen Dreieckskern $K(s,t)$, $a \leqq s \leqq b$, $a \leqq t \leqq s$, werde im Raume $C[a,b]$ mit T-Norm durch (21.3) der lineare Operator $A: C[a,b] \to C[a,b]$ erklärt [1]. Der Kern des Operators sei gemäß

$$(21.7) \qquad |K(s,t)| \leqq M \quad , \quad a \leqq s \leqq b \quad , \quad a \leqq t \leqq s \quad ,$$

beschränkt. Dann besitzt die ν^{te} Potenz des Operators A die LIPSCHITZkonstante

$$(21.8) \qquad L_\nu = \frac{M^\nu (b-a)^\nu}{\nu!} \quad , \quad \nu = 0,1,2,\ldots \quad .$$

Insbesondere ist A ein stetiger Operator.

Beweis. Die Abschätzung

$$(21.9) \quad |A^\nu x(s)| \leqq \frac{M^\nu (s-a)^\nu}{\nu!} ||x|| , \quad s \in [a,b] \ , \ x \in C[a,b] \ , \ \nu = 0,1,2,\ldots \ ,$$

ist sicher für $\nu = 0$ richtig. Aus der Annahme, sie gelte für ein $\nu \geqq 0$, folgt zusammen mit (21.7) und (21.9)

$$|A^{\nu+1} x(s)| = |A(A^\nu x))(s)| = \left| \int_a^s K(s,t) A^\nu x(t) dt \right|$$

$$\leqq \int_a^s M \frac{M^\nu (t-a)^\nu}{\nu!} ||x|| dt = \frac{M^{\nu+1} (s-a)^{\nu+1}}{(\nu+1)!} ||x||$$

und damit durch vollständige Induktion die allgemeine Gültigkeit von (21.9). Bei festen, aber beliebigen $\nu = 0,1,2,\ldots$ und $x \in C[a,b]$ nehme nun die linke Seite von (21.9) an der Stelle $s_0 \in [a,b]$ ihr Maximum an. Dann liefert (21.9), genommen für $s = s_0$,

$$||A^\nu x|| \leqq \frac{M^\nu (s_0 - a)^\nu}{\nu!} ||x|| \leqq \frac{M^\nu (b-a)^\nu}{\nu!} ||x|| \quad .$$

Damit besitzt A^ν die behauptete LIPSCHITZkonstante (21.8).

1) Die Linearität des Operators A leuchtet unmittelbar ein.

Die VOLTERRAsche Gleichung erster Art (21.1), für die man die notwendige Integrabilitätsbedingung

(21.10) $$u(a) = 0$$

unmittelbar abliest, läßt sich unter den Zusatzvoraussetzungen

$K(s,t)$, $a \leqq s \leqq b$, $a \leqq t \leqq s$, ist stetig differenzierbar nach s,

$K(s,s) \neq 0$, $a \leqq s \leqq b$,

$u(s)$, $a \leqq s \leqq b$, ist stetig differenzierbar,

sehr leicht in eine äquivalente VOLTERRAsche Gleichung zweiter Art überführen. Sei nämlich $u(s)$, $a \leqq s \leqq b$, eine stetige Lösung von (21.1), so erhält man durch Differentiation nach s die Gleichung [1]

(21.11) $$K(s,s)x(s) + \int_a^s K_s(s,t)x(t)dt = u'(s) \quad , \quad a \leqq s \leqq b \quad ,$$

die nach Division durch $K(s,s) \neq 0$ offenbar vom Typ (21.2) ist. Hat man umgekehrt eine stetige Lösung $x(s)$, $a \leqq s \leqq b$, von (21.11), so bilden beide Seiten von (21.1) Stammfunktionen zu beiden Seiten von (21.11); da ferner beide Seiten von (21.1) infolge (21.10) für $s = a$ übereinstimmen, ergibt sich (21.1) als Folge von (21.11). Somit wird also eine umfangreiche Klasse von VOLTERRAschen Integralgleichungen erster Art durch solche zweiter Art abgedeckt. Diese lassen sich nun ihrerseits in voller Allgemeinheit durch die NEUMANNsche Reihe lösen, letzten Endes also auf das BANACHsche Fixpunktprinzip zurückführen:

Satz 21.3. Die VOLTERRAsche Integralgleichung zweiter Art (21.2) mit stetigem Dreieckskern $K(s,t)$, $a \leqq s \leqq b$, $a \leqq t \leqq s$, und stetiger Inhomogenität $u(s)$, $a \leqq s \leqq b$, besitzt genau eine, durch die gleichmäßig konvergente NEUMANNsche Reihe

---

1) Benutzt wird hier die folgende Differentiationsregel: Sei $f(x,\xi)$ in dem Dreiecksgebiet $a \leqq x \leqq b$, $a \leqq \xi \leqq x$ stetig differenzierbar nach x, so gilt

$$\frac{d}{dx} \int_a^x f(x,\xi)d\xi = f(x,x) + \int_a^x f_x(x,\xi)d\xi \quad , \quad a \leqq x \leqq b \; .$$

Den Beweis findet man im Rahmen einer allgemeinen Regel bei MANGOLDT-KNOPP, Einführung in die höhere Mathematik Bd. III, 13. Aufl., Hirzel, Stuttgart 1967, S. 336-338.

$$x(s) = u(s) + \int_a^s K(s,t_1)u(t_1)dt_1 + \int_a^s \int_a^{t_1} K(s,t_1)K(t_1,t_2)u(t_2)dt_2dt_1$$

$$(21.12) \qquad + \int_a^s \int_a^{t_1} \int_a^{t_2} K(s,t_1)K(t_1,t_2)K(t_2,t_3)dt_3dt_2dt_1 + \ldots \; ,$$

$$a \leqq s \leqq b \; ,$$

darstellbare stetige Lösung. Dabei gilt, wenn $M \geqq 0$ eine Schranke für den Kern bedeutet, für die n^{te} Partialsumme die a posteriori-Fehlerabschätzung

$$(21.13) \qquad |x(s) - x_n(s)| \leqq (e^{M(b-a)} - 1) \max_{s \in [a,b]} |x_n(s) - x_{n-1}(s)| \; ,$$

$$s \in [a,b] \; , \quad n = 1,2,\ldots \; .$$

<u>Beweis.</u> Nach den Sätzen 21.1 und 21.2 bildet die VOLTERRAsche Integralgleichung zweiter Art (21.2) im Raume $C[a,b]$ mit T-Norm eine Operatorgleichung zweiter Art mit dem stetigen linearen Operator (21.3). Außerdem besitzen die Potenzen des Operators die aufsummierbaren LIPSCHITZkonstanten (21.8):

$$(21.14) \qquad \sum_{\nu=0}^{\infty} L_\nu = \sum_{\nu=0}^{\infty} \frac{M^\nu (b-a)^\nu}{\nu!} = e^{M(b-a)} < \infty \; .$$

Somit sind alle Voraussetzungen zu Satz 19.1 erfüllt, und die eindeutig bestimmte Lösung $x \in C[a,b]$ ist durch die im Sinne der T-Norm konvergente NEUMANNsche Reihe (19.6) darstellbar. Durch rekursive Berechnung der Reihenglieder gemäß (19.9) entsteht die Reihendarstellung (21.12), wobei die gleichmäßige Konvergenz durch die T-Norm gegeben ist. Die a posteriori-Abschätzung (21.13) folgt aus Korollar 19.2 und (21.8), wenn man (19.15) zuvor durch die Partialsummen der NEUMANNschen Reihe (19.10) ausgedrückt hat.

<u>Beispiel 21.1.</u> Die VOLTERRAsche Integralgleichung zweiter Art

$$(21.15) \qquad x(s) - \int_0^s (s-t)x(t)dt = s \quad , \quad s \in [0,1] \; ,$$

besitzt nach Satz 21.3 genau eine stetige, durch die NEUMANNsche Reihe (21.12) darstellbare Lösung $x(s)$, $s \in [0,1]$. Die Rekursionsvorschrift zur Berechnung der Reihenglieder (19.9) lautet in diesem Fall

$$u_0(s) = s \quad , \quad u_{\nu+1}(s) = \int_0^s (s-t)u_\nu(t)dt \quad , \quad \nu = 0,1,2,\ldots \; ,$$

bzw. nach einer partiellen Integration

$$u_{\nu+1}(s) = \left[(s-t)\int_0^t u_\nu(\tau)d\tau\right]_0^s + \int_0^s\int_0^t u_\nu(\tau)d\tau\, dt \quad , \quad \nu = 0,1,2,\ldots ;$$

da der ausintegrierte Anteil verschwindet, erhält man

$$u_0(s) = \frac{s}{1!} \;,\quad u_1(s) = \frac{s^3}{3!} \;,\quad u_2(s) = \frac{s^5}{5!} \;,\quad u_3(s) = \frac{s^7}{7!} \;,\ \ldots$$

und damit die (auch leicht direkt nachprüfbare) Lösung

$$(21.16) \qquad x(s) = \sum_{\nu=0}^{\infty} \frac{s^{2\nu+1}}{(2\nu+1)!} = \mathfrak{Sin}\, s \quad , \quad s \in [0,1] \quad .$$

§ 22. Konvexität

Dieser Paragraph dient der Vorbereitung eines weiteren Fixpunktprinzips, jedoch sind die auftretenden Begriffsbildungen auch für sich genommen von Bedeutung.

Definition 22.1. Sei V ein Vektorraum über dem Körper $\mathbb{K}$ und $\mathfrak{M} \subseteq V$ eine nichtleere Teilmenge, so heißt die Menge [1)]

$$(22.1) \quad \mathcal{C}\mathfrak{M} \equiv \left\{ u \in V \,|\, u = \sum_{i=1}^{n} \lambda^i u_i ,\ \sum_{i=1}^{n} \lambda^i = 1,\ \lambda^i \geqq 0,\ u_i \in \mathfrak{M},\ n = 1,2,3,\ldots \right\}$$

die konvexe Hülle der Menge $\mathfrak{M}$. Man setzt ferner $\mathcal{C}\emptyset \equiv \emptyset$.

Satz 22.1. Für eine Menge $\mathfrak{M} \subseteq V$ gilt

$$(22.2) \qquad \mathfrak{M} \subseteq \mathcal{C}\mathfrak{M} \subseteq \mathcal{L}\mathfrak{M} \;.$$

Beweis. Aus $u \in \mathfrak{M}$ folgt $u = 1\cdot u \in \mathcal{C}\mathfrak{M}$. Aus $u \in \mathcal{C}\mathfrak{M}$ folgt die Darstellung $u = \sum_{i=1}^{n} \lambda^i u_i$ mit $\lambda^i \in \mathbb{K}$, $u_i \in \mathfrak{M}$ und damit $u \in \mathcal{L}\mathfrak{M}$.

---

1) Mit $\lambda^i \geqq 0$ soll in (22.1) und im folgenden zugleich zum Ausdruck gebracht werden, daß diese Skalare $\lambda^i \in \mathbb{K}$ stets reell sind, gleichgültig ob $\mathbb{K} = \mathbb{R}$ oder $\mathbb{K} = \mathbb{C}$ gilt.

Satz 22.2. Für eine Menge $\mathfrak{M} \subseteq V$ gilt

$$\mathscr{C}\mathscr{C}\mathfrak{M} = \mathscr{C}\mathfrak{M}. \tag{22.3}$$

Beweis von rechts nach links folgt aus Satz 22.1. Zum Beweis von links nach rechts wählen wir $u \in \mathscr{C}\mathscr{C}\mathfrak{M}$ fest, aber beliebig. Dann gilt nach Definition 22.1 zunächst die Darstellung

$$u = \sum_{i=1}^{n} \lambda^i u_i \tag{22.4}$$

mit

$$\sum_{i=1}^{n} \lambda^i = 1 \quad , \quad \lambda^i \geqq 0 \quad , \quad u_i \in \mathscr{C}\mathfrak{M} \quad ; \tag{22.5}$$

dabei gilt wiederum

$$u_i = \sum_{k=1}^{m_i} \lambda_i^k u_{ik} \tag{22.6}$$

mit

$$\sum_{k=1}^{m_i} \lambda_i^k = 1 \quad , \quad \lambda_i^k \geqq 0 \quad , \quad u_{ik} \in \mathfrak{M} \quad . \tag{22.7}$$

Einsetzen von (22.6) in (22.4) liefert unter Beachtung von (22.5) und (22.7) die Darstellung

$$u = \sum_{i=1}^{n} \lambda^i \sum_{k=1}^{m_i} \lambda_i^k u_{ik} = \sum_{i=1}^{n} \sum_{k=1}^{m_i} \lambda^i \lambda_i^k u_{ik}$$

mit

$$\sum_{i=1}^{n} \sum_{k=1}^{m_i} \lambda^i \lambda_i^k = \sum_{i=1}^{n} \lambda^i \sum_{k=1}^{m_i} \lambda_i^k = \sum_{i=1}^{n} \lambda^i = 1 \quad , \quad \lambda^i \lambda_i^k \geqq 0 \, , \quad u_{ik} \in \mathfrak{M} \, ,$$

und damit die Behauptung $u \in \mathscr{C}\mathfrak{M}$.

Satz 22.3. Aus $\mathfrak{M}_1 \subseteq \mathfrak{M}_2$ folgt $\mathscr{C}\mathfrak{M}_1 \subseteq \mathscr{C}\mathfrak{M}_2$.

Beweis. Sei $u \in \mathscr{C}\mathfrak{M}_1$ beliebig gewählt, so gilt

$$u = \sum_{i=1}^{n} \lambda^i u_i$$

mit

$$\sum_{i=1}^{n} \lambda^i = 1 \quad , \quad \lambda^i \geqq 0 \quad , \quad u_i \in \mathfrak{M}_1 \subseteq \mathfrak{M}_2$$

und damit $u \in \mathscr{C}\mathfrak{M}_2$.

Satz 22.4. Die konvexe Hülle einer nichtleeren endlichen Menge $\{u_1,\dots,u_n\} \subseteq V$ lautet

$$(22.8)\quad \mathcal{C}\{u_1,\dots,u_n\} = \left\{ u \in V \,\middle|\, u = \sum_{i=1}^{n} \lambda^i u_i \;,\; \sum_{i=1}^{n} \lambda^i = 1 \;,\; \lambda^i \geqq 0 \right\} .$$

Beweis. Jedes Element rechts in (22.8) ist nach Definition 22.1 sicher in $\mathcal{C}\{u_1,\dots,u_n\}$ enthalten. Umgekehrt besitzt ein Element $u \in \mathcal{C}\{u_1,\dots,u_n\}$ eine durch (22.1) gegebene Lineardarstellung, die stets, gegebenenfalls durch Zusammenfassung von Gliedern mit gleichen Elementen und Ergänzung von Nullelementen der Form $0u_1,\dots,0u_n$, in die Form eines Elementes rechts in (22.8) gebracht werden kann.

Satz 22.5. Eine Teilmenge $\mathfrak{M}$ eines Vektorraumes V über dem Körper $\mathbb{K}$ heißt konvex, wenn eine der beiden folgenden, untereinander äquivalenten Bedingungen erfüllt ist:

I. Die konvexe Hülle der Menge fällt mit der Menge zusammen, d.h. es gilt

$$(22.9)\qquad \mathcal{C}\mathfrak{M} = \mathfrak{M}$$

II. Mit zwei Elementen $u,v \in \mathfrak{M}$ gehört auch deren gerade Verbindungslinie zu $\mathfrak{M}$, d.h. es gilt

$$(22.10)\qquad \lambda u + \mu v \in \mathfrak{M} \;,\quad \lambda+\mu = 1 ,\quad \lambda \geqq 0 \;,\quad \mu \geqq 0 \;.$$

Beweis. V o n I n a c h II . Seien $u,v \in \mathfrak{M}$ und λ,μ mit den genannten Eigenschaften fest, aber beliebig gewählt, so folgt $\lambda u + \mu v \in \mathcal{C}\mathfrak{M} = \mathfrak{M}$. – V o n II n a c h I . Wegen Satz 22.1 braucht die Mengengleichung nur von links nach rechts bewiesen zu werden. Sei also $u \in \mathcal{C}\mathfrak{M}$ fest, aber beliebig gewählt. Dann gilt die Darstellung

$$u = \sum_{i=1}^{n} \lambda^i u_i$$

mit

$$\sum_{i=1}^{n} \lambda^i = 1 \;,\quad \lambda^i > 0 \;,\quad u_i \in \mathfrak{M} \;;$$

dabei bedeutet es offensichtlich keine Einschränkung, die λ^i als positiv anzunehmen. Wir beweisen anschließend

$$(22.11)\qquad v_\nu \equiv \frac{\sum_{i=1}^{\nu} \lambda^i u_i}{\sum_{i=1}^{\nu} \lambda^i} \in \mathfrak{M} \quad,\quad \nu = 1,\dots,n \quad,$$

durch vollständige Induktion. Für $\nu = 1$ ist (22.11) wegen $v_1 = u_1 \in \mathfrak{M}$ richtig; aus der Annahme, (22.11) gelte (im Falle $n > 1$) für ein $1 \leqq \nu \leqq n-1$, folgt auf Grund der Voraussetzung II

$$v_{\nu+1} = \frac{\sum_{i=1}^{\nu} \lambda^i u_i + \lambda^{\nu+1} u_{\nu+1}}{\sum_{i=1}^{\nu+1} \lambda^i} = \frac{\sum_{i=1}^{\nu} \lambda^i}{\sum_{i=1}^{\nu+1} \lambda^i} v_\nu + \frac{\lambda^{\nu+1}}{\sum_{i=1}^{\nu+1} \lambda^i} u_{\nu+1} \in \mathfrak{M}$$

und damit (22.11) für alle $\nu = 1,\ldots,n$. Speziell für $\nu = n$ liefert (22.11) die Behauptung $v_n = u \in \mathfrak{M}$.

Satz 22.6. Die konvexe Hülle einer Menge ist konvex.

Beweis folgt direkt aus Satz 22.2 in Verbindung mit Definition I der konvexen Menge.

Satz 22.7. Es sei V ein Vektorraum über dem Körper $\mathbb{K}$. Dann ist der Durchschnitt $U \cap \mathfrak{M}$ eines Untervektorraumes $U \subseteq V$ mit einer konvexen Teilmenge $\mathfrak{M} \subseteq V$ selbst eine konvexe Teilmenge, und zwar sowohl des Vektorraumes V als auch des Untervektorraumes U.

Bemerkung. Man stelle sich im $\mathbb{R}^3$ den Schnitt eines konvexen Gebietes mit einer Ebene durch den Ursprung vor (Fig. 16).

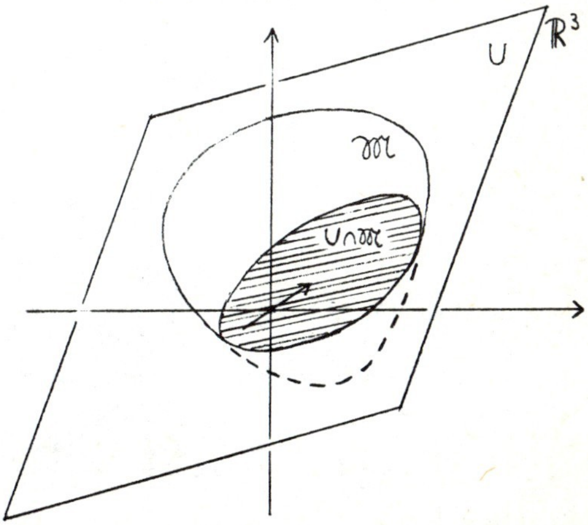

Fig. 16. Schnitt eines Untervektorraumes mit einer konvexen Menge

Beweis für $U \cap \mathfrak{M} = \emptyset$ wegen $\mathscr{C}\emptyset = \emptyset$ trivial. Im Falle $U \cap \mathfrak{M} \neq \emptyset$ wählen wir $u, v \in U \cap \mathfrak{M}$ und nichtnegativ reelle Zahlen λ, μ mit $\lambda + \mu = 1$ fest, aber beliebig und betrachten hiermit das Element

$$w \equiv \lambda u + \mu v \ .$$

Aus $u, v \in \mathfrak{M}$ und der Konvexität von $\mathfrak{M}$ folgt $w \in \mathfrak{M}$; wegen $u, v \in U$ gilt ferner $w \in U$. Somit ist $w \in U \cap \mathfrak{M}$, und $U \cap \mathfrak{M}$ erweist sich als konvexe Teilmenge von V. – Faßt man $U \cap \mathfrak{M}$ als Teilmenge des Vektorraumes U auf, so folgt unmittelbar die Konvexität von $U \cap \mathfrak{M}$ auch hinsichtlich U.

Wir betrachten abschließend den Begriff der Konvexität in normierten Vektorräumen.

Satz 22.8. Sei V ein normierter Vektorraum über $\mathbb{K}$ und $\mathfrak{M} \subseteq V$ eine durch eine reelle Zahl $M \geqq 0$ beschränkte Teilmenge. Dann ist auch die konvexe Hülle $\mathcal{C}\mathfrak{M} \subseteq V$ durch M beschränkt.

Beweis. Es sei $u \in \mathcal{C}\mathfrak{M}$ fest, aber beliebig gewählt. Dann gilt mit einer natürlichen Zahl n die Darstellung

$$u = \sum_{i=1}^{n} \lambda^i u_i \quad , \quad \sum_{i=1}^{n} \lambda^i = 1 \quad , \quad \lambda^i \geqq 0 \quad , \quad u_i \in \mathfrak{M} \quad .$$

Es folgt die Behauptung

$$||u|| \leqq \sum_{i=1}^{n} |\lambda^i| \, ||u_i|| \leqq \sum_{i=1}^{n} \lambda^i M = M \quad .$$

Beispiel 22.1. In einem mindestens eindimensionalen Vektorraum V über $\mathbb{K}$ bedeuten $\mathfrak{K} \subseteq V$ und $\mathfrak{V} \subseteq V$ Kugel und Vollkugel vom Radius $R > 0$ um ein Element $u_o \in V$. Dann gilt die anschaulich zu erwartende Mengengleichheit

$$\mathcal{C}\mathfrak{K} = \mathfrak{V} \tag{22.12}$$

zunächst von links nach rechts, denn

$$u = \sum_{i=1}^{n} \lambda^i u_i \quad , \quad \sum_{i=1}^{n} \lambda^i = 1 \quad , \quad \lambda^i \geqq 0 \quad , \quad u_i \in \mathfrak{K} \quad ,$$

hat unmittelbar

$$||u-u_o|| = \left|\left| \sum_{i=1}^{n} \lambda^i (u_i - u_o) \right|\right| \leqq \sum_{i=1}^{n} |\lambda^i| \, ||u_i - u_o|| \leqq \sum_{i=1}^{n} \lambda^i R = R$$

zur Folge. Sei andererseits $u \in \mathfrak{V}$ fest, aber beliebig gewählt, so gilt die Darstellung

$$u = \frac{1}{2}\left(1 + \frac{||u-u_o||}{R}\right)u_1 + \frac{1}{2}\left(1 - \frac{||u-u_o||}{R}\right)u_2$$

im Falle $u \neq u_o$ mit

$$u_1 = u_o + R\,\frac{u-u_o}{||u-u_o||} \in \mathfrak{K} \quad , \quad u_2 = u_o - R\,\frac{u-u_o}{||u-u_o||} \in \mathfrak{K}$$

und im Falle $u = u_0$ nach Wahl eines $u^* \in \mathfrak{K}$ mit

$$u_1 = u^* \in \mathfrak{K} \quad , \quad u_2 = 2u_0 - u^* \in \mathfrak{K} \quad .$$

Nach Definition 22.1 gilt also $u \in \mathcal{C}\mathfrak{K}$, und (22.12) ist auch von rechts nach links richtig. Der Beziehung (22.12) und Satz 22.6 entnehmen wir insbesondere, daß die Vollkugel in ihrer Eigenschaft als konvexe Hülle einer Menge, hier der Kugel, eine konvexe Menge darstellt.

Lemma 22.1 (Lemma von SCHAUDER [1]). In einem normierten Vektorraum X über $\mathbb{K}$ sei ein vollstetiger Operator $A: \vartheta \to \vartheta$ mit beschränktem konvexen Definitionsbereich $\vartheta \subseteq X$ erklärt. Dann gibt es zu jedem $\varepsilon > 0$ einen vollstetigen endlichdimensionalen Operator $A_0: \vartheta \to \vartheta$ mit der Eigenschaft

$$\|Ax - A_0x\| < \varepsilon \quad , \quad x \in \vartheta \quad . \tag{22.13}$$

Beweis. Da ϑ beschränkt und A vollstetig ist, besitzt $A\vartheta$ als relativ- und damit insbesondere praekompakte Menge zu dem gegebenen $\varepsilon > 0$ nach dem ersten HAUSDORFFschen Satz (Satz 8.2) ein endliches ε-Netz

$$\mathfrak{N} \equiv \{y_1, \dots, y_n\} \subseteq A\vartheta \subseteq \vartheta . \tag{22.14}$$

Mit den Elementen dieses Netzes erklären wir nichtnegativ reellwertige Funktionale $\phi_1, \dots, \phi_n : A\vartheta \to \mathbb{K}$ durch die Vorschrift (Fig. 17):

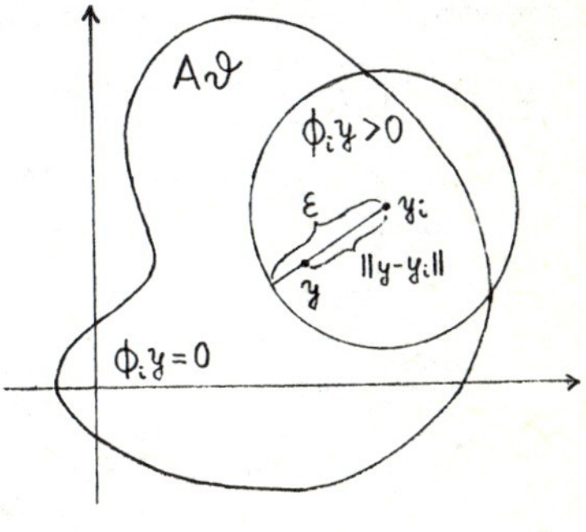

Fig. 17. Konstruktion der Funktionale ϕ_i

---

1) Juliusz SCHAUDER (1899-1942), polnischer Mathematiker und Schüler BANACHs, lehrte in Lemberg. Mit dem nach ihm benannten Fixpunktprinzip (vgl. § 23) und dem weiteren Ausbau der RIESZschen Theorie zur Auflösung von Operatorgleichungen zweiter Art aus dem Jahre 1930 leistete er bedeutende Beiträge zur Funktionalanalysis. Er beschäftigte sich ferner mit Variationsrechnung und der Theorie der partiellen Differentialgleichungen, vor allem auch unter dem Gesichtspunkt der Einführung funktionalanalytischer Methoden in diese Bereiche der Analysis. SCHAUDER wurde während der Besetzung Polens im zweiten Weltkrieg ermordet.

$$(22.15) \qquad \phi_i y = \begin{cases} \varepsilon - \|y-y_i\| \ , & \|y-y_i\| < \varepsilon \ , \\ 0 \ , & \|y-y_i\| \geqq \varepsilon \ , \end{cases} \quad y \in A\vartheta, \ i=1,\ldots,n$$

Da jedes $y \in A\vartheta$ in der ε-Umgebung eines der $y_1,\ldots,y_n$ liegt, folgt

$$(22.16) \qquad \sum_{i=1}^{n} \phi_i y > 0 \ , \quad y \in A\vartheta \ .$$

Ferner erhält man

$$(22.17) \qquad |\phi_i y' - \phi_i y''| \leqq \big| \|y''-y_i\| - \|y'-y_i\| \big|$$

zunächst für alle $y', y'' \in A\vartheta$, die entweder beide oder beide nicht in der ε-Umgebung von y_i liegen; aber auch, wenn einer dieser Punkte, etwa $y' \in A\vartheta$, in der ε-Umgebung von y_i liegt, dagegen der andere $y'' \in A\vartheta$ nicht, gilt (22.17) infolge

$$|\phi_i y' - \phi_i y''| = \varepsilon - \|y'-y_i\| \leqq \|y''-y_i\| - \|y'-y_i\| \ .$$

Anwendung der zweiten Dreiecksungleichung (Satz 4.2) auf (22.17) liefert

$$(22.18) \qquad |\phi_i y' - \phi_i y''| \leqq \|y'-y''\| \ , \quad y', y'' \in A\vartheta \ , \quad i = 1,\ldots,n \ ,$$

so daß die Funktionale (22.15) LIPSCHITZstetig und damit insbesondere stetig sind.

Vor allem wegen (22.16) können wir jetzt einen Operator $A_o : \vartheta \to X$ durch

$$(22.19) \qquad A_o x = \frac{\sum_{i=1}^{n} (\phi_i Ax) y_i}{\sum_{i=1}^{n} \phi_i Ax} \ , \quad x \in \vartheta \ ,$$

erklären. Wir wollen zeigen, daß dieser das Gewünschte leistet. Aus der Bauart (22.19) folgt in Verbindung mit Korollar 3.1 und Satz 22.1

$$(22.20) \qquad A_o \vartheta \subseteq \mathscr{C}\mathfrak{N} \subseteq \mathscr{L}\mathfrak{N} \ , \quad \dim \mathscr{L}\mathfrak{N} \leqq n \ ,$$

der Operator A_o ist also endlichdimensional. Weiter ergeben Satz 22.3, angewandt auf (22.14), und die vorausgesetzte Konvexität des Definitionsbereiches ϑ

$$(22.21) \qquad A_o \vartheta \subseteq \mathscr{C}\mathfrak{N} \subseteq \mathscr{C} A\vartheta \subseteq \mathscr{C}\vartheta = \vartheta$$

und damit $A_o : \vartheta \to \vartheta$; insbesondere ist jetzt mit ϑ auch A_o beschränkt. Schließlich erhält man die Stetigkeit des Operators A_o aus der Stetigkeit des Operators A und der Funktionale $\phi_1,\ldots,\phi_n$, indem man (22.19) mit Hilfe der Limesregeln direkt auf die Definition II der Stetigkeit zurückführt. Nun können wir noch den Satz 13.6 anwenden, demzufolge A_o als stetiger beschränkter endlichdimensionaler Operator auch vollstetig ist.

Aus (22.15) folgt weiter

$$(22.22)\qquad (\phi_i y)\|y - y_i\| \leqq (\phi_i y)\varepsilon \quad , \quad y \in A\vartheta \quad , \quad i = 1,\ldots,n \quad ,$$

wie man durch Unterscheidung der Fälle, daß y in der ε-Umgebung bzw. nicht in der ε-Umgebung von y_i liegt, leicht erkennt. Beachtet man, daß das Gleichheitszeichen in (22.22) bei festem, aber beliebigem $y \in A\vartheta$ für mindestens ein i = 1,...,n nicht angenommen wird – dann nämlich, wenn y in der ε-Umgebung von y_i liegt –, so folgt durch Summation von (22.22)

$$(22.23)\qquad \sum_{i=1}^{n} (\phi_i y)\|y - y_i\| < (\sum_{i=1}^{n} \phi_i y)\varepsilon \quad , \quad y \in A\vartheta \quad .$$

Schließlich ergeben (22.16), (22.19) und (22.23) für alle $x \in \vartheta$ die Behauptung (22.13):

$$\|Ax - A_o x\| = \left\| \frac{\sum_{i=1}^{n} (\phi_i Ax)(Ax - y_i)}{\sum_{i=1}^{n} \phi_i Ax} \right\| \leqq \frac{\sum_{i=1}^{n} (\phi_i Ax)\|Ax - y_i\|}{\sum_{i=1}^{n} \phi_i Ax} < \varepsilon \; .$$

§ 23. Das SCHAUDERsche Fixpunktprinzip

Eine nichtleere abgeschlossene beschränkte konvexe Teilmenge $\vartheta \subseteq \mathbb{R}$ mit euklidischer Norm für $\mathbb{R}$ ist notwendigerweise ein abgeschlossenes Intervall, das allenfalls in einen Punkt entarten kann; da nämlich ϑ nichtleer und beschränkt ist, existieren a = inf ϑ und b = sup ϑ, da ϑ abgeschlossen ist, folgt $a,b \in \vartheta$ und da ϑ konvex ist, gehören schließlich alle Punkte der geraden Verbindungslinie zwischen a und b zu ϑ :

$$(23.1)\qquad \vartheta = [a,b] \subseteq \mathbb{R} \; .$$

Bedeute jetzt f: $\vartheta \to \vartheta$ eine (klassische) stetige Funktion mit dem Definitionsbereich (23.1), so gilt für den Wertebereich

$$a \leqq f(x) \leqq b \quad , \quad x \in [a,b] \; ,$$

insbesondere also

$$a - f(a) \leqq 0 \quad , \quad b - f(b) \geqq 0 \; .$$

Dann besitzt die stetige Funktion

$$g(x) \equiv x - f(x) \quad , \quad x \in [a,b] \; ,$$

nach dem Zwischenwertsatz von BOLZANO eine Nullstelle $x \in [a,b]$, die sofort die Bedeutung eines Fixpunktes der Funktion f gewinnt (Fig.18):

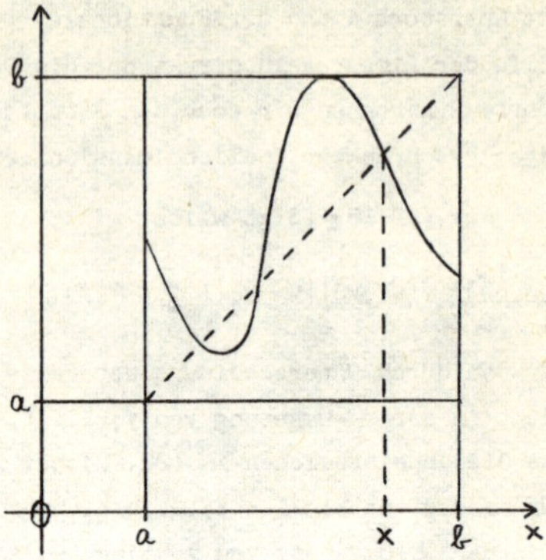

Fig. 18. Fixpunkt einer klassischen Funktion

(23.2) $\qquad f(x) = x \; .$

Wir bemerken dabei, daß die Eindeutigkeit des Fixpunktes nicht gegeben zu sein braucht.

Dieses einfache Resultat besitzt nun eine äußerst wichtige Verallgemeinerung auf n Dimensionen, die man als <u>BROUWERschen [1] Fixpunktsatz</u> bezeichnet: Im euklidischen $\mathbb{R}^n$ besitzt ein stetiger Operator A: $\vartheta \to \vartheta$ mit abgeschlossenem beschränkten konvexen Definitionsbereich $\vartheta \subseteq \mathbb{R}^n$ einen Fixpunkt $x \in \vartheta$. Der für $n > 1$ umfangreiche und schwierige Beweis wird im wesentlichen mit topologischen Methoden geführt, die nicht in den Rahmen der Funktionalanalysis fallen. Wir wollen daher unter Hinweis auf die Literatur [2] auf den Beweis verzichten und vielmehr den BROUWERschen Fixpunktsatz zum Ausgangspunkt eigentlicher funktionalanalytischer Betrachtungen nehmen. Unser Ziel ist die Angabe von Fixpunkten in allgemeinen und vor allem unendlichdimensionalen Räumen.

---

1) Luitzen Egbertus Jan BROUWER (1881-1966), holländischer Mathematiker, war Professor in Amsterdam. Seine Hauptarbeitsgebiete waren die Geometrie und die Topologie. Großes Aufsehen erregte seine im Jahre 1907 erschienene Dissertation, in der die bis dahin geltenden Grundlagen der Mathematik angegriffen werden. Er wurde so zum Begründer des Intuitionismus, einer philosophisch-mathematischen Richtung, in der z.B. einem indirekten Beweis weniger Wahrheitswert beigemessen wird als einem direkten.

2) LJUSTERNIK-SOBOLEW [6], S. 358-362.

Eine erste naheliegende Verallgemeinerung des BROUWERschen Fixpunktsatzes betrifft den Raum $\mathbb{C}^n$ mit den Elementen $z = (z_1, z_2, \ldots, z_n)$ bei euklidischer Normierung [1])

$$(23.3) \qquad ||z|| = \sqrt{|z_1|^2 + |z_2|^2 + \ldots + |z_n|^2} \quad , \quad z \in \mathbb{C}^n \; .$$

Zunächst beachten wir, daß jedem Element

$$(23.4) \qquad z = (x_1 + ix_2 \; , \; x_3 + ix_4 \; , \; \ldots \; , \; x_{2n-1} + ix_{2n}) \in \mathbb{C}^n$$

eindeutig ein Element

$$(23.5) \qquad x = (x_1, \; x_2, \; x_3, \; x_4, \ldots, \; x_{2n-1}, \; x_{2n}) \in \mathbb{R}^{2n}$$

zugeordnet werden kann und umgekehrt. Dann sieht man leicht ein, daß einer nichtleeren abgeschlossenen beschränkten konvexen Teilmenge $\vartheta \subseteq \mathbb{C}^n$ eine ebensolche $\vartheta' \subseteq \mathbb{R}^{2n}$ entspricht und umgekehrt. Ferner entspricht einem stetigen Operator $A: \vartheta \to \vartheta$, $\vartheta \subseteq \mathbb{C}$ ein stetiger Operator $A': \vartheta' \to \vartheta'$, $\vartheta' \subseteq \mathbb{R}^{2n}$, und umgekehrt. Hat schließlich A' den Fixpunkt $x \in \vartheta'$, so hat A den entsprechenden Punkt $z \in \vartheta$ zum Fixpunkt. Aus alledem folgt, daß der BROUWERsche Fixpunktsatz auch im euklidischen $\mathbb{C}^n$ gültig ist.

Um zu weiteren Aussagen zu kommen, benötigen wir zwei einfache Hilfssätze:

<u>Lemma 23.1.</u> Seien X,Y normierte Vektorräume gleicher endlicher Dimension über dem Körper $\mathbb{K}$. Dann existiert eine stetige lineare Funktion $F: X \to Y$, die X umkehrbar eindeutig in Y abbildet und eine stetige lineare Umkehrfunktion $F^{-1}: Y \to X$ besitzt [2]).

<u>Beweis</u> für $\dim X = \dim Y = 0$ trivial. Falls X,Y die gleiche natürliche Dimension n haben, können wir je eine Basis

$$x_1, \ldots, x_n \in X \quad , \quad y_1, \ldots, y_n \in Y$$

angeben. Für die Komponentendarstellungen

---

1) Der Leser überzeuge sich durch Vergleich mit Beispiel 4.1, daß (23.3) die Normaxiome erfüllt.

2) Zwei Vektorräume mit gleichem Grundkörper, die durch eine lineare Funktion umkehrbar eindeutig aufeinander abgebildet werden können, heißen <u>isomorph</u>. Zwei normierte Vektorräume mit gleichem Grundkörper, die durch eine stetige Funktion umkehrbar eindeutig aufeinander abgebildet werden können, heißen <u>homöomorph</u>. Zwei normierte Vektorräume gleicher endlicher Dimension über <u>demselben</u> Grundkörper sind daher nach Lemma 23.1 zugleich isomorph und homöomorph.

$$x = \sum_{i=1}^{n} \lambda^i x_i \in X \quad , \quad y = \sum_{i=1}^{n} \mu^i y_i \in Y$$

gelten nach Lemma 6.1 die Abschätzungen

$$(23.6) \qquad |\lambda^i| \leqq \Lambda \, ||x|| \quad , \quad |\mu^i| \leqq \mathcal{M} ||y||$$

mit allein von den Basen abhängenden, positiv reellen Zahlen $\Lambda, \mathcal{M}$. Wir zeigen nun, daß die Funktion

$$(23.7) \qquad Fx = F(\sum_{i=1}^{n} \lambda^i x_i) = \sum_{i=1}^{n} \lambda^i y_i \quad , \quad x \in X \; ,$$

mit der Umkehrung

$$(23.8) \qquad F^{-1}y = F^{-1}(\sum_{i=1}^{n} \mu^i y_i) = \sum_{i=1}^{n} \mu^i x_i \quad , \quad y \in Y \; ,$$

das Gewünschte leistet. Zunächst erhält man die Umkehreigenschaften

$$F^{-1}Fx = F^{-1}(\sum_{i=1}^{n} \lambda^i y_i) = \sum_{i=1}^{n} \lambda^i x_i = x \quad , \quad x \in X \; ,$$

$$FF^{-1}y = F(\sum_{i=1}^{n} \mu^i x_i) = \sum_{i=1}^{n} \mu^i y_i = y \quad , \quad y \in Y \; ,$$

und damit insbesondere die Aussage, daß F den Raum X umkehrbar eindeutig auf den Raum Y abbildet. Linearität und Stetigkeit von F folgen im Zusammenhang mit (23.6) und (23.7) aus

$$F(x'+x'') = F(\sum_{i=1}^{n} \lambda'^i x_i + \sum_{i=1}^{n} \lambda''^i x_i) = \sum_{i=1}^{n} (\lambda'^i + \lambda''^i) y_i = Fx' + Fx'' \quad , \quad x', x'' \in X \; ,$$

$$F(\lambda x) = F(\lambda \sum_{i=1}^{n} \lambda^i x_i) = \sum_{i=1}^{n} \lambda \lambda^i y_i = \lambda Fx \quad , \quad \lambda \in \mathbb{K} \quad , \quad x \in X \; ,$$

$$||Fx|| = \left|\left| \sum_{i=1}^{n} \lambda^i y_i \right|\right| \leqq \sum_{i=1}^{n} |\lambda^i| \, ||y_i|| \leqq (\Lambda \sum_{i=1}^{n} ||y_i||) ||x|| \quad , \quad x \in X \; .$$

Die entsprechenden Aussagen für F^{-1} liefern (23.6) und (23.8).

Lemma 23.2. Unter denselben Voraussetzungen wie bei Lemma 23.1 bildet eine stetige lineare Funktion $F: X \to Y$ mit den dort genannten Eigenschaften eine abgeschlossene beschränkte konvexe Teilmenge $\vartheta \subseteq X$ in eine ebensolche $F\vartheta \subseteq Y$ ab.

Beweis für dim X = dim Y = 0 trivial. Haben X,Y die gleiche natürlich Dimension n, wählen wir $v_1, v_2 \in F\vartheta$ und $\mu^1 \geqq 0$, $\mu^2 \geqq 0$ mit $\mu^1 + \mu^2 = 1$ fes aber beliebig; dazu existieren $u_1, u_2 \in \vartheta$ mit $v_1 = Fu_1$, $v_2 = Fu_2$. Es folgt aus der Linearität von F und der Konvexität von ϑ

$$\mu^1 v_1 + \mu^2 v_2 = \mu^1 Fu_1 + \mu^2 Fu_2 = F(\mu^1 u_1 + \mu^2 u_2) \in F\vartheta$$

und damit die Konvexität von $F\vartheta$. Da X endlichdimensional und $\vartheta \subseteq X$ abgeschlossen und beschränkt ist, liefert Satz 7.6 die Kompaktheit von ϑ. Infolge der Stetigkeit von $F: X \to Y$ ist dann $F\vartheta \subseteq Y$ nach Satz 12.3 ebenfalls kompakt und somit abgeschlossen und beschränkt.

Bedeute jetzt X einen endlichdimensionalen Vektorraum über $\mathbb{K}$, so besitzt ein stetiger Operator $A: \vartheta \to \vartheta$ mit abgeschlossenem beschränktem konvexen Definitionsbereich $\vartheta \subseteq X$ im Falle dim X = 0 trivialerweise den Fixpunkt x = 0. Falls X die natürliche Dimension n hat, bedeute Y den euklidischen $\mathbb{R}^n$ oder $\mathbb{C}^n$, je nachdem $\mathbb{K} = \mathbb{R}$ oder $\mathbb{K} = \mathbb{C}$ gilt, und $F: X \to Y$ eine stetige lineare Funktion mit den in Lemmata 23.1 und 23.2 genannten Eigenschaften. Dann ist

$$FAF^{-1} : F\vartheta \longrightarrow F\vartheta \quad , \quad F\vartheta \subseteq Y \quad ,$$

ein stetiger Operator mit abgeschlossenem beschränkten konvexen Definitionsbereich im euklidischen $\mathbb{R}^n$ oder $\mathbb{C}^n$, der somit nach dem BROUWERschen Fixpunktsatz einen Fixpunkt $y \in F\vartheta$ besitzt:

$$FAF^{-1} y = y \quad .$$

Anwendung der Funktion F^{-1} auf diese Gleichung liefert

$$AF^{-1}y = F^{-1}y$$

und damit den Fixpunkt $x \equiv F^{-1}y \in \vartheta$ für den Operator A. Wir formulieren das Ergebnis als <u>verallgemeinerten BROUWERschen Fixpunktsatz</u>: In einem endlichdimensionalen normierten Vektorraum X über dem Körper $\mathbb{K}$ besitzt ein stetiger Operator $A: \vartheta \to \vartheta$ mit abgeschlossenem beschränkten konvexen Definitionsbereich $\vartheta \subseteq X$ einen Fixpunkt $x \in \vartheta$.

Nunmehr können wir die angestrebte Verallgemeinerung auf unendlichdimensionale Räume vornehmen:

<u>Satz 23.1</u> (SCHAUDERscher Fixpunktsatz). In einem BANACHraum X über dem Körper $\mathbb{K}$ besitzt ein vollstetiger Operator $A: \vartheta \to \vartheta$ mit abgeschlossenem beschränkten konvexen Definitionsbereich $\vartheta \subseteq X$ einen Fixpunkt $x \in \vartheta$.

Bemerkung 1. Auf Grund der Sätze 6.8 und 13.6 enthält der SCHAUDERsche Fixpunktsatz den verallgemeinerten BROUWERschen Fixpunktsatz als Spezialfall $\dim X < \infty$.

Bemerkung 2. Der SCHAUDERsche Fixpunktsatz ist eine reine Existenzaussage. Er gibt keinerlei Auskunft über die Konstruierbarkeit des Fixpunktes, geschweige denn über die Auflösbarkeit der Fixpunktgleichung nach der Iterationsmethode. Daß die Eindeutigkeit des Fixpunktes allgemein nicht gegeben ist, haben bereits die Ausführungen am Beginn dieses Paragraphen deutlich gemacht.

Beweis. Nach dem SCHAUDERschen Lemma 22.1 können wir eine Folge vollstetiger endlichdimensionaler Operatoren $A_n: \vartheta \to \vartheta$, $n = 1,2,3,\ldots$, mit der Eigenschaft

(23.9) $$||A_n x - Ax|| < \frac{1}{n} \quad , \quad x \in \vartheta \quad , \quad n = 1,2,3,\ldots \quad ,$$

konstruieren (insbesondere konvergiert A_n gemäß Definition 12.4 gleichmäßig gegen A). Der Wertebereich von A_n falle in den endlichdimensionalen Untervektorraum $X_n \subseteq X$, es gelte also

(23.10) $$A_n \vartheta \subseteq X_n \quad , \quad \dim X_n < \infty \; .$$

Für den Durchschnitt

(23.11) $$\vartheta_n \equiv X_n \cap \vartheta$$

erhalten wir aus (23.10) und $A_n \vartheta \subseteq \vartheta$

(23.12) $$A_n \vartheta \subseteq \vartheta_n$$

und damit insbesondere $\vartheta_n \neq \emptyset$. Ferner ist ϑ_n nach Satz 22.7 eine konvexe, wegen $\vartheta_n \subseteq \vartheta$ eine beschränkte und als Durchschnitt zweier abgeschlossener Mengen (vgl. hierzu Korollar 6.4) eine abgeschlossene Teilmenge des endlichdimensionalen Vektorraumes X_n. Durch Restriktion des Operators A_n von ϑ auf $\vartheta_n \subseteq \vartheta$ bleibt einerseits die Stetigkeit erhalten, und zum anderen liefert (23.12)

$$A_n \vartheta_n \subseteq A_n \vartheta \subseteq \vartheta_n \quad .$$

Somit erfüllt $A_n: \vartheta_n \to \vartheta_n$ alle Voraussetzungen des verallgemeinerten BROUWERschen Fixpunktsatzes bezüglich des Raumes X_n und besitzt daher einen Fixpunkt $x_n \in \vartheta_n$. Setzt man jetzt umgekehrt A_n wieder von ϑ_n

nach $\vartheta \supseteq \vartheta_n$ zu dem ursprünglichen Operator $A_n : \vartheta \to \vartheta$ fort, so ist $x_n \in \vartheta$ selbstverständlich auch Fixpunkt dieses Operators:

$$A_n x_n = x_n \quad . \tag{23.13}$$

Da ϑ beschränkt ist, besitzen alle Operatoren $A, A_1, A_2, \ldots : \vartheta \to \vartheta$ relativkompakte Wertebereiche $A\vartheta, A_1\vartheta, A_2\vartheta, \ldots \subseteq \vartheta$. Nun ist zwar die Vereinigungsmenge endlich vieler relativkompakter Mengen stets wieder relativkompakt [1], doch ist dieser Schluß nicht auf die Vereinigungsmenge der genannten unendlich vielen relativkompakten Mengen

$$\mathfrak{M} \equiv A\vartheta \cup A_1\vartheta \cup A_2\vartheta \cup \ldots \tag{23.14}$$

anwendbar. Wir müssen hier also anders vorgehen. Wegen (23.9) können wir zu $\varepsilon > 0$ ein natürliches N gemäß

$$\|A_n x - Ax\| < \varepsilon \quad , \qquad x \in \vartheta \quad , \qquad n \geqq N \quad , \tag{23.15}$$

hinzubestimmen. Anschließend betrachten wir die Menge

$$\mathfrak{N} \equiv A\vartheta \cup A_1\vartheta \cup \ldots \cup A_N\vartheta \quad ,$$

die als Vereinigungsmenge endlich vieler relativkompakter Mengen selbst relativkompakt ist. Nun sei $y \in \mathfrak{M}$ fest, aber beliebig gewählt. Falls y einer der Mengen $A\vartheta, A_1\vartheta, \ldots, A_N\vartheta$ und damit der Menge $\mathfrak{N}$ angehört, liegt y zugleich in der ε-Umgebung eines Elementes von $\mathfrak{N}$, nämlich in seiner eigenen. Gehört y hingegen einer Menge $A_n\vartheta$ mit $n > N$ an, so gibt es eine Stelle $x \in \vartheta$ mit $y = A_n x$, und (23.15) liefert

$$\|y - Ax\| < \varepsilon \quad .$$

Dies bedeutet, daß y in der ε-Umgebung des Elementes $Ax \in A\vartheta \subseteq \mathfrak{N}$ liegt. Somit stellt $\mathfrak{N}$ ein relativkompaktes ε-Netz für $\mathfrak{M}$ dar. Dann aber ist

---

1) Betrachtet man nämlich irgendeine Folge aus der Vereinigungsmenge endlich vieler relativ-kompakter Teilmengen, so muß eine dieser Mengen unendlich viele Elemente der Folge und damit eine Teilfolge enthalten (anderenfalls hätte man ja sofort den Widerspruch, daß die Folge nur aus endlich vielen Elementen bestände). Diese Teilfolge und damit die Folge selbst gestattet aber die Auswahl einer konvergenten Teilfolge.

Der Leser mache sich bei dieser Gelegenheit klar, daß auch die Vereinigungsmenge endlich vieler praekompakter bzw. kompakter Mengen praekompakt bzw. kompakt ist.

$\mathfrak{M}$ nach dem zweiten HAUSDORFFschen Satz (Satz 8.3) praekompakt und wegen der Äquivalenz von Prae- und Relativkompaktheit in BANACHräumen (Satz 7.7) auch relativkompakt.

Da die oben konstruierte Folge $x_1, x_2, x_3, \ldots \in \vartheta$ wegen (23.13) und (23.14) ganz zu $\mathfrak{M}$ gehört, gestattet sie die Auswahl einer konvergenten Teilfolge $x_{\nu_1}, x_{\nu_2}, x_{\nu_3}, \ldots \in \vartheta$. Da ϑ nach Voraussetzung abgeschlossen ist, gilt für das Grenzelement der Teilfolge $x \in \vartheta$. Andererseits erhält man aus (23.15), genommen jeweils an der Stelle $x_n \in \vartheta$, und (23.13)

$$||A_n x_n - Ax_n|| = ||x_n - Ax_n|| < \frac{1}{n} \quad , \quad n = 1,2,3,\ldots ,$$

und damit insbesondere

$$0 \leqq ||x_{\nu_n} - Ax_{\nu_n}|| < \frac{1}{\nu_n} \quad , \quad n = 1,2,3,\ldots ,$$

Durch Grenzübergang $n \to \infty$ folgt bei Beachtung der Stetigkeit des Operators A

$$0 \leqq ||x - Ax|| \leqq 0 \ .$$

Damit erweist sich $x \in \vartheta$ als Fixpunkt von A.

Als Anwendung des SCHAUDERschen Fixpunktsatzes für den Fall $\dim X = \infty$ diene der folgende

<u>Satz 23.2</u> (Existenzsatz von PEANO). Mit reellen Zahlen $a > 0$, $r > 0$, s_o, x_o sei eine stetige(reelle) Funktion

(23.16) $$f(s,x) \quad , \quad s \in [s_o - a \, , \, s_o + a] \quad , \quad x \in [x_o - r \, , \, x_o + r] \ ,$$

erklärt. Sei dann $M \geqq 0$ eine Schranke für diese Funktion und bedeute

(23.17) $$h \equiv \begin{cases} a & , \quad M = 0 \ , \\ \min\left\{a, \frac{r}{M}\right\} & , \quad M > 0 \ , \end{cases}$$

so existiert eine stetig differenzierbare Lösung

(23.18) $$x(s) \in [x_o - r \, , \, x_o + r] \quad , \quad s \in [s_o - h \, , \, s_o + h] \ ,$$

des (reellen) Anfangswertproblems einer gewöhnlichen Differentialgleichung

(23.19) $$x' = f(s,x) \quad , \quad s \in [s_o - h \, , \, s_o + h] \quad , \quad x(s_o) = x_o \ .$$

Bemerkung. Die wesentliche Aussage des Existenzsatzes von PEANO gegenüber der Existenzaussage des Satzes von PICARD-LINDELÖF (Satz III.28.1) für das Anfangswertproblem (23.19) besteht darin, daß die rechte Seite f(s,x) keiner LIPSCHITZbedingung zu genügen braucht. Andererseits hat man zeigen können, daß durch das Fehlen der LIPSCHITZbedingung die Eindeutigkeitsaussage des Satzes von PICARD-LINDELÖF verloren geht. Es gibt also keinen "Eindeutigkeitssatz von PEANO". Man beachte ferner, daß der Existenzsatz von PEANO im Gegensatz zum Existenzsatz von PICARD-LINDELÖF keine konstruktive Vorschrift zur Gewinnung der Lösung vermittelt.

Beweis. Zunächst verwandeln wir das Anfangswertproblem (23.19) analog zu den entsprechenden Ausführungen in § III.28 in eine äquivalente, i.a. nichtlineare Integralgleichung

$$(23.20) \qquad x(s) = x_0 + \int_{s_0}^{s} f(t,x(t))\,dt \quad , \quad s \in [s_0-h,\ s_0+h] \ ,$$

für eine gesuchte stetige Funktion

$$(23.21) \qquad x(s) \in [x_0 - r\ ,\ x_0 + r] \quad , \quad s \in [s_0-h\ ,\ s_0+h] \ .$$

Dann betrachten wir im BANACHraum $C[s_0-h,\ s_0+h]$ mit T-Norm, wenn $x_0 \in C[s_0-h,\ s_0+h]$ das Element mit konstanten Funktionswerten x_0 bedeutet[1], die Vollkugel vom Radius $r > 0$ um das Element $x_0 \in C[s_0-h,\ s_0+h]$

$$(23.22) \qquad \mathcal{W} \equiv \left\{ x \in C[s_0-h\ ,\ s_0+h] \ \middle|\ \|x-x_0\| \leqq r \right\} \ .$$

Sie enthält offenbar genau diejenigen Elemente des BANACHraumes, deren Wertebereiche gemäß (23.21) in das Intervall $[x_0-r,\ x_0+r]$ fallen und daher rechts in (23.20) eingesetzt werden können. Die Vollkugel $\mathcal{W}$ ist, wie wir in Beispiel 22.1 sahen, konvex und ferner, wie unmittelbar klar ist, abgeschlossen und beschränkt. Jetzt ordnen wir durch

$$(23.23) \qquad Ax(s) = x_0 + \int_{s_0}^{s} f(t,x(t))\,dt \quad , \quad s \in [s_0-h\ ,\ s_0+h] \ ,$$

jedem $x \in \mathcal{W}$ eine stetig differenzierbare Funktion und damit ein Element

1) Ein Mißverständnis ist nicht möglich, da aus dem jeweiligen Zusammenhang stets eindeutig hervorgeht, ob $x_0 \in \mathbb{R}$ oder $x_0 \in C[s_0-h,\ s_0+h]$ gilt.

aus $C[s_o-h,\ s_o+h]$ zu; darüber hinaus gilt $A: \mathfrak{W} \to \mathfrak{W}$, denn man erhält infolge (23.17) und (23.23) für alle $x \in \mathfrak{W}$

$$||Ax-x_o|| = \max_{|s-s_o| \leqq h} |Ax(s)-x_o(s)| = \max_{|s-s_o| \leqq h} \left| \int_{s_o}^{s} f(t,x(t))dt \right| \leqq Mh \leqq r .$$

Die Integralgleichung (23.20) ist wegen (23.23) nunmehr gleichbedeutend mit der Fixpunktgleichung

$$Ax = x \quad . \tag{23.24}$$

Wir beweisen als nächstes die Stetigkeit des Operators A. Sei also $x_1, x_2, x_3, \ldots \in \mathfrak{W}$ eine gegen $x \in \mathfrak{W}$ konvergente Folge. Zu $\varepsilon > 0$ gibt es dann nach dem Satz von HEINE ein $\delta > 0$ derart, daß

$$|f(s',x') - f(s'',x'')| < \frac{\varepsilon}{2h} \tag{23.25}$$

ausfällt für alle Punkte (s',x'), (s'',x'') des Definitionsbereiches der stetigen Funktion (23.16) mit

$$\sqrt{(s'-s'')^2 + (x'-x'')^2} \leqq \delta .$$

Zu dem erhaltenen $\delta > 0$ bestimmen wir ein natürliches N gemäß

$$||x_n - x|| < \delta \quad , \qquad n \geqq N \quad ,$$

hinzu. Wegen (23.23) gilt für alle $n = 1,2,3,\ldots$

$$\begin{aligned} ||Ax_n - Ax|| &= \max_{|s-s_o| \leqq h} |Ax_n(s) - Ax(s)| = |Ax_n(\bar{s}) - Ax(\bar{s})| \\ &= \left| \int_{s_o}^{\bar{s}} \left\{ f(t,x_n(t)) - f(t,x(t)) \right\} dt \right| \\ &\leqq \left| \int_{s_o}^{\bar{s}} |f(t,x_n(t)) - f(t,x(t))| \, dt \right| . \end{aligned}$$

Es folgt für alle $n \geqq N$

$$\sqrt{(t-t)^2 + (x_n(t) - x(t))^2} \leqq ||x_n - x|| < \delta \quad , \quad t \in [s_o-h,\ s_o+h] \ ,$$

und weiter unter Benutzung von (23.25)

$$||Ax_n - Ax|| \leqq \left| \int_{s_o}^{\bar{s}} \frac{\varepsilon}{2h} dt \right| = \frac{\varepsilon}{2h} |\bar{s} - s_o| \leqq \frac{\varepsilon}{2} < \varepsilon \quad .$$

Da somit $Ax_1, Ax_2, Ax_3, \ldots$ gegen Ax konvergiert, ist A ein stetiger Operator.

Anschließend zeigen wir, daß A auch vollstetig ist. Dazu wählen wir eine Folge aus dem Wertebereich, die stets in der Form $Ax_1, Ax_2, Ax_3, \ldots \in A\mathfrak{W}$ mit $x_1, x_2, x_3, \ldots \in \mathfrak{W}$ angegeben werden kann, fest, aber beliebig. Diese bildet zugleich eine (klassische) Funktionenfolge

$$(23.26) \qquad Ax_1,\ Ax_2,\ Ax_3,\ \ldots : [s_o - h,\ s_o + h] \rightarrow \mathbb{R},$$

die das Kompaktum $[s_o - h,\ s_o + h] \subseteq \mathbb{R}$ in den endlichdimensionalen Raum $\mathbb{R}$ abbildet. Aus (23.23) folgt für alle $n = 1,2,3,\ldots$ und alle $s \in [s_o - h,\ s_o + h]$

$$|Ax_n(s)| \leqq |x_o| + \left| \int_{s_o}^{s} f(t, x_n(t))dt \right| \leqq x_o + Mh$$

und damit die gleichmäßige Beschränktheit der Folge (23.26). Zu $\varepsilon > 0$ bestimmen wir jetzt $\delta = \frac{\varepsilon}{M+1} > 0$ hinzu. Dann folgt aus (23.23) für alle $n = 1,2,3,\ldots$ und alle $s', s'' \in [s_o - h,\ s_o + h]$ mit $|s' - s''| \leqq \delta$

$$|Ax_n(s') - Ax_n(s'')| = \left| \int_{s''}^{s'} f(t, x_n(t))dt \right| \leqq M|s' - s''| \leqq M\delta = \frac{M\varepsilon}{M+1} < \varepsilon$$

und damit die gleichgradige Stetigkeit der Folge (23.26). Nun können wir Korollar 13.1, letztlich also den Satz von ARZELÀ-ASCOLI, anwenden. Danach gestattet (23.26) die Auswahl einer gleichmäßig konvergenten Teilfolge

$$(23.27) \qquad Ax_{\nu_1},\ Ax_{\nu_2},\ Ax_{\nu_3},\ \ldots : [s_o - h,\ s_o + h] \rightarrow \mathbb{R},$$

und dies ist gleichbedeutend damit, daß $Ax_1, Ax_2, Ax_3, \ldots \in A\mathfrak{W}$ eine im Sinne der T-Norm konvergente Teilfolge $Ax_{\nu_1}, Ax_{\nu_2}, Ax_{\nu_3}, \ldots \in A\mathfrak{W}$ auszusondern gestattet. Folglich ist der Wertebereich $A\mathfrak{W}$ des Operators A relativkompakt und A selbst nach Satz 13.4 vollstetig.

Nunmehr sind alle Voraussetzungen des SCHAUDERschen Fixpunktsatzes erfüllt, und dieser liefert die Existenz einer Lösung $x \in \mathfrak{W}$ der Fixpunktgleichung (23.24). Damit ist zugleich eine Lösung des Integralgleichungsproblems (23.20) sowie des Differentialgleichungsproblems (23.19) gefunden.

§ 24. Der Raum der stetigen linearen Funktionen

In § 12 haben wir gesehen, daß die Menge aller stetigen Funktionen F: $\vartheta \to Y$, $\vartheta \subseteq X$, einen Vektorraum über $\mathbb{K}$ bildet, wenn $\mathbb{K}$ der gemeinsame Grundkörper der normierten Vektorräume X,Y ist und die Addition und Multiplikation mit einem Skalar wie üblich erklärt ist. Dieser Funktionenraum konnte im Falle eines Kompaktums ϑ durch Einführung der T-Norm zu einem normierten Raum $C(\vartheta)$ über $\mathbb{K}$ gemacht werden (vgl. Satz 12.6). In den jetzt folgenden Paragraphen wollen wir die Menge aller stetigen linearen Funktionen F: U $\to$ Y, $U \subseteq X$, die nach den Ausführungen der §§ 11 und 12 ebenfalls einen Vektorraum über $\mathbb{K}$ darstellt, behandeln [1]; dies schließt wie immer die Betrachtung der entsprechenden Operatoren und Funktionale mit ein. Der Vektorraum dieser Funktionen läßt sich nun in einer auf HILBERT (1912) zurückgehenden und von BANACH (1922) verallgemeinerten Weise normieren, die sich für die Funktionalanalysis und weite Bereiche ihrer Anwendungen als äußerst fruchtbar erwiesen hat. Allerdings müssen wir uns in der Darstellung der Theorie dieser normierten Räume auf die wichtigsten Grundtatsachen, die dem Leser das weitere Eindringen in die Materie ermöglichen sollen, beschränken. Wir beginnen mit

Lemma 24.1. Seien X,Y normierte Vektorräume über $\mathbb{K}$, so besitzt eine stetige lineare Funktion F: U $\to$ Y, $U \subseteq X$, immer eine kleinste LIPSCHITZkonstante, d.h. eine kleinste nichtnegativ reelle Zahl L mit der Eigenschaft

$$(24.1) \qquad ||Fx|| \leqq L||x|| \quad , \quad x \in U \; .$$

Diese kleinste LIPSCHITZkonstante ist Null, falls dim U = 0, und gleich dem Supremum der linearen Punktmenge

$$(24.2) \qquad \mathfrak{M} = \left\{ \alpha \in \mathbb{R} \;\middle|\; \alpha = \frac{||Fx||}{||x||} \; , \; x \in U \; , \; x \neq 0 \right\} \quad ,$$

falls dim U > 0 ist.

Beweis. Nach Satz 12.9 ist eine LIPSCHITZkonstante $L \geqq 0$ immer vorhanden. Im Falle dim U = 0 folgt die Behauptung aus der Tatsache, daß alle nichtnegativ reelle Zahlen LIPSCHITZkonstanten sind. Im Falle dim U > 0 besitzt die nichtleere und nach unten durch 0 beschränkte Menge der LIPSCHITZkonstanten ein Infimum $L_0 \geqq 0$. Sei dann $L_n \geqq L_0$ eine gegen L_0 konvergente Folge von LIPSCHITZkonstanten, so liefert der bei festem, aber beliebigem $x \in U$ in

---

1) Es sei nochmals daran erinnert, daß der Definitionsbereich $U \subseteq X$ einer linearen Funktion F: U $\to$ Y stets ein Untervektorraum von X ist.

$$||Fx|| \leqq L_n ||x||$$

durchgeführte Grenzübergang

$$||Fx|| \leqq L_o ||x|| \quad ;$$

damit gewinnt L_o die Bedeutung der kleinsten LIPSCHITZkonstanten. Andererseits ist die Menge (24.2) nichtleer und wegen (24.1) durch jede LIPSCHITZkonstante, insbesondere also auch für die kleinste L_o, nach oben beschränkt. Für das somit vorhandene Supremum gilt daher

$$\sup \mathfrak{M} \leqq L_o \quad .$$

Wir nehmen $\sup \mathfrak{M} = L^* < L_o$ an. Dann liefert (24.2)

$$\frac{||Fx||}{||x||} \leqq L^* \quad , \quad x \in U \quad , \quad x \neq 0 \quad .$$

Es folgt

$$||Fx|| \leqq L^* ||x|| \quad , \quad x \in U \quad ,$$

und damit der Widerspruch, daß es eine kleinere LIPSCHITZkonstante als L_o, nämlich L^*, gibt. Also hat man

$$\sup \mathfrak{M} = L_o \quad .$$

<u>Lemma 24.2.</u> Es seien X,Y normierte Vektorräume über dem Körper $\mathbb{K}$ und $U \subseteq X$ ein Untervektorraum. Sind dann alle Funktionen einer elementweise konvergenten Funktionenfolge $F_1, F_2, F_3, \ldots: U \to Y$ linear, so ist auch die Grenzfunktion $F: U \to Y$ linear.

<u>Beweis.</u> Mit Definition 12.3 erhält man

$$F(x'+x'') = \lim_{n \to \infty} F_n(x'+x'') = \lim_{n \to \infty} (F_n x' + F_n x'') = Fx' + Fx'' \quad , \quad x', x'' \in U \quad ,$$

$$F(\lambda x) = \lim_{n \to \infty} F_n(\lambda x) = \lim_{n \to \infty} (\lambda (F_n x)) = \lambda (Fx) \quad , \quad \lambda \in \mathbb{K} \quad , \quad x \in U \quad .$$

Auf der Grundlage von Lemma 24.1 formulieren wir jetzt den

<u>Satz 24.1.</u> Seien X,Y normierte Vektorräume über dem Körper $\mathbb{K}$. Dann bildet die Menge CL(U) aller stetigen linearen Funktionen $F: U \to Y$, $U \subseteq X$, mit der <u>Norm der kleinsten LIPSCHITZkonstanten</u>

$$(24.3) \qquad ||F|| \equiv \begin{cases} 0 & , \quad \dim U = 0 \quad , \\ \sup\limits_{\substack{x \in U \\ x \neq 0}} \dfrac{||Fx||}{||x||} & , \quad \dim U > 0 \quad , \end{cases}$$

einen normierten Vektorraum über dem Körper $\mathbb{K}$. Ist Y außerdem ein BANACHraum, so ist auch CL(U) ein BANACHraum.

Beweis. Wir bestätigen zunächst die Normaxiome aus Definition 4.1:

1.) Falls $F \neq 0$, existiert ein $x_o \in U$ mit $Fx_o \neq 0$. Dann muß $\dim U > 0$ sein, und(24.3) liefert

$$||F|| = \sup_{\substack{x \in U \\ x \neq 0}} \frac{||Fx||}{||x||} \geqq \frac{||Fx_o||}{||x_o||} > 0 \quad .$$

2.) Seien $\lambda \in \mathbb{K}$ und $F \in CL(U)$ fest, aber beliebig gewählt. Dann ist die Homogenität im Falle $\dim U = 0$ wegen (24.3) und damit $||F|| = 0$, $||\lambda F|| = 0$ trivialerweise gegeben. Im Falle $\dim U > 0$ liefert (24.3)

$$\frac{||(\lambda F)x||}{||x||} = \frac{||\lambda(Fx)||}{||x||} = \frac{|\lambda| \; ||Fx||}{||x||} \leqq |\lambda| \; ||F|| \quad , \quad x \in U \quad , \quad x \neq 0 \, ,$$

und weiter die Existenz einer Folge $x_n \in U$, $x_n \neq 0$, mit

$$\lim_{n \to \infty} \frac{||(\lambda F)x_n||}{||x_n||} = \lim_{n \to \infty} \frac{||\lambda(Fx_n)||}{||x_n||} = |\lambda| \lim_{n \to \infty} \frac{||Fx_n||}{||x_n||} = |\lambda| \; ||F|| \; ;$$

zusammen ergibt sich

$$||\lambda F|| = \sup_{\substack{x \in U \\ x \neq 0}} \frac{||(\lambda F)||}{||x||} = |\lambda| \; ||F|| \quad .$$

3.) Seien $F,G \in CL(U)$ fest, aber beliebig gewählt, so ist die Dreiecksungleichung im Falle $\dim U = 0$ wegen $||F|| = 0$, $||G|| = 0$, $||F+G|| = 0$ trivialerweise erfüllt. Im Falle $\dim U > 0$ ergibt (24.3)

$$\frac{||(F+G)x||}{||x||} = \frac{||Fx+Gx||}{||x||} \leqq \frac{||Fx|| + ||Gx||}{||x||} \leqq ||F|| + ||G|| \; , \quad x \in U \; , \quad x \neq 0 \, ,$$

und damit

$$||F+G|| = \sup_{\substack{x \in U \\ x \neq 0}} \frac{||(F+G)x||}{||x||} \leqq ||F|| + ||G|| \quad .$$

Zum Beweis der Zusatzbehauptung gehen wir von einer festen, aber beliebigen CAUCHYfolge $F_1, F_2, F_3, \ldots \in CL(U)$ aus. Im Falle $\dim U = 0$ muß wegen

(24.3) notwendig $F_1 = F_2 = F_3 = \ldots = 0 \in CL(U)$ gelten, und diese Folge konvergiert trivialerweise gegen das Element $F = 0 \in CL(U)$. Im Falle dim $U > 0$ beweisen wir zunächst die elementweise Konvergenz der CAUCHYfolge $F_1, F_2, F_3, \ldots \in CL(U)$, also die Konvergenz der Folge $F_1x, F_2x, F_3x, \ldots \in Y$ für jedes $x \in U$. Für $x = 0$ ist diese Konvergenz trivial. Nach fester, aber beliebiger Wahl von $x \in U$, $x \neq 0$, bestimmen wir zu $\varepsilon > 0$ ein N gemäß

$$\|F_m - F_n\| < \frac{\varepsilon}{\|x\|} \quad , \quad m \geqq N \quad , \quad n \geqq N \quad ,$$

hinzu. Bei Beachtung des grundlegenden Sachverhalts, daß die Norm eines Elementes aus $CL(U)$ per definitionem eine LIPSCHITZkonstante ist, folgt

$$\|F_mx - F_nx\| = \|(F_m - F_n)x\| \leqq \|F_m - F_n\| \, \|x\| < \varepsilon \quad , \quad m \geqq N \, , \quad n \geqq N \, .$$

Damit bildet $F_1x, F_2x, F_3x, \ldots \in Y$ eine CAUCHYfolge, und ihre Konvergenz ergibt sich aus der BANACHraumeigenschaft von Y. Die somit erklärte Grenzfunktion sei $F: U \to Y$. Sie ist infolge Lemma 24.2 linear. Da $F_1, F_2, F_3, \ldots \in CL(U)$ als CAUCHYfolge nach Satz 6.2 durch eine Zahl $L \geqq 0$ beschränkt ist, bekommt man

$$\|F_nx\| \leqq \|F_n\| \, \|x\| \leqq L\|x\| \quad , \quad x \in U \quad , \quad n = 1,2,3,\ldots \quad ;$$

der anschließend bei festgehaltenem x durchgeführte Grenzübergang $n \to \infty$ liefert

$$\|Fx\| \leqq L\|x\| \quad , \quad x \in U \quad ,$$

und damit die Stetigkeit der Grenzfunktion $F: U \to Y$. Um zu zeigen, daß $F \in CL(U)$ Grenzelement der CAUCHYfolge $F_1, F_2, F_3, \ldots \in CL(U)$ ist, bestimmen wir zu $\varepsilon > 0$ ein N gemäß

$$\|F_m - F_n\| < \frac{\varepsilon}{2} \quad , \quad m \geqq N \quad , \quad n \geqq N \quad ,$$

hinzu. Es folgt mit (24.3)

$$\frac{\|F_mx - F_nx\|}{\|x\|} = \frac{\|(F_m - F_n)x\|}{\|x\|} \leqq \|F_m - F_n\| < \frac{\varepsilon}{2} \quad ,$$

$$x \in U \quad , \quad x \neq 0 \quad , \quad m \geqq N \quad , \quad n \geqq N \quad ,$$

und der bei festgehaltenen x und m durchgeführte Grenzübergang $n \to \infty$ ergibt

$$\frac{\|F_mx - Fx\|}{\|x\|} = \frac{\|(F_m - F)x\|}{\|x\|} \leqq \frac{\varepsilon}{2} \quad , \quad x \in U \quad , \quad x \neq 0 \quad , \quad m \geqq N \quad ;$$

dies bewirkt schließlich

$$\|F_m - F\| = \sup_{\substack{x \in U \\ x \neq 0}} \frac{\|(F_m - F)x\|}{\|x\|} \leqq \frac{\varepsilon}{2} < \varepsilon \quad , \quad m \geqq N \quad .$$

Eine Interpretation des Konvergenzbegriffes im Raume CL(U) bringt

Satz 24.2. Es seien X,Y normierte Vektorräume über dem Körper $\mathbb{K}$ und $U \subseteq X$ ein Untervektorraum. Dann konvergiert die Folge von Elementen $F_1, F_2, F_3, \ldots \in CL(U)$ genau dann gegen das Grenzelement $F \in CL(U)$, wenn die Funktionenfolge $F_1, F_2, F_3, \ldots : U \to Y$ auf jeder nichtleeren beschränkten Teilmenge $\mathfrak{M} \subseteq U$ gleichmäßig gegen die Grenzfunktion $F: U \to Y$ konvergiert.

Bemerkung. Im Raume CL(U) ergibt sich somit folgende Hierarchie der Konvergenzbegriffe: Die gleichmäßige Konvergenz zieht die Konvergenz bezüglich der Norm, zur Unterscheidung auch Normkonvergenz genannt, nach sich, die ihrerseits die elementweise Konvergenz zur Folge hat.

Beweis. N o t w e n d i g k e i t . Sei $M \geqq 0$ eine Schranke für $\mathfrak{M}$, so gibt es zu $\varepsilon > 0$ ein N gemäß

$$||F_n - F|| < \frac{\varepsilon}{M+1} \quad , \quad n \geqq N \; .$$

Hiermit folgt die gleichmäßige Konvergenz auf $\mathfrak{M}$:

$$||F_n x - Fx|| = ||(F_n - F)x|| \leqq ||F_n - F|| \; ||x|| \leqq \frac{\varepsilon M}{M+1} < \varepsilon \quad , \quad x \in \mathfrak{M} \; , \; n \geqq N.$$

H i n l ä n g l i c h k e i t . Im Falle dim U = 0 sind $F_1, F_2, F_3, \ldots \in CL(U)$ und $F \in CL(U)$ alle gleich dem Nullelement $O \in CL(U)$, und die Konvergenz bezüglich der Norm ist trivial. Im Falle dim U > 0 liegt insbesondere auf der Einheitskugel $\mathfrak{K} \subseteq U$ gleichmäßige Konvergenz vor, und es gibt daher zu $\varepsilon > 0$ ein N gemäß

$$||F_n x - Fx|| < \frac{\varepsilon}{2} \quad , \quad x \in \mathfrak{K} \quad , \quad n \geqq N \; .$$

Es folgt

$$\frac{||(F_n - F)x||}{||x||} = ||F_n \frac{x}{||x||} - F \frac{x}{||x||}|| < \frac{\varepsilon}{2} \quad , \quad x \in U \; , \; x \neq 0 \; , \; n \geqq N ,$$

und hieraus die Konvergenz bezüglich der Norm

$$||F_n - F|| = \sup_{\substack{x \in U \\ x \neq 0}} \frac{||(F_n - F)x||}{||x||} \leqq \frac{\varepsilon}{2} < \varepsilon \quad , \quad n \geqq N \; .$$

Die folgenden Beispiele beschäftigen sich mit der Bestimmung der kleinsten LIPSCHITZkonstanten. Dazu ist grundsätzlich zu bemerken, daß es eine allgemeine Berechnungsmethode nicht gibt, man also von der jeweiligen, durch Vektorräume und Funktion gegebenen Situation auszugehen hat.

<u>Beispiel 24.1.</u> Für den (stetigen linearen) Einheitsoperator $I: U \rightarrow X$, $U \subseteq X$, liefert (24.3) unmittelbar

$$||I|| = \begin{cases} 0\ , & \dim U = 0\ , \\ 1\ , & \dim U > 0\ . \end{cases}$$

<u>Beispiel 24.2.</u> Im Raume $\mathbb{R}^n$ mit t-Norm wird mit reellen a_{ik} durch

$$(24.5) \qquad Ax_i = \sum_{k=1}^{n} a_{ik} x_k \quad , \quad i = 1,\ldots,n \ , \quad x \in \mathbb{R}^n \ ,$$

ein stetiger linearer Operator $A: \mathbb{R}^n$ mit der LIPSCHITZkonstanten

$$(24.6) \qquad L = \max_{i=1,\ldots,n} \sum_{k=1}^{n} |a_{ik}| \geqq ||A||$$

erklärt (vgl. Satz 20.1). Sei i_o der Index, für den das Zeilensummenmaximum

$$L = \sum_{k=1}^{n} |a_{i_o k}|$$

angenommen wird, so hat das Element $\overset{o}{x} = (\overset{o}{x}_1,\ldots,\overset{o}{x}_n) \in \mathbb{R}^n$ mit den Koordinaten

$$\overset{o}{x}_k = \begin{cases} 1\ , & a_{i_o k} \geqq 0\ , \\ -1\ , & a_{i_o k} < 0\ , \end{cases} \quad , \quad k = 1,\ldots,n \quad ,$$

die Eigenschaft

$$\left| \sum_{k=1}^{n} a_{ik} \overset{o}{x}_k \right| \leqq \sum_{k=1}^{n} |a_{ik}| \leqq \sum_{k=1}^{n} |a_{i_o k}|$$

$$= \sum_{k=1}^{n} a_{i_o k} \overset{o}{x}_k = \left| \sum_{k=1}^{n} a_{i_o k} \overset{o}{x}_k \right| \quad , \quad i = 1,\ldots,n \ ,$$

und es folgt bei Beachtung von $||x_o|| = 1$ und (24.3)

$$\frac{||Ax_o||}{||x_o||} = \max_{i=1,\ldots,n} \left| \sum_{k=1}^{n} a_{ik} \overset{o}{x}_k \right| = \left| \sum_{k=1}^{n} a_{i_o k} \overset{o}{x}_k \right|$$

$$= \sum_{k=1}^{n} |a_{i_o k}| = \max_{i=1,\ldots,n} \sum_{k=1}^{n} |a_{ik}| \leqq ||A|| \ .$$

Zusammen mit (24.6) folgt als Norm des Operators das Zeilensummenmaximum

$$(24.7) \qquad ||A|| = \max_{i=1,\ldots,n} |a_{ik}| \ .$$

Beispiel 24.3. Im Raume $C[0,2\pi]$ mit T-Norm wird mit positiv reellen Zahlen a,b durch

$$(24.8) \quad Ax(s) = \frac{ab}{\pi} \int_0^{2\pi} \frac{x(t)\,dt}{a^2+b^2-(a^2-b^2)\cos(s+t)} \quad , \quad s \in [0,2\pi] \; , \; x \in C[0,2\pi] ,$$

ein stetiger linearer Operator $A: C[0,2\pi] \to C[0,2\pi]$ mit der LIPSCHITZ-konstanten

$$(24.9) \quad L = \max_{s \in [0,2\pi]} \frac{ab}{\pi} \int_0^{2\pi} \frac{dt}{a^2+b^2-(a^2-b^2)\cos(s+t)} = 1 \geqq ||A||$$

erklärt (vgl. Satz 20.2 und Beispiel 20.2). Speziell für $x_o(s) = 1$, $s \in [0,2\pi]$, bekommt man andererseits zusammen mit (24.3)

$$\frac{||Ax_o||}{||x_o||} = \max_{s \in [0,2\pi]} \frac{ab}{\pi} \int_0^{2\pi} \frac{dt}{a^2+b^2-(a^2-b^2)\cos(s+t)} = 1 \leqq ||A|| .$$

Damit lautet die Norm des Operators

$$(24.10) \quad ||A|| = 1 .$$

Beispiel 24.4. Mit einer reellen Zahl $p \geqq 1$ erklärt man den normierten reellen Vektorraum l^p als die Menge aller geordneten reellen Zahlen-∞-tupel bzw. aller reellen Zahlenfolgen

$$(24.11) \quad x = (x_1, x_2, x_3, \dots) ,$$

deren Koordinaten $x_1, x_2, x_3, \dots$ der Bedingung

$$(24.12) \quad \sum_{i=1}^{\infty} |x_i|^p < \infty$$

genügen und daher die Normierung

$$(24.13) \quad ||x|| \equiv \sqrt[p]{\sum_{i=1}^{\infty} |x_i|^p} \quad , \quad x \in l^p ,$$

gestatten. Addition und Multiplikation mit einem Skalar werden analog zum $\mathbb{R}^n$ vorgenommen. Um zu zeigen, daß die Summe zweier Elemente $x,y \in l^p$ in l^p verbleibt, bilden wir für alle natürlichen n mit Hilfe der MINKOWSKIschen Ungleichung (4.9)

$$\sum_{i=1}^{n} |x_i + y_i| \leqq \left(\sqrt[p]{\sum_{i=1}^{n} |x_i|^p} + \sqrt[p]{\sum_{i=1}^{n} |y_i|^p} \right)^p$$

$$\leqq \left(\sqrt[p]{\sum_{i=1}^{\infty} |x_i|^p} + \sqrt[p]{\sum_{i=1}^{\infty} |y_i|^p} \right)^p \quad ;$$

da somit die linksstehenden Partialsummen monoton nicht fallen und nach oben beschränkt sind, folgt

$$\sum_{i=1}^{\infty} |x_i - y_i|^p < \infty \ .$$

Daß die Multiplikation mit einem Skalar ebenfalls zu l^p gehört, leuchtet unmittelbar ein. Ebenso leicht ist einzusehen, daß die Axiome des Vektorraumes sowie die Normaxiome für (24.13) erfüllt sind, wobei insbesondere die Dreiecksungleichung aus der MINKOWSKIschen Ungleichung (4.9) durch Grenzübergang $n \to \infty$ hervorgeht.

Anschließend wollen wir mit festen reellen Zahlen $c_1, c_2, c_3, \ldots$ durch

(24.14) $$\phi x = \sum_{i=1}^{\infty} c_i x_i \quad , \quad x \in l^p \quad ,$$

ein Funktional $\phi : l^p \to \mathbb{R}$ erklären; damit dies jedoch einen Sinn hat, müssen die Konstanten $c_1, c_2, c_3, \ldots$ noch einer einschränkenden Bedingung unterworfen werden. Dabei unterscheiden wir zwei Fälle:

a.) $p = 1$. Wir verlangen, daß die $c_1, c_2, c_3, \ldots$ beschränkt sind. Dann gibt es auch eine kleinste obere Schranke

(24.15) $$S \equiv \sup_{i=1,\ldots,n} |c_i| \quad ,$$

und (24.14) existiert nach dem Majorantenkriterium:

(24.16) $$|\phi x| \leqq \sum_{i=1}^{\infty} S|x_i| = S||x|| \quad , \quad x \in l^1 \ .$$

Jetzt entnehmen wir (24.14) und (24.16) die Linearität und Stetigkeit des Funktionals ϕ und erhalten zugleich für dessen kleinste LIPSCHITZkonstante die Abschätzung

(24.17) $$||\phi|| \leqq S \quad .$$

Gelte nun $S > 0$, so existiert zu jedem $\varepsilon > 0$ eine Konstante $c_k \neq 0$ mit der Eigenschaft

(24.18) $$|c_k| > S - \varepsilon \quad ,$$

und für das von Null verschiedene Element $\mathring{x} = (\mathring{x}_1, \mathring{x}_2, \mathring{x}_3, \ldots) \in l^1$ mit den Koordinaten

$$\mathring{x}_i = \delta_{ik} c_k \quad , \quad i = 1,2,3,\ldots \quad ,$$

bekommt man infolge (24.13), (24.14) und (24.18)

$$\frac{|\phi \mathring{x}|}{||\mathring{x}||} = \frac{c_k^2}{|c_k|} = |c_k| > S - \varepsilon \quad .$$

Wegen (24.3) und der Willkür von $\varepsilon > 0$ bedeutet dies

$$||\phi|| = \sup_{\substack{x \in l^1 \\ x \neq 0}} \frac{|\phi x|}{||x||} \geqq S \quad .$$

Zusammen mit (24.15) und (24.17) ergibt sich die gesuchte Norm

(24.19) $$||\phi|| = \sup_{i=1,2,3,\ldots} |c_i|$$

zunächst noch unter der einschränkenden Voraussetzung $S > 0$; im Falle $S = 0$ ist (24.19) jedoch auch richtig, da hier beide Seiten wegen (24.15) und (24.17) verschwinden.

b.) $p > 1$. Wir bestimmen $q > 1$ aus

(24.20) $$\frac{1}{p} + \frac{1}{q} = 1$$

und unterwerfen die $c_1, c_2, c_3, \ldots$ jetzt der Bedingung

(24.21) $$\sum_{i=1}^{\infty} |c_i|^q < \infty \quad .$$

Sei nun $x \in l^p$ fest, aber beliebig gewählt, so liefert die HÖLDERsche Ungleichung (Satz 4.4) für alle natürlichen n

(24.22) $$\sum_{i=1}^{n} |c_i x_i| = \left| \sum_{i=1}^{n} |c_i||x_i| \right| \leqq \sqrt[q]{\sum_{i=1}^{n} |c_i|^q} \; \sqrt[p]{\sum_{i=1}^{n} |x_i|^p}$$
$$\leqq \sqrt[q]{\sum_{i=1}^{\infty} |c_i|^q} \; ||x|| \quad ;$$

somit sind die links stehenden Partialsummen monoton nicht fallend und nach oben beschränkt, und man bekommt

$$\sum_{i=1}^{\infty} |c_i x_i| < \infty \quad ,$$

d.h. die absolute Konvergenz der Reihe (24.14) für jedes $x \in l^p$. Das Funktional ϕ ist also durch (24.14) wohldefiniert, und wiederum ist die Linearität unmittelbar klar. Schätzen wir (24.14) durch die Reihe der Beträge ab und führen wir außerdem in (24.22) den Grenzübergang $n \to \infty$ durch, so erhalten wir

$$(24.23) \qquad |\phi x| \leqq \sum_{i=1}^{\infty} |c_i x_i| \leqq \sqrt[q]{\sum_{i=1}^{\infty} |c_i|^q}\, ||x|| \quad , \qquad x \in l^p \quad ,$$

und damit die Stetigkeit des Funktionals sowie die LIPSCHITZkonstante

$$(24.24) \qquad \sqrt[q]{\sum_{i=1}^{\infty} |c_i|^q} \geqq ||\phi|| \quad .$$

Es mögen jetzt nicht alle $c_1, c_2, c_3, \ldots$ verschwinden. Dann ist das ∞-tupel $\overset{o}{x} = (\overset{o}{x}_1, \overset{o}{x}_2, \overset{o}{x}_3, \ldots)$ mit den Koordinaten

$$\overset{o}{x}_i = \begin{cases} |c_i|^{\frac{q}{p}} \ , & c_i \geqq 0 \ , \\ -|c_i|^{\frac{q}{p}} \ , & c_i < 0 \ , \end{cases} \qquad , \qquad i = 1,2,3,\ldots \quad ,$$

sicher ein von 0 verschiedenes Element aus l^p, für das wir unter Beachtung von (24.3), (24.13), (24.14) und $1 + \frac{q}{p} = q$

$$\frac{|\phi \overset{o}{x}|}{||\overset{o}{x}||} = \frac{\sum_{i=1}^{\infty} |c_i||c_i|^{\frac{q}{p}}}{\sqrt[p]{\sum_{i=1}^{\infty} |c_i|^q}} = \left(\sum_{i=1}^{\infty} |c_i|^q \right)^{1-\frac{1}{p}} = \sqrt[q]{\sum_{i=1}^{\infty} |c_i|^q} \leqq ||\phi||$$

erhalten. Zusammen mit (24.24) folgt das Resultat

$$(24.25) \qquad ||\phi|| = \sqrt[q]{\sum_{i=1}^{\infty} |c_i|^q}$$

zunächst noch unter der einschränkenden Voraussetzung, daß nicht alle $c_1, c_2, c_3, \ldots$ verschwinden; aber auch im Falle $c_1 = c_2 = c_3 = \ldots = 0$ ist

(24.25) richtig, da (24.24) hier unmittelbar $||\phi|| = 0$ nach sich zieht.

Beispiel 24.5. Der normierte reelle Vektorraum t ist durch die Menge aller beschränkten reellen Zahlenfolgen

$$x = (x_1, x_2, x_3, \ldots) \tag{24.26}$$

mit der Norm

$$||x|| \equiv \sup_{i=1,2,3,\ldots} |x_i| \quad , \quad x \in t \, , \tag{24.27}$$

gegeben [1]. Dabei sind Addition und Multiplikation mit einem Skalar analog zum $\mathbb{R}^n$ erklärt, und man erkennt unmittelbar, daß die Axiome des Vektorraumes erfüllt sind. Da die Folge (24.26) beschränkt ist, folgt die Existenz des Supremums (24.27), für die wir anschließend die Normaxiome bestätigen:

1.) Aus $x \neq 0$ folgt die Existenz einer nicht verschwindenden Koordinate $x_{i_o} \neq 0$ und damit

$$||x|| = \sup_{i=1,2,3,\ldots} |x_i| \geqq |x_{i_o}| > 0 \; .$$

2.) Für fest, aber beliebig gewählte $\lambda \in \mathbb{R}$, $x \in t$ wird

$$|\lambda x_i| = |\lambda| \, |x_i| \leqq |\lambda| \, ||x|| \quad , \quad i = 1,2,3,\ldots \; ;$$

weiter existiert zu jedem $\varepsilon > 0$ eine Koordinate x_k mit

$$|\lambda x_k| = |\lambda| \, |x_k| \geqq |\lambda| \left(||x|| - \frac{\varepsilon}{|\lambda|+1}\right) > |\lambda| \, ||x|| - \varepsilon \quad ,$$

und dies bewirkt

$$||\lambda x|| = \sup_{i=1,2,3,\ldots} |\lambda x_i| = |\lambda| \, ||x|| \; .$$

3.) Für $x, y \in t$ erhält man

$$|x_i + y_i| \leqq |x_i| + |y_i| \leqq ||x|| + ||y|| \quad , \quad i = 1,2,3,\ldots \quad ,$$

und damit die Dreiecksungleichung

$$||x+y|| = \sup_{i=1,2,3,\ldots} |x_i + y_i| \leqq ||x|| + ||y|| \; .$$

---

1) Der Raum t wird auch als "l^∞" bezeichnet.

Bedeuten nun $c_1, c_2, c_3, \ldots$ feste reelle Zahlen mit der Eigenschaft

(24.28) $$\sum_{i=1}^{\infty} |c_i| < \infty ,$$

so können wir durch die Vorschrift

(24.29) $$\phi x = \sum_{i=1}^{\infty} c_i x_i , \quad x \in t ,$$

auf Grund des Majorantenkriteriums

(24.30) $$|\phi x| \leqq \sum_{i=1}^{\infty} |c_i| \, ||x|| = (\sum_{i=1}^{\infty} |c_i|) ||x|| < \infty , \quad x \in t ,$$

ein Funktional $\phi : t \to \mathbb{R}$ erklären. Aus (24.29) und (24.30) folgen unmittelbar Linearität, Stetigkeit und die LIPSCHITZkonstante

(24.31) $$\sum_{i=1}^{\infty} |c_i| \geqq ||\phi|| .$$

Bedeute nun $\mathring{x} = (\mathring{x}_1, \mathring{x}_2, \mathring{x}_3, \ldots) \in t$ das Element mit den Koordinaten

$$\mathring{x}_i = \begin{cases} 1 , & c_i \geqq 0 , \\ -1 , & c_i < 0 , \end{cases} \quad , \quad i = 1,2,3,\ldots ,$$

so folgt mit (24.3), (24.27) und (24.29)

$$\frac{|\phi \mathring{x}_i|}{||\mathring{x}_i||} = \left| \sum_{i=1}^{\infty} c_i \mathring{x}_i \right| = \sum_{i=1}^{\infty} |c_i| \leqq ||\phi||$$

und hieraus zusammen mit (24.31)

(24.32) $$||\phi|| = \sum_{i=1}^{\infty} |c_i| .$$

Beispiel 24.6. Zur näherungsweisen Berechnung des bestimmten Integrals $\int_a^b f(x)dx$, $f \in C[a,b]$, führt man in der numerischen Mathematik unter den verschiedensten Gesichtspunkten Stützstellen $a \leqq x_1 < x_2 < \ldots < x_n \leqq b$ und Gewichte $c_1, c_2, \ldots, c_n$, n natürlich, ein und erklärt mit diesen insgesamt 2n reellen Zahlen die Quadraturformel

(24.33) $$\phi f = \sum_{i=1}^{n} c_i f(x_i) , \quad f \in C[a,b] .$$

Offensichtlich handelt es sich hier um ein lineares Funktional $\phi : C[a,b] \to \mathbb{R}$. Führt man jetzt im Raume $C[a,b]$ die T-Norm ein, so entnimmt man der Abschätzung

$$|\phi f| \leqq \sum_{i=1}^{n} |c_i||f(x_i)| \leqq \left(\sum_{i=1}^{n} |c_i|\right)||f|| \quad , \quad f \in C[a,b] \quad ,$$

die Stetigkeit des Funktionals und zugleich die LIPSCHITZ-konstante

(24.34) $\sum_{i=1}^{n} |c_i| \geqq ||\phi||$.

Anschließend konstruieren wir eine stetige Funktion $f_o(x)$, $x \in [a,b]$, mit den Eigenschaften (Fig. 19)

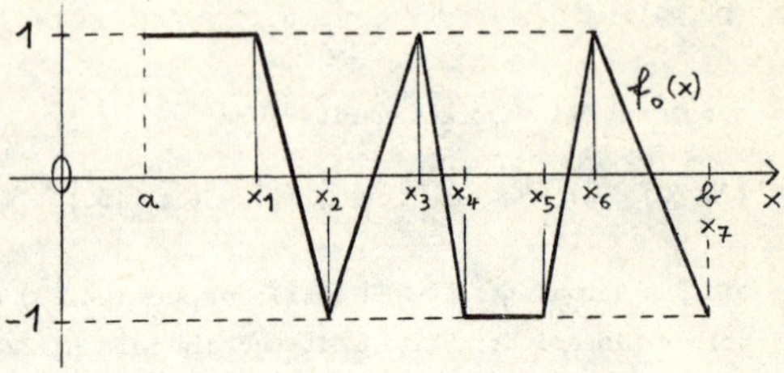

Fig. 19. Konstruktion einer stetigen Funktion mit diskreten Vorgaben

$$||f_o|| = 1 \quad , \quad f(x_i) = \left\{ \begin{array}{ll} 1 \; , & c_i \geqq 0 \; , \\ -1 \; , & c_i < 0 \; , \end{array} \right\} \quad , \quad i = 1,\ldots,n \quad ,$$

und erhalten dann bei Beachtung von (24.3)

$$\frac{|\phi f_o|}{||f_o||} = \left| \sum_{i=1}^{n} c_i f_o(x_i) \right| = \sum_{i=1}^{n} |c_i| \leqq ||\phi|| \quad .$$

Zusammen mit (24.34) folgt die Norm des Funktionals

(24.35) $$||\phi|| = \sum_{i=1}^{n} |c_i| \quad .$$

Abschließend formulieren wir noch eine Limesregel:

<u>Satz 24.3.</u> Es seien X,Y normierte Vektorräume über $\mathbb{K}$ und $U \subseteq X$ ein Untervektorraum. Dann gilt für konvergente Folgen $x_n \to x$ mit $x_n, x \in U$ und $F_n \to F$ mit $F_n, F \in CL(U)$

(34.36) $$\lim_{n \to \infty} F_n x_n = Fx \quad .$$

<u>Beweis.</u> Da die rechte Seite der Abschätzung

$$||F_n x_n - Fx|| = ||F_n(x_n - x) + (F_n - F)x|| \leqq ||F_n|| \; ||x_n - x|| + ||F_n - F|| \; ||x||$$

offensichtlich eine Nullfolge bildet, folgt die Behauptung (24.36).

§ 25. Die BANACHalgebra der stetigen linearen Operatoren

In diesem Paragraphen wollen wir uns mit der Rolle des Produkts stetiger linearer Funktionen näher beschäftigen; dabei werden wir speziell den stetigen linearen Operatoren besondere Aufmerksamkeit widmen. Wir wissen bereits aus den §§ 11 und 12, daß das Produkt zweier stetiger linearer Funktionen wiederum linear und stetig ist und daß es dem Assoziativgesetz, dem Kommutativgesetz bezüglich eines Skalars und beiden Distributivgesetzen mit allen Konsequenzen für das formale Rechnen genügt; dagegen braucht das Kommutativgesetz selbst nicht erfüllt zu sein. Es sei noch betont, daß auch für das Produkt die kleinste LIPSCHITZkonstante bzw. die Norm wohldefiniert ist.

Satz 25.1. Seien X,Y,Z normierte Vektorräume über dem Körper $\mathbb{K}$ und $F: U \to Y$, $U \subseteq X$, und $G: V \to Z$, $V \subseteq Y$, stetige lineare Funktionen mit $FU \subseteq V$, so genügt die Norm des (stetigen linearen) Produkts $GF: U \to Z$ der Ungleichung

$$(25.1) \qquad ||GF|| \leqq ||G||\ ||F|| \, .$$

Beweis folgt direkt aus

$$||(GF)x|| = ||G(Fx)|| \leqq ||G||\ ||Fx|| \leqq ||G||\ ||F||\ ||x|| \quad , \quad x \in U \, .$$

Korollar 25.1. Sei X ein normierter Vektorraum über dem Körper $\mathbb{K}$, so gilt für die Norm des Produktes zweier stetiger linearer Operatoren $A,B: X \to X$ die Abschätzung

$$(25.2) \qquad ||BA|| \leqq ||B||\ ||A|| \, .$$

Unter Einbeziehung des Einheitsoperators (vgl. Beispiel 24.1) erhalten wir das weitere

Korollar 25.2. Sei X ein normierter Vektorraum über dem Körper $\mathbb{K}$, so gestatten die Normen der Potenzen eines stetigen linearen Operators $A: X \to X$ die Abschätzungen

$$(25.3) \qquad ||A^n|| \leqq ||A||^n \quad , \quad n = 0,1,2,\ldots \, .$$

Bei der Bezeichnung einer Funktionenmenge allein durch Angabe der Funktionenart und des Definitionsbereiches, beispielsweise CL(U), sind wir bisher davon ausgegangen, daß aus dem Zusammenhang hervorgeht, in welchen Raum bzw. in welche Teilmenge eines Raumes die Funktionswerte fallen. Gelegentlich, wie etwa im folgenden, empfiehlt es sich jedoch, zur Unterscheidung verschiedener Räume bzw. Teilmengen dies besonders zu kennzeichnen. Wie dies geschieht, sei an Hand der Voraussetzungen zu Satz 25.1 erläutert, für die folgende, gleichwertige Bezeichnungen gebräuchlich sind:

(25.4) $$F \in CL(U,V) \quad , \quad G \in CL(V,Z) \quad , \quad GF \in CL(U,Z) \quad .$$

Satz 25.2. Unter denselben Voraussetzungen wie in Satz 25.1 gelten mit konvergenten Funktionenfolgen

$$F_n \in CL(U,V) \quad , \quad G_n \in CL(V,Z)$$

und Funktionen

$$H \in CL(U,V) \quad , \quad K \in CL(V,Z)$$

folgende Limesregeln:

(25.5) $$\lim_{n \to \infty} (KF_n) = K(\lim_{n \to \infty} F_n) \quad ,$$

(25.6) $$\lim_{n \to \infty} (G_n H) = (\lim_{n \to \infty} G_n) H \quad ,$$

(25.7) $$\lim_{n \to \infty} (G_n F_n) = (\lim_{n \to \infty} G_n)(\lim_{n \to \infty} F_n) \quad .$$

Beweis nur für (25.7) erforderlich, da (25.5) als Spezialfall $G_n = K$ und (25.6) als Spezialfall $F_n = H$ in (25.7) enthalten ist. Gelte daher

$$F_n \to F \in CL(U,V) \quad , \quad G_n \to G \in CL(V,Z) \quad ,$$

so liefert die Anwendung der oben genannten Rechenregeln für lineare Funktionen zusammen mit der Ungleichung (25.1) die Abschätzung

$$||G_n F_n - GF|| = ||G_n(F_n - F) + (G_n - G)F||$$

$$\leqq ||G_n(F_n - F)|| + ||(G_n - G)F|| \leqq ||G_n|| \; ||F_n - F|| + ||G_n - G|| \; ||F|| \quad ;$$

da die rechte Seite eine Nullfolge bildet, folgt die Behauptung (25.7).

Korollar 25.3. Sei X ein normierter Vektorraum über dem Körper $\mathbb{K}$ und bedeute CL(X) den zugehörigen normierten Vektorraum der stetigen linearen Operatoren, so gelten mit konvergenten Operatorfolgen $A_n, B_n \in CL(X)$ und einem Operator $C \in CL(X)$ die Limesregeln

(25.8) $$\lim_{n \to \infty} (CA_n) = C(\lim_{n \to \infty} A_n) \quad ,$$

(25.9) $$\lim_{n \to \infty} (B_n C) = (\lim_{n \to \infty} B_n)C \quad ,$$

(25.10) $$\lim_{n \to \infty} (B_n A_n) = (\lim_{n \to \infty} B_n)(\lim_{n \to \infty} A_n) \quad .$$

Ausgehend von einem normierten Vektorraum über dem Körper $\mathbb{K}$, hat somit der Raum der stetigen linearen Operatoren CL(X) über $\mathbb{K}$ die folgenden, über einen normierten Vektorraum hinausgehenden Eigenschaften: Zwischen seinen Elementen $A, B \in CL(X)$ ist ein (im allgemeinen nichtkommutatives) Produkt $BA \in CL(X)$ erklärt; das Produkt dreier Faktoren $A, B, C \in CL(X)$ genügt dem Assoziativgesetz; das Produkt zweier Faktoren $A, B \in CL(X)$ ist kommutativ bezüglich eines Skalars $\lambda \in \mathbb{K}$; beide Distributivgesetze sind erfüllt; für das Produkt gelten infolgedessen auch die üblichen Regeln der Limesrechnung. Einen normierten Vektorraum mit diesen Eigenschaften bezeichnet man als BANACHalgebra. Eine BANACHalgebra braucht kein BANACHraum zu sein. Nach Satz 24.1 bildet die BANACHalgebra CL(X) jedoch dann einen BANACHraum, wenn X ein BANACHraum ist.

Nachfolgende Beispiele sollen die Möglichkeiten und Anwendungen der BANACHalgebra CL(X) verdeutlichen:

Beispiel 25.1. Es sei X ein normierter Vektorraum. Dann kann man mit einer nichtnegativ ganzen Zahl n, mit n+1 Skalaren $\lambda_o, \lambda_1, \ldots, \lambda_n \in \mathbb{K}$ und einem Operator $A \in CL(X)$ das Operatorpolynom von höchstens n^{tem} Grade

(25.11) $$P_n(A) \equiv \lambda_o + \lambda_1 A + \lambda_2 A^2 + \ldots + \lambda_n A^n \in CL(X)$$

erklären. Der Wert des Operators $P_n(A)$ an einer Stelle $x \in X$ lautet

(25.12) $$P_n(A)x = \lambda_o x + \lambda_1 Ax + \lambda_2 A^2 x + \ldots + \lambda_n A^n x \in X \ .$$

Beispiel 25.2. Jetzt bedeute X und damit auch der Raum der stetigen linearen Operatoren CL(X) einen BANACHraum. Dann kann man mit Hilfe eines Operators $A \in CL(X)$ die exponentielle Operatorreihe

$$(25.13) \qquad e^A \equiv \frac{1}{0!} I + \frac{1}{1!} A + \frac{1}{2!} A^2 + \frac{1}{3!} A^3 + \ldots \in CL(X)$$

erklären, sofern über die Konvergenz dieser Reihe im Raume CL(X) Klarheit herrscht. Zu ihrem Nachweis bedienen wir uns des Majorantenkriteriums in BANACHräumen (Satz 6.7). Wegen (25.3) bildet nun sofort

$$\frac{1}{0!} + \frac{1}{1!} ||A|| + \frac{1}{2!} ||A||^2 + \frac{1}{3!} ||A||^3 + \ldots = e^{||A||} < \infty$$

eine konvergente Majorante für die Reihe (25.13), die daher ihrerseits konvergiert. Um den Wert des Operators e^A an einer Stelle $x \in X$ zu erhalten, beachten wir, daß $e^A \in CL(X)$ das Grenzelement der Folge der Partialsummen

$$(25.14) \qquad S_n = \frac{1}{0!} I + \frac{1}{1!} A + \frac{1}{2!} A^2 + \ldots + \frac{1}{n!} A^n \in CL(X) \; , \quad n = 0,1,2,\ldots \; ,$$

darstellt und daß die Normkonvergenz im Raume CL(X) infolge Satz 24.2 stets die elementweise Konvergenz nach sich zieht. Dann aber wird $e^A x$ für festes, aber beliebiges $x \in X$ durch das Grenzelement der Folge $S_n x$ und damit wegen (25.14) durch die Reihe

$$(25.15) \qquad e^A x = \frac{1}{0!} x + \frac{1}{1!} Ax + \frac{1}{2!} A^2 x + \frac{1}{3!} A^3 x + \ldots \in X \; , \quad x \in X \; ,$$

erhalten. Zugleich entnehmen wir dieser Schlußweise, daß man ganz allgemein eine konvergente Operatorreihe aus CL(X) gliedweise auf ein Element $x \in X$ anwenden darf.

Beispiel 25.3. Noch einmal sei X und damit CL(X) ein BANACHraum. Jetzt erklären wir mit einem kontrahierenden Operator $A \in CL(X)$, für den nach Definition 17.1

$$(25.16) \qquad ||A|| < 1$$

gilt, die geometrische Operatorreihe

$$(25.17) \qquad T \equiv I + A + A^2 + A^3 + \ldots \in CL(X) \quad ,$$

deren Konvergenz mit (25.3) und (25.16) wiederum aus dem Vorhandensein einer konvergenten Majorante folgt:

$$1 + ||A|| + ||A||^2 + ||A||^3 + \dots = \frac{1}{1 - ||A||} < \infty .$$

Da man konvergente Operatorreihen auf Grund der Limesregeln (25.8) und (25.9) sowohl von links als auch von rechts gliedweise mit einem Operator multiplizieren darf und da die elementaren Rechenregeln für Reihen ohnehin in normierten Vektorräumen gelten, erhält man aus (25.17)

(25.18) $$(I - A)T = T - AT = I \quad ,$$

(25.19) $$T(I - A) = T - TA = I \quad .$$

Damit vermittelt der Operator $I - A \in CL(X)$ eine umkehrbar eindeutige Abbildung des Raumes X auf sich; der gleichzeitig erhaltene inverse Operator

(25.20) $$(I - A)^{-1} = T \in CL(X)$$

ist durch die geometrische Operatorreihe (25.17) darstellbar:

(25.21) $$(I - A)^{-1} = I + A + A^2 + A^3 + \dots \in CL(X) \quad .$$

Insbesondere existiert jetzt zu beliebigem $u \in X$ genau eine Lösung $x \in X$ der Operatorgleichung zweiter Art

(25.22) $$(I - A)x = u \quad ,$$

und diese kann durch Anwendung der Inversen $(I - A)^{-1}$ auf (25.22) und gliedweise Anwendung der Operatorreihe (25.21) auf u berechnet werden:

(25.23) $$x = (I - A)^{-1}u = u + Au + A^2u + A^3u + \dots \quad .$$

Damit haben wir auf anderem Wege Existenz und Eindeutigkeit für die Lösung der Operatorgleichung (25.22) sowie ihre Darstellbarkeit durch die NEUMANNsche Reihe (25.23) nachgewiesen; ein gegenüber Satz 19.2 weiterreichendes Resultat besteht jedoch darin, daß die Lösung $x \in X$ von (25.22) eine stetige lineare Funktion der Inhomogenität $u \in X$ ist und daß die NEUMANNsche Reihe (25.23) nicht nur elementweise, sondern auf jeder beschränkten Teilmenge von X gleichmäßig konvergiert.

§ 26. Das Prinzip der Normbeschränktheit [1)]

In den beiden folgenden Paragraphen wollen wir bestimmte Zusammenhänge aufzeigen, die für die Funktionalanalysis von äußerst wichtiger Bedeutung sind. Zu diesem Zweck übertragen wir zunächst das klassische Prinzip der Intervallschachtelung aus § I.10 auf allgemeine Räume:

Satz 26.1. Sei V ein BANACHraum über dem Körper $\mathbb{K}$ mit $\dim V > 0$ und bilde

$$(26.1) \quad \mathfrak{V}_n = \left\{ u \in V \,\middle|\, \|u-u_n\| \leqq \varrho_n \ , \ u_n \in V, \ \varrho_n > 0 \right\} \ , \quad n = 1,2,3,\dots \ ,$$

eine Vollkugelschachtelung

$$(26.2) \qquad \mathfrak{V}_1 \supseteq \mathfrak{V}_2 \supseteq \mathfrak{V}_3 \supseteq \dots$$

mit gegen Null konvergenten Radien

$$(26.3) \qquad \lim_{n \to \infty} \varrho_n = 0 \ .$$

Dann existiert genau ein Element $v \in V$, das allen Vollkugeln $\mathfrak{V}_1, \mathfrak{V}_2, \mathfrak{V}_3, \dots$ angehört; dieses kann als Grenzelement irgendeiner Folge $v_n \in \mathfrak{V}_n$, $n = 1,2,3,\dots$, erhalten werden.

Beweis. Wir wählen eine Folge $v_n \in \mathfrak{V}_n$, $n = 1,2,3,\dots$, fest aus und bestimmen dann zu $\varepsilon > 0$ ein N gemäß

$$\varrho_n < \frac{\varepsilon}{2} \quad , \qquad n \geqq N \quad ,$$

hinzu. Es folgt für alle $m > n \geqq N$ bei Beachtung von $v_m \in \mathfrak{V}_m \subseteq \mathfrak{V}_n$

1) Andere Bezeichnung: "Prinzip der gleichmäßigen Beschränktheit".

$$||v_m - v_n|| = ||(v_m - u_n) - (v_n - u_n)||$$

$$\leqq ||v_m - u_n|| + ||v_n - u_n|| \leqq \varrho_n + \varrho_n = 2\varrho_n < \varepsilon \quad ,$$

so daß v_n eine CAUCHYfolge und damit wegen der Vollständigkeit von V eine konvergente Folge ist. Wir zeigen, daß das Grenzelement $v \in V$ die behaupteten Eigenschaften besitzt. Sei n fest, aber beliebig gewählt, so erhält man für alle $m > n$ wiederum wegen $v_m \in \mathcal{W}_m \subseteq \mathcal{W}_n$

$$||v_m - u_n|| \leqq \varrho_n \quad ;$$

anschließend liefert der Grenzübergang $m \to \infty$

$$||v - u_n|| \leqq \varrho_n \quad ,$$

d.h. es gilt $v \in \mathcal{W}_n$. Wegen der Willkür von n gehört v dann allen Vollkugeln $\mathcal{W}_1, \mathcal{W}_2, \mathcal{W}_3, \ldots$ an. Nun nehmen wir an, es gäbe ein von v verschiedenes Element $v' \in V$, das ebenfalls allen $\mathcal{W}_1, \mathcal{W}_2, \mathcal{W}_3, \ldots$ angehört. Dann ist es möglich, ein N gemäß

$$\varrho_N < \frac{1}{2} ||v' - v||$$

anzugeben. Wegen $v \in \mathcal{W}_N$ folgt

$$||v' - u_N|| = ||(v' - v) - (u_N - v)||$$

$$\geqq ||v' - v|| - ||v - u_N|| > 2\varrho_N - \varrho_N = \varrho_N$$

und damit der Widerspruch $v' \notin \mathcal{W}_N$. Da man nun analog für jede beliebige Folge $v_n \in \mathcal{W}_n$, $n = 1,2,3,\ldots$, die Konvergenz gegen ein allen $\mathcal{W}_1, \mathcal{W}_2, \mathcal{W}_3, \ldots$ angehöriges Grenzelement erhält, es aber genau ein Element $v \in \mathcal{W}$ mit dieser Eigenschaft gibt, konvergiert jede derartige Folge gegen dieses Element.

Definition 26.1. Seien X,Y normierte Vektorräume über $\mathbb{K}$, so heißt eine Folge von Funktionen $F_1, F_2, F_3, \ldots : \vartheta \to Y$, $\vartheta \subseteq X$, elementweise beschränkt, wenn es zu jedem $x \in \vartheta$ eine Schranke $M \geqq 0$ gibt mit der Eigenschaft

(26.4) $$||F_n x|| \leqq M \quad , \quad n = 1,2,3,\ldots \quad .$$

Definition 26.2. Seien X,Y normierte Vektorräume über $\mathbb{K}$, so heißt eine Menge $\mathcal{F}$ von Funktionen $F: \vartheta \to Y$, $\vartheta \subseteq X$, elementweise beschränkt, wenn es zu jedem $x \in \vartheta$ eine Schranke $M \geqq 0$ gibt mit der Eigenschaft

$$(26.5) \qquad ||Fx|| \leqq M \quad , \qquad F \in \mathcal{F} \quad .$$

Nach diesen Vorbereitungen formulieren wir das Prinzip der Normbeschränktheit in den folgenden beiden Sätzen.

Satz 26.2 (Satz von BANACH-STEINHAUS [1]). Seien X,Y normierte Vektorräume über dem Körper $\mathbb{K}$ und $U \subseteq X$ ein vollständiger Untervektorraum, so ist eine elementweise beschränkte Folge stetiger linearer Funktionen $F_1, F_2, F_3, \ldots : U \to Y$ normbeschränkt, d.h. es existiert eine Schranke $L \geqq 0$ mit der Eigenschaft

$$(26.6) \qquad ||F_n|| \leqq L \quad , \qquad n = 1,2,3,\ldots \quad .$$

Beweis für $\dim U = 0$ trivial. Im Falle $\dim U > 0$ führen wir den Beweis indirekt, nehmen also an, die Zahlenfolge $||F_1||, ||F_2||, ||F_3||, \ldots$ sei unbeschränkt. Auf Grund dieser Annahme beweisen wir zunächst, und zwar wiederum indirekt, die folgende Zwischenbehauptung: Zu jeder Vollkugel $\mathcal{W} \subseteq U$, jeder reellen Zahl $M \geqq 0$ und jeder natürlichen Zahl N existieren eine Stelle $x \in \mathcal{W}$ und eine natürliche Zahl $\nu \geqq N$ mit

$$(26.7) \qquad ||F_\nu x|| > M \quad .$$

Sei also das Gegenteil dieser Zwischenbehauptung richtig. Dann existieren eine Vollkugel $\mathcal{W} \subseteq U$, eine reelle Zahl $M \geqq 0$ und eine natürliche Zahl N mit der Eigenschaft

$$||F_\nu x|| \leqq M \quad , \qquad x \in \mathcal{W} \quad , \qquad \nu \geqq N \quad .$$

---

1) Hugo STEINHAUS (1887-1972), polnischer Mathematiker, war ein Schüler HILBERTs. Er arbeitete zunächst über trigonometrische und Orthogonalreihen. Mit dem Antritt einer Professur an der Universität Lemberg im Jahre 1920 begann die Zusammenarbeit mit BANACH, die für die Entwicklung der Funktionalanalysis von größter Bedeutung wurde (vgl. Fußnote 1 auf S. 42). Er leistete ferner wesentliche Beiträge zu den Grundlagen der Wahrscheinlichkeitsrechnung. Nach dem zweiten Weltkrieg hat STEINHAUS in einer zweiten Schaffensperiode an der Universität Breslau noch über 100 Arbeiten aus den verschiedensten Gebieten der angewandten Mathematik veröffentlicht, in denen er sich u.a. auch mit Problemen der Medizin, der Biologie und der Landwirtschaft befaßt.

Hiermit erhält man, wenn $x_o \in U$ den Mittelpunkt und $\varrho_o > 0$ den Radius von $\mathfrak{W}$ bedeutet, für alle $x \in U$ mit $x \neq 0$ und alle $\nu \geqq N$

$$\frac{||F_\nu x||}{||x||} = \frac{2}{\varrho_o} \, ||F_\nu \frac{\varrho_o x}{2||x||}|| = \frac{2}{\varrho_o} \, ||F_\nu (x_o + \frac{\varrho_o x}{2||x||}) - F_\nu x_o||$$

$$\leqq \frac{2}{\varrho_o} \left\{ ||F_\nu (x_o + \frac{\varrho_o x}{2||x||})|| + ||F_\nu x_o|| \right\} \leqq \frac{2}{\varrho_o} \, (M+M) = \frac{4M}{\varrho_o}$$

und daher für alle $\nu \geqq N$

$$||F_\nu|| = \sup_{\substack{x \in U \\ x \neq 0}} \frac{||F_\nu x||}{||x||} \leqq \frac{4M}{\varrho_o} \quad .$$

Also ist die Zahlenfolge $||F_1||, ||F_2||, ||F_3||, \ldots$ von einer gewissen Stelle an aufwärts und damit insgesamt beschränkt (Widerspruch zur Hauptannahme).

Anschließend läßt sich der Inhalt der Zwischenbehauptung leicht dahingehend verschärfen, daß (26.7) nicht nur für eine Stelle $x \in \underline{\mathfrak{W}}$, sondern darüber hinaus für eine Vollkugel $\mathfrak{M} \subseteq \mathfrak{W}$ mit einem Radius höchstens gleich dem halben Radius von $\mathfrak{W}$ gültig ist:

(26.8) $$||F_\nu x|| > M \quad , \qquad x \in \mathfrak{M} \quad .$$

Seien nämlich $x_o \in U$ Mittelpunkt und $\varrho_o > 0$ Radius von $\mathfrak{W}$ und gelte mit einem $x_1 \in \underline{\mathfrak{W}}$ und einem $\nu \geqq N$ zunächst

$$||F_\nu x_1|| > M \quad ,$$

so gibt es wegen der Stetigkeit von F_ν an der Stelle $x_1 \in U$ eine reelle Zahl

(26.9) $$0 < \varrho_1 \leqq \min \left\{ \varrho_o - ||x_1 - x_o|| \, , \, \tfrac{1}{2} \varrho_o \right\}$$

derart, daß

(26.10) $$||F_\nu x - F_\nu x_1|| < ||F_\nu x_1|| - M$$

ausfällt für alle $x \in U$ mit $||x - x_1|| \leqq \varrho_1$. Dann ist die Vollkugel $\mathfrak{M}$ vom Radius ϱ_1 um x_1 wegen (26.9) und damit

$$||x - x_o|| = ||(x - x_1) + (x_1 - x_o)|| \leqq \varrho_1 + ||x_1 - x_o|| \leqq \varrho_o \quad , \qquad x \in \mathfrak{M} \, ,$$

sicher in $\mathfrak{W}$ enthalten und höchstens vom halben Radius wie $\mathfrak{W}$; ferner ist (26.8) eine Folge von (26.10):

$$||F_\nu x|| = ||F_\nu x_1 + (F_\nu x - F_\nu x_1)|| \geqq ||F_\nu x_1|| - ||F_\nu x - F_\nu x_1|| > M \ , \quad x \in \mathcal{M} \ .$$

Ausgehend von irgendeiner Vollkugel $\mathcal{W}_0 \subseteq U$, können wir jetzt eine Vollkugel $\mathcal{W}_1 \subseteq \mathcal{W}_0$ mit höchstens halbem Radius wie $\mathcal{W}_0$ und eine natürliche Zahl $\nu_1 \geqq 1$ mit

$$||F_{\nu_1} x|| > 1 \quad , \quad x \in \mathcal{W}_1 \ ,$$

angeben. Anschließend ist es möglich, eine Vollkugel $\mathcal{W}_2 \subseteq \mathcal{W}_1$ mit höchstens halbem Radius wie $\mathcal{W}_1$ und eine natürliche Zahl $\nu_2 \geqq \nu_1 + 1$ mit

$$||F_{\nu_2} x|| > 2 \quad , \quad x \in \mathcal{W}_2 \ ,$$

zu bestimmen. Durch Fortsetzung dieses Verfahrens gelangt man zu einer Vollkugel $\mathcal{W}_3 \subseteq \mathcal{W}_2$ mit höchstens halbem Radius wie $\mathcal{W}_2$ und einer natürlichen Zahl $\nu_3 \geqq \nu_2 + 1$ mit

$$||F_{\nu_3} x|| > 3 \quad , \quad x \in \mathcal{W}_3 \ ,$$

etc. Offensichtlich bilden jetzt $\mathcal{W}_1, \mathcal{W}_2, \mathcal{W}_3, \ldots \subseteq U$ eine Vollkugelschachtelung mit gegen Null strebenden Radien. Da U vollständig ist, existiert nach Satz 26.1 genau ein allen $\mathcal{W}_1, \mathcal{W}_2, \mathcal{W}_3, \ldots$ angehörendes Element $x_0 \in U$, und es gilt daher

$$||F_{\nu_n} x_0|| > n \quad , \quad n = 1,2,3,\ldots \ .$$

Dann ist aber die Folge $F_1 x_0, F_2 x_0, F_3 x_0, \ldots \in Y$ unbeschränkt, da sie die unbeschränkte Teilfolge $F_{\nu_1} x_0, F_{\nu_2} x_0, F_{\nu_3} x_0, \ldots \in Y$ enthält. Also ist $F_1, F_2, F_3, \ldots$ nicht elementweise beschränkt (Widerspruch).

<u>Satz 26.3</u> (Satz von BANACH-STEINHAUS für Mengen). Seien X,Y normierte Vektorräume über dem Körper $\mathbb{K}$ und $U \subseteq X$ ein vollständiger Untervektorraum, so ist eine elementweise beschränkte <u>Menge</u> $\mathcal{F}$ stetiger linearer Funktionen $F: U \to Y$ <u>normbeschränkt</u>, d.h. es existiert eine Schranke $L \geqq 0$ mit der Eigenschaft

$$(26.11) \qquad ||F|| \leqq L \quad , \quad F \in \mathcal{F} \ .$$

<u>Beweis.</u> Wir nehmen an, $\mathcal{F}$ sei nicht normbeschränkt. Dann existiert zu jedem natürlichen n eine Funktion $F_n \in \mathcal{F}$ mit $||F_n|| > n$. Die so erklärte Folge stetiger linearer $F_1, F_2, F_3, \ldots : U \to Y$ ist dann elementweise beschränkt, jedoch nicht normbeschränkt (Widerspruch zu Satz 26.2).

Auf einer Anwendung des Prinzips der Normbeschränktheit beruht

Satz 26.4. Seien X,Y normierte Vektorräume über dem Körper $\mathbb{K}$ und $U \subseteq X$ ein vollständiger Untervektorraum. Sind dann alle Funktionen einer elementweisen konvergenten Funktionenfolge $F_1, F_2, F_3, \ldots : U \to Y$ linear und stetig, so ist auch die Grenzfunktion $F: U \to Y$ linear und stetig.

Beweis. Die Linearität der Grenzfunktion folgt unmittelbar aus Lemma 24.2. Da $U \subseteq X$ vollständig und die Folge $F_1x, F_2x, F_3x, \ldots \in Y$ für jedes $x \in U$ konvergent und daher auch beschränkt ist, liefert der Satz von BANACH-STEINHAUS die Normbeschränktheit der Funktionenfolge $F_1, F_2, F_3, \ldots : U \to Y$, d.h. die Existenz einer reellen Zahl $L \geqq 0$ mit

$$||F_n|| \leqq L \quad , \quad n = 1,2,3,\ldots \quad .$$

Es folgt

$$||F_n x|| \leqq ||F_n|| \, ||x|| \leqq L||x|| \quad , \quad x \in U \quad , \quad n = 1,2,3,\ldots \quad ;$$

führt man hier bei festgehaltenem $x \in U$ den Grenzübergang $n \to \infty$ durch, so erhält man

$$||Fx|| \leqq L||x|| \quad , \quad x \in U \quad ,$$

und damit auch die Stetigkeit der Grenzfunktion $F: U \to Y$.

Bemerkung. Die Stetigkeit der Grenzfunktion kann hier nicht durch Berufung auf Satz 12.2 bewiesen werden, da die Voraussetzung der gleichmäßigen Konvergenz nicht gegeben ist.

§ 27. Fortsetzung stetiger linearer Funktionale

Seien X,Y Vektorräume über $\mathbb{K}$, so kann man eine Funktion $F: \vartheta \to Y$ mit echter Teilmenge $\vartheta \subset X$ als Definitionsbereich im Prinzip immer in einen größeren Definitionsbereich $\vartheta' \subseteq X$ zu einer Funktion $G: \vartheta' \to Y$ fortsetzen. Dieser an sich triviale Sachverhalt gewinnt jedoch dann an Interesse, wenn an die Fortsetzung einschränkende Bedingungen gestellt werden – man denke etwa an die analytischen Fortsetzungen in der klassischen Analysis. In der Funktionalanalysis ist die Fortsetzung stetiger linearer

Funktionale, mit der wir uns jetzt beschäftigen wollen, von besonderer Bedeutung.

Lemma 27.1. Sei X ein normierter Vektorraum über dem Körper $\mathbb{K}$ und $\phi : U \to \mathbb{K}$, $U \subseteq X$, ein stetiges lineares Funktional, so existiert zu jedem Element $x_o \in X$ ein Skalar $\lambda_o \in \mathbb{K}$ mit der Eigenschaft

$$(27.1) \qquad |\phi u + \lambda\lambda_o| \leqq \|\phi\| \, \|u + \lambda x_o\| \quad , \quad \lambda \in \mathbb{K} \quad , \quad u \in U \ .$$

Beweis zunächst für den Fall $\mathbb{K} = \mathbb{R}$. Für $u_1, u_2 \in U$ erhält man

$$\phi u_1 - \phi u_2 \leqq |\phi u_1 - \phi u_2| = |\phi(u_1 - u_2)|$$

$$\leqq \|\phi\| \, \|(u_1 - x_o) - (u_2 - x_o)\| \leqq \|\phi\| \, (\|u_1 - x_o\| + \|u_2 - x_o\|)$$

und damit

$$\phi u_1 - \|\phi\| \, \|u_1 - x_o\| \leqq \phi u_2 + \|\phi\| \, \|u_2 - x_o\| \ .$$

Es folgt, daß die linke Seite der Ungleichung für alle $u_1 \in U$ ein Supremum und die rechte Seite für alle $u_2 \in U$ ein Infimum besitzt und daß diese beide Grenzen der Ungleichung

$$\sup_{u \in U} (\phi u - \|\phi\| \, \|u - x_o\|) \leqq \inf_{u \in U} (\phi u + \|\phi\| \, \|u - x_o\|)$$

genügen. Anschließend läßt sich zeigen, daß eine reelle Zahl λ_o mit

$$\sup_{u \in U} (\phi u - \|\phi\| \, \|u - x_o\|) \leqq \lambda_o \leqq \inf_{u \in U} (\phi u + \|\phi\| \, \|u - x_o\|)$$

das Gewünschte leistet. Zunächst ergibt sich

$$\phi u - \|\phi\| \, \|u - x_o\| \leqq \lambda_o \leqq \phi u + \|\phi\| \, \|u - x_o\| \quad , \quad u \in U \ ,$$

und hieraus

$$|\phi u - \lambda_o| \leqq \|\phi\| \, \|u - x_o\| \quad , \quad u \in U \ .$$

Es folgt für alle $\lambda \in \mathbb{R}$ mit $\lambda \neq 0$ und alle $u \in U$

$$|\phi u + \lambda\lambda_o| = |-\lambda| \, |\phi(-\tfrac{u}{\lambda}) - \lambda_o|$$

$$\leqq |-\lambda| \, \|\phi\| \, \|-\tfrac{u}{\lambda} - x_o\| = \|\phi\| \, \|u + \lambda x_o\|$$

und damit die (für $\lambda = 0$ und alle $u \in U$ triviale) Behauptung (27.1).

Im Falle $\mathbb{K} = \mathbb{C}$ kann die im bisherigen Teil des Beweises angewandte Schlußweise wegen

$$\operatorname{Re} \phi u_1 - \operatorname{Re} \phi u_2 = \operatorname{Re} \phi (u_1 - u_2) \quad , \quad u_1, u_2 \in U \; ,$$

$$\operatorname{Re} \phi u = - \mu \operatorname{Re} \phi \left(- \frac{u}{\mu}\right) \quad , \quad \mu \in \mathbb{R} \quad , \quad \mu \neq 0 \quad , \quad u \in U \; ,$$

$$|\operatorname{Re} \phi u| \leqq |\phi u| \leqq ||\phi|| \; ||u|| \quad , \quad u \in U \; .$$

auf das reellwertige Funktional $\operatorname{Re} \phi u$, $u \in U$, übertragen werden. Auf diese Weise findet man, daß eine reelle Zahl μ_o mit

$$\sup_{u \in U} (\operatorname{Re} \phi u - ||\phi|| \; ||u - x_o||) \leqq \mu_o \leqq \inf_{u \in U} (\operatorname{Re} \phi u + ||\phi|| \; ||u - x_o||)$$

existiert und die Beziehung

$$(27.2) \qquad |\operatorname{Re} \phi u + \mu\mu_o| \leqq ||\phi|| \; ||u + \mu x_o|| \quad , \quad \mu \in \mathbb{R} \quad , \quad u \in U \; ,$$

zur Folge hat. Weiter wird für alle $\mu_1, \mu_2 \in \mathbb{R}$, $u_1, u_2 \in U$

$$\operatorname{Re} \phi u_1 + \mu_1\mu_o - \operatorname{Re} \phi u_2 - \mu_2\mu_o \leqq |\operatorname{Re} \phi u_1 + \mu_1\mu_o - \operatorname{Re} \phi u_2 - \mu_2\mu_o|$$

$$= |\operatorname{Re} \phi (u_1 - u_2) + (\mu_1 - \mu_2)\mu_o| \leqq ||\phi|| \; ||(u_1 - u_2) + (\mu_1 - \mu_2)\mu_o||$$

$$= ||\phi|| \; ||(u_1 + \mu_1 x_o + i x_o) - (u_2 + \mu_2 x_o + i x_o)||$$

$$\leqq ||\phi|| \; (||u_1 + \mu_1 x_o + i x_o|| + ||u_2 + \mu_2 x_o + i x_o||)$$

und damit

$$\operatorname{Re} \phi u_1 + \mu_1\mu_o - ||\phi|| \; ||u_1 + \mu_1 x_o + i x_o||$$

$$\leqq \phi u_2 + \mu_2\mu_o + ||\phi|| \; ||u_2 + \mu_2 x_o + i x_o|| \; .$$

Folglich besitzt die linke Seite für alle $\mu_1 \in \mathbb{R}$, $u_1 \in U$ ein Supremum und die rechte Seite für alle $\mu_2 \in \mathbb{R}$, $u_2 \in U$ ein Infimum, wobei das Supremum wieder kleiner oder gleich dem Infimum ist. Bedeute dann ν_o eine reelle Zahl mit

$$\sup_{\mu \in \mathbb{R},\, u \in U} (\operatorname{Re} \phi u + \mu\mu_o - ||\phi|| \; ||u + \mu x_o + i x_o||)$$

$$\leqq \nu_o \leqq \inf_{\mu \in \mathbb{R},\, u \in U} (\operatorname{Re} \phi u + \mu\mu_o + ||\phi|| \; ||u + \mu x_o + i x_o||) \; ,$$

so erhält man

$$|\operatorname{Re} \phi u + \mu\mu_o - \nu_o| \leqq ||\phi|| \; ||u + \mu x_o + i x_o|| \quad , \quad \mu \in \mathbb{R} \quad , \quad u \in U \; .$$

Es folgt für alle $\nu \in \mathbb{R}$ mit $\nu \neq 0$ und alle $\mu \in \mathbb{R}$, $u \in U$

$$|\mathrm{Re}\ \phi u + \mu\mu_o - \nu\nu_o| = |\nu|\ |\mathrm{Re}\ \phi\ \frac{u}{\nu} + \frac{\mu}{\nu}\mu_o - \nu_o|$$

$$\leqq |\nu|\ ||\phi||\ ||\frac{u}{\nu} + \frac{\mu}{\nu} x_o + ix_o|| = ||\phi||\ ||u + \mu x_o + i\nu x_o|$$

und damit eine Ungleichung, die wegen (27.2) auch für $\nu = 0$ und alle $\mu \in \mathbb{R}$, $u \in U$ richtig ist. Abschließend zeigen wir, daß die komplexe Zahl

$$\lambda_o = \mu_o + i\nu_o \quad ,$$

mit der wir die letzte Ungleichung in die Form

$$|\mathrm{Re}\ (\phi u + \lambda\lambda_o)| \leqq ||\phi||\ ||u + \lambda x_o|| \quad , \quad \lambda = \mu + i\nu \in \mathbb{C} \quad , \quad u \in U \ ,$$

bringen können, die behauptete Eigenschaft besitzt. Wählen wir nämlich $\lambda \in \mathbb{C}$ und $u \in U$ fest, aber beliebig, so folgt mit φ als Polarwinkel für $\phi u + \lambda\lambda_o \in \mathbb{C}$

$$|\phi u + \lambda\lambda_o| = e^{-i\varphi}(\phi u + \lambda\lambda_o) = \mathrm{Re}\ (e^{-i\varphi}(\phi u + \lambda\lambda_o))$$

$$= |\mathrm{Re}\ (e^{-i\varphi}(\phi u + \lambda\lambda_o))| = |\mathrm{Re}\ (\phi(e^{-i\varphi}u) + e^{-i\varphi}\lambda\lambda_o)|$$

$$\leqq ||\phi||\ ||e^{-i\varphi}u + e^{-i\varphi}\lambda x_o|| = ||\phi||\ |e^{-i\varphi}|\ ||u + \lambda x_o||$$

$$= ||\phi||\ ||u + \lambda x_o|| \quad .$$

Satz 27.1. Sei X ein normierter Vektorraum über dem Körper $\mathbb{K}$ und $U \subset X$ ein (echter) Untervektorraum. Dann läßt sich ein stetiges lineares Funktional $\phi : U \rightarrow \mathbb{K}$ nach Wahl eines $x_o \in X$ mit $x_o \notin U$ in den U echt umfassenden Untervektorraum

(27.3) $$V = \{v \in X \mid v = u + \lambda x_o \ , \ \lambda \in \mathbb{K} \ , \ u \in U\}$$

unter Erhaltung der Norm linear und stetig fortsetzen, d.h. es existiert ein stetiges lineares Funktional $\psi : V \rightarrow \mathbb{K}$ mit den Eigenschaften

(27.4) $$\psi u = \phi u \quad , \quad u \in U \ ,$$

(27.5) $$||\psi|| = ||\phi|| \quad .$$

Bemerkung. Man beachte, insbesondere für das Verständnis der Gleichung (27.5), daß die Normen $||\phi||$, $||\psi||$ wegen der verschiedenen Definitionsbereiche U,V der Funktionale ϕ , ψ verschiedene Bedeutung haben.

Beweis. Mit $v_1, v_2 \in V$ sowie $\lambda \in \mathbb{K}$, $v \in V$ wird

$$v_1 + v_2 = u_1 + \lambda_1 x_o + u_2 + \lambda_2 x_o = (u_1 + u_2) + (\lambda_1 + \lambda_2) x_o \in V \quad ,$$

$$\lambda v = \lambda(u + \lambda_o x_o) = \lambda u + \lambda\lambda_o x_o \in V \quad ;$$

also ist $V \subseteq X$ ein Untervektorraum. Es gilt $U \subset V$, da jedes $u \in U$ die Darstellung $u = u + 0x_o \in V$ besitzt und $x_o = 0 + 1x_o \in V$, jedoch $x_o \notin U$ ist. Jedes Element $v \in V$ besitzt ferner eine eindeutige Darstellung

(27.6) $$v = u + \lambda x_o \quad , \quad \lambda \in \mathbb{K} \quad , \quad u \in U \quad ;$$

gäbe es nämlich zwei verschiedene Darstellungen

$$v = u_1 + \lambda_1 x_o \quad , \quad v = u_2 + \lambda_2 x_o \quad ,$$

so würde

$$(u_1 - u_2) + (\lambda_1 - \lambda_2) x_o = 0$$

folgen, was wegen $u_1 - u_2 \in U$, $x_o \notin U$ aber nur für $\lambda_1 - \lambda_2 = 0$ und damit auch $u_1 - u_2 = 0$ möglich ist (Widerspruch).

Jetzt bestimmen wir zu $x_o \in X$ ein $\lambda_o \in \mathbb{K}$ mit der in Lemma 27.1 genannten Eigenschaft hinzu und erklären dann auf Grund der Zerlegung (27.6) ein Funktional $\Psi : V \to \mathbb{K}$ durch

(27.7) $$\Psi v = \Psi(u + \lambda x_o) = \phi u + \lambda\lambda_o \quad , \quad v \in V \quad .$$

Wir zeigen, daß es das Gewünschte leistet. Wegen

(27.8) $$\Psi u = \Psi(u + 0x_o) = \phi u + 0\,\lambda_o = \phi u \quad , \quad u \in U \quad ,$$

bildet Ψ eine Fortsetzung von ϕ. Mit $v_1, v_2 \in V$ sowie $\mu \in \mathbb{K}$, $v \in V$ wird

$$\Psi(v_1 + v_2) = \Psi(u_1 + \lambda_1 x_o + u_2 + \lambda_2 x_o) = \phi(u_1 + u_2) + (\lambda_1 + \lambda_2)\lambda_o$$

$$= (\phi u_1 + \lambda_1 \lambda_o) + (\phi u_2 + \lambda_2 \lambda_o) = \Psi v_1 + \Psi v_2 \quad ,$$

$$\Psi(\mu v) = \Psi(\mu u + \mu\lambda x_o) = \phi(\mu u) + \mu\lambda\lambda_o = \mu(\phi u + \lambda\lambda_o) = \mu\Psi v \quad ,$$

und (27.1) liefert

$$|\Psi v| = |\Psi(u + \lambda x_o)| = |\phi u + \lambda\lambda_o| \leqq \|\phi\| \, \|u + \lambda x_o\| = \|\phi\| \, \|v\| \quad , \quad v \in V;$$

also ist Ψ linear und stetig, und für die kleinste LIPSCHITZkonstante hat man

$$(27.9) \qquad ||\Psi|| \leqq ||\Phi|| \ .$$

Wäre hier $||\Psi|| < ||\Phi||$, so hätte (27.8)

$$|\Phi u| = |\Psi u| \leqq ||\Psi|| \, ||u|| \quad , \quad u \in U \ ,$$

zur Folge und Φ besäße eine kleinere LIPSCHITZkonstante als $||\Phi||$ (Widerspruch). Damit liefert (27.9) die Normerhaltung (27.5).

Hat man ein stetiges lineares Funktional $\Phi : U \to \mathbb{K}$, $U \subset X$, mit Hilfe von Satz 27.1 in der dort beschriebenen Weise zu einem Funktional $\Psi : V \to \mathbb{K}$, $V \subseteq X$, fortgesetzt, so gibt es grundsätzlich zwei Möglichkeiten: Entweder gilt $V = X$, dann hat man Φ in den ganzen Raum X fortgesetzt, oder es gilt $V \subset X$, dann läßt sich die erhaltene Fortsetzung Ψ unter erneuter Anwendung von Satz 27.1 ihrerseits in einen V echt umfassenden Untervektorraum von X fortsetzen, und das Ergebnis stellt offensichtlich auch eine normerhaltende stetige lineare Fortsetzung des ursprünglichen Funktionals Φ dar. Durch Wiederholung dieses Verfahrens erhält man entweder nach endlich vielen Schritten eine Fortsetzung in den ganzen Raum X oder aber eine Folge von Fortsetzungen in immer größere Untervektorräume von X, ohne X selbst zu erreichen. Es ist leicht einzusehen, daß der erste Fall für $0 < \dim X < \infty$ und damit $0 \leqq \dim U < \dim X$ (vgl. die Sätze 3.2 und 3.3) vorliegt. Hier erhält man nämlich für den Vektorraum (27.3)

$$(27.10) \qquad \dim V = \dim U + 1 < \infty \quad ,$$

da im Falle $\dim U = 0$ das Element $x_0 \notin U$ und im Falle $\dim U > 0$ die um das Element $x_0 \notin U$ vermehrte Basis für U die Bedeutung einer Basis für V gewinnt. Gilt nun $\dim V = \dim X$, so muß auch $V = X$ sein, und das Ziel ist erreicht, während im Falle $\dim V < \dim X$ und damit $V \subset X$ eine Fortsetzung in einen Untervektorraum von X mit der Dimension $\dim V + 1$ vorgenommen werden kann etc. Um nun auch für $\dim X = \infty$ zu einer Fortsetzung in den ganzen Raum zu kommen – hier versagt unser Verfahren jedenfalls dann, wenn $U \subset X$ endlichdimensional ist –, müssen wir zunächst weiterreichende Hilfsmittel aus der Mengenlehre bereitstellen.

Man nennt eine Menge $\mathfrak{M}$ teilweise geordnet, wenn für jedes geordnete Paar von Elementen $a, b \in \mathfrak{M}$ gesagt ist, ob zwischen ihnen eine Ordnungsrelation besteht bzw. nicht besteht, in Zeichen

$$a \preccurlyeq b \qquad \text{bzw.} \qquad a \not\preccurlyeq b \ ,$$

und dabei folgende Axiome gelten:

1.) $a \preccurlyeq a$, $a \in \mathfrak{M}$ (Reflexivität) ;

2.) aus $a \preccurlyeq b$ und $b \preccurlyeq a$ folgt $a = b$, $a,b \in \mathfrak{M}$ (Antisymmetrie) ;

3.) aus $a \preccurlyeq b$ und $b \preccurlyeq c$ folgt $a \preccurlyeq c$, $a,b,c \in \mathfrak{M}$ (Transitivität).

Eine Teilmenge $\mathfrak{N}$ einer teilweise geordneten Menge $\mathfrak{M}$ heißt geordnet, wenn für je zwei verschiedene Elemente $a,b \in \mathfrak{N}$ entweder $a \preccurlyeq b$ oder $b \preccurlyeq a$ gilt [1]. Eine geordnete Teilmenge $\mathfrak{N}$ einer teilweise geordneten Menge $\mathfrak{M}$ heißt nach oben beschränkt, wenn es ein Element $s \in \mathfrak{M}$, genannt eine obere Schranke für $\mathfrak{N}$, gibt mit der Eigenschaft

$$a \preccurlyeq s \quad , \quad a \in \mathfrak{N} \quad .$$

Schließlich bezeichnet man ein Element m einer teilweise geordneten Menge $\mathfrak{M}$ mit der Eigenschaft

$$m \not\preccurlyeq a \quad , \quad a \in \mathfrak{M} \quad , \quad a \neq m \quad ,$$

als ein Maximum von $\mathfrak{M}$. Mit diesen Definitionen gilt jetzt das zu den Fundamenten der Mathematik zählende ZORNsche [2] Lemma: Ist jede geordnete Teilmenge $\mathfrak{N}$ einer nichtleeren teilweise geordneten Menge $\mathfrak{M}$ nach oben beschränkt, so besitzt $\mathfrak{M}$ ein Maximum [3].

Nunmehr formulieren wir den

Satz 27.2 (Fortsetzungssatz von HAHN[4]-BANACH). Es sei X ein normierter Vektorraum über dem Körper $\mathbb{K}$ und $U \subseteq X$ ein Untervektorraum. Dann läßt

---

1) Hier wird also der Fall $a \not\preccurlyeq b$ und $b \not\preccurlyeq a$ ausgeschlossen.

2) Max ZORN (geb. 1906) arbeitete zunächst in Hamburg und Halle. In den dreißiger Jahren emigrierte er in die USA, wo er später an der Universität Bloomington wirkte. Seine Arbeiten behandeln die Algebra im weitesten Sinne. Das nach ihm benannte Lemma stammt aus dem Jahre 1935.

3) Wegen der mit dem ZORNschen Lemma zusammenhängenden Fragen und seines (nichtkonstruktiv geführten)Beweises siehe man BIRKHOFF,Lattice Theory, American Mathematical Society Colloquium Publications Bd. XXV, 4. Aufl., American Mathematical Society, Providence 1964, S. 1-48, sowie DUNFORD-SCHWARTZ [21], Bd. I, S. 1-9.

4) Hans HAHN (1879-1934), österreichischer Mathematiker, wirkte an den Universitäten in Czernowitz, Bonn und Wien. Er arbeitete zunächst über Variationsrechnung, Funktionentheorie und Grundlagen der Geometrie, ehe die Theorie der reellen Funktionen zu seinem wichtigsten und fruchtbarsten Arbeitsfeld wurde.

sich ein stetiges lineares Funktional $\phi : U \to \mathbb{K}$ unter Erhaltung der Norm linear und stetig in den ganzen Raum X fortsetzen, d.h. es existiert ein stetiges lineares Funktional $\psi : X \to \mathbb{K}$ mit den Eigenschaften

(27.11) $$\psi u = \phi u \quad , \quad u \in U \quad ,$$

(27.12) $$\|\psi\| = \|\phi\| \; .$$

Bemerkung. Über die Eindeutigkeit der Fortsetzung macht der Satz von HAHN-BANACH keinerlei Angaben. Sie ist, wie man durch Beispiele belegen kann, im allgemeinen auch nicht gegeben.

Beweis. Es bedeute $\mathfrak{M}$ die Menge aller normerhaltenden stetigen linearen Fortsetzungen

(27.13) $$\psi : V \to \mathbb{K} \quad , \quad U \subseteq V \subseteq X \quad ,$$

von $\phi : U \to \mathbb{K}$. Diese Menge ist nichtleer, da sie die triviale Fortsetzung $\phi : U \to \mathbb{K}$ enthält. Setzen wir dann für jedes geordnete Paar von Elementen $\psi_1, \psi_2 \in \mathfrak{M}$

$$\psi_1 \prec \psi_2 \quad \text{bzw.} \quad \psi_1 \not\prec \psi_2 \quad ,$$

je nachdem $\psi_2 : V_2 \to \mathbb{K}$ eine Fortsetzung von $\psi_1 : V_1 \to \mathbb{K}$ ist bzw. nicht ist, so wird hierdurch eine Relation erklärt, die offenbar allen drei Axiomen der Teilordnung genügt. Damit ist $\mathfrak{M}$ eine nichtleere teilweise geordnete Menge.

Wir betrachten eine feste, aber beliebige nichtleere geordnete Teilmenge $\mathfrak{N} \subseteq \mathfrak{M}$. Die Vereinigungsmenge aller Definitionsbereiche $U \subseteq V \subseteq X$ der Fortsetzungen $\psi : V \to \mathbb{K} \in \mathfrak{N}$

(27.14) $$W \equiv \bigcup_{\psi \in \mathfrak{N}} V \subseteq X$$

umfaßt dann sicher den Untervektorraum U, denn nach Wahl eines festen $\psi : V \to \mathbb{K}$ wird $U \subseteq V \subseteq W$. Seien $x_1, x_2 \in W$ fest, aber beliebig gewählt, so existieren hierzu Fortsetzungen $\psi_1 : V_1 \to \mathbb{K}$, $\psi_2 : V_2 \to \mathbb{K} \in \mathfrak{N}$ mit $x_1 \in V_1$, $x_2 \in V_2$. Da nun $\psi_1 \prec \psi_2$ oder $\psi_2 \prec \psi_1$ gilt, folgt $V_1 \subseteq V_2$ oder $V_2 \subseteq V_1$, so daß beide x_1, x_2 und damit auch ihre Summe in einem der beiden Untervektorräume V_1, V_2 liegen. Dann gilt auch $x_1 + x_2 \in W$. Seien $\lambda \in \mathbb{K}$, $x \in W$ fest, aber beliebig gewählt, so gibt es hierzu ein $\psi : V \to \mathbb{K} \in \mathfrak{N}$ mit $x \in V$. Es folgt $\lambda x \in V$ und damit $\lambda x \in W$. Also ist W ein Untervektorraum.

Jetzt erklären wir ein Funktional

$$(27.15) \qquad \chi : W \to \mathbb{K} \quad , \qquad U \subseteq W \subseteq X \quad ,$$

indem wir für jedes $x \in W$ ein $\Psi : V \to \mathbb{K} \in \mathfrak{M}$ mit $x \in V$ aussuchen und dann

$$\chi x = \Psi x$$

setzen. Dies bewirkt in der Tat eine eindeutige Zuordnung: Kann man nämlich zu $x \in W$ zwei verschiedene Fortsetzungen $\Psi_1 : V_1 \to \mathbb{K}$, $\Psi_2 : V_2 \to \mathbb{K} \in \mathfrak{M}$ mit $x \in V_1$, $x \in V_2$ ausfindig machen, so gilt entweder $\Psi_1 \prec \Psi_2$ oder $\Psi_2 \prec \Psi_1$, d.h. es ist entweder Ψ_2 eine Fortsetzung von Ψ_1 oder umgekehrt, und dies bewirkt

$$\Psi_1 x = \Psi_2 x \quad .$$

Nach Wahl eines festen $\Psi : V \to \mathbb{K} \in \mathfrak{M}$ erhalten wir bei Beachtung von $U \subseteq V \subseteq W$

$$(27.16) \qquad \chi u = \Psi u = \phi u \quad , \qquad u \in U \quad ,$$

das Funktional χ ist also eine Fortsetzung von ϕ. Zu $x_1, x_2 \in W$ existiert, wie wir bereits sahen, eine Fortsetzung $\Psi : V \to \mathbb{K} \in \mathfrak{M}$ mit x_1, x_2, $x_1 + x_2 \in V$; mit dieser wird

$$\chi(x_1+x_2) = \Psi(x_1+x_2) = \Psi x_1 + \Psi x_2 = \chi x_1 + \chi x_2 \quad .$$

Ebenso gibt es zu $\lambda \in \mathbb{K}$, $x \in W$ eine Fortsetzung $\Psi : V \to \mathbb{K} \in \mathfrak{M}$ mit $x, \lambda x \in V$, und man bekommt

$$\chi(\lambda x) = \Psi(\lambda x) = \lambda(\Psi x) = \lambda(\chi x) \quad .$$

Also ist χ linear. Zu festem, aber beliebigem $x \in W$ habe wieder $\Psi : V \to \mathbb{K} \in \mathfrak{M}$ die Eigenschaft $x \in V$. Da Ψ eine normerhaltende stetige lineare Fortsetzung von ϕ ist, folgt

$$|\chi x| = |\Psi x| \leqq \|\Psi\| \, \|x\| = \|\phi\| \, \|x\|$$

und damit die Stetigkeit von χ. Zugleich ergibt sich

$$\|\chi\| \leqq \|\phi\| \quad .$$

Würde hier nun $\|\chi\| < \|\phi\|$ gelten, so erhielte man zusammen mit der bereits bewiesenen Fortsetzungseigenschaft (27.16)

$$|\phi u| = |\chi u| \leqq \|\chi\| \, \|u\| \quad , \qquad u \in U \quad ,$$

und damit den Widerspruch, daß $||\phi||$ nicht die kleinste LIPSCHITZ-konstante von ϕ ist. Also gilt

$$||\chi|| = ||\phi|| \quad .$$

Insgesamt erweist sich (27.15) als normerhaltende stetige lineare Fortsetzung von ϕ, und dies bedeutet $\chi \in \mathfrak{M}$. Ferner ist χ auf Grund seiner Konstruktion eine Fortsetzung eines jeden $\psi \in \mathfrak{N}$, d.h. es gilt

$$\psi \prec \chi \quad , \quad \psi \in \mathfrak{N} \quad ;$$

dies besagt aber, daß $\chi \in \mathfrak{M}$ eine obere Schranke für die beliebig gewählte, nichtleere geordnete Teilmenge $\mathfrak{N} \subseteq \mathfrak{M}$ darstellt.

Nunmehr erfüllt die Menge $\mathfrak{M}$ alle Voraussetzungen des ZORNschen Lemmas, und es existiert daher ein maximales Element $\psi: V \to \mathbb{K} \in \mathfrak{M}$; dabei gilt $U \subseteq V \subseteq X$. Wir nehmen $V \subset X$ an. Dann läßt sich ψ nach Satz 27.1 unter Erhaltung der Norm linear und stetig zu einem Funktional

$$\chi: W \to \mathbb{K} \quad , \quad V \subset W \subseteq X \quad ,$$

fortsetzen, das damit zugleich eine normerhaltende stetige lineare Fortsetzung von $\phi: U \to \mathbb{K}$ darstellt. Also gilc $\chi \in \mathfrak{M}$ und weiter

$$\chi \neq \psi \quad , \quad \psi \prec \chi \quad ,$$

d.h. es ist ψ kein maximales Element von $\mathfrak{M}$ (Widerspruch). Folglich ist $V = X$, und die Fortsetzung $\psi: X \to \mathbb{K} \in \mathfrak{M}$ hat die behaupteten Eigenschaften.

Als Anwendung des HAHN-BANACHschen Satzes bringen wir

<u>Satz 27.3.</u> Sei X ein normierter Vektorraum über dem Körper $\mathbb{K}$ mit $\dim X > 0$, so gibt es zu jedem Element $x \in X$ mit $x \neq 0$ ein stetiges lineares Funktional $\phi: X \to \mathbb{K}$ mit den Eigenschaften

$$(27.17) \qquad \phi x = ||x|| \quad , \quad ||\phi|| = 1 \quad .$$

<u>Beweis.</u> Wir definieren den eindimensionalen Untervektorraum

$$U = \{ u \in X \mid u = \lambda x \, , \; \lambda \in \mathbb{K} \}$$

und in ihm ein Funktional $\phi_o: U \to \mathbb{K}$ mit den Werten

$$\phi_o u = \phi_o(\lambda x) = \lambda ||x|| \quad , \quad u \in U \quad .$$

Mit $u_1, u_2 \in U$ sowie $\mu \in \mathbb{K}$, $u \in U$ folgt

$$\phi_o(u_1+u_2) = \phi_o(\lambda_1 x+\lambda_2 x) = (\lambda_1+\lambda_2)||x|| = \phi_o u_1+\phi_o u_2 \quad ,$$

$$\phi_o(\mu u) = \phi_o(\mu\lambda x) = \mu\lambda||x|| = \mu(\phi_o u)$$

und damit die Linearität des Funktionals ϕ_o. Wegen

$$|\phi_o u| = |\phi_o(\lambda x)| = \big|\lambda||x||\big| = |\lambda|\ ||x|| = ||\lambda x|| = ||u|| \ , \quad u\in U \ ,$$

ist ϕ_o auch stetig, und man entnimmt dieser Beziehung unmittelbar die kleinste LIPSCHITZkonstante

$$||\phi_o|| = 1 \quad .$$

Speziell gilt für das Element $x\in U$

$$\phi_o x = \phi_o(1x) = 1||x|| = ||x||.$$

Abschließend folgt die Behauptung durch normerhaltende stetige lineare Fortsetzung des Funktionals $\phi_o : U \to \mathbb{K}$ zu einem Funktional $\phi : X \to \mathbb{K}$ auf Grund des Satzes von HAHN-BANACH.

§ 28. Der duale Raum

Nachdem wir bisher einzelne stetige lineare Funktionale diskutiert haben, wollen wir uns jetzt solchen Fragestellungen zuwenden, bei denen alle stetigen linearen Funktionale, die auf einem gegebenen normierten Vektorraum erklärt werden können, eine Rolle spielen.

Definition 28.1. Sei X ein normierter Vektorraum über dem Körper $\mathbb{K}$, so heißt die Menge aller stetigen linearen Funktionale $\varphi: X \to \mathbb{K}$ der zu X duale Raum X^* .

Satz 28.1. Der zu einem normierten Vektorraum X über $\mathbb{K}$ duale Raum X^* bildet mit der üblichen Addition und Multiplikation mit einem Skalar und der Norm der kleinsten LIPSCHITZkonstanten einen BANACHraum über $\mathbb{K}$.

Beweis folgt aus Satz 24.1 und der Vollständigkeit von $\mathbb{K}$.

Für viele Zwecke ist es nützlich, die Elemente des dualen Raumes durch eine konstruktive Vorschrift zu erfassen, um auf diese Weise die Zahlenwerte der Funktionale auch quantitativ berechnen zu können. Die Lösung solcher Darstellungsprobleme, für die es keine einheitliche Methode gibt, kann recht schwierig sein. Bei den anschließend betrachteten Räumen gelangt man jedoch verhältnismäßig einfach zu einer Lösung.

Satz 28.2. Es sei X ein n-dimensionaler normierter Vektorraum über dem Körper $\mathbb{K}$, n natürlich, und $e_1, e_2, \ldots, e_n \in X$ eine feste Basis für X. Dann wird für jedes Skalaren-n-tupel $\mu_1, \mu_2, \ldots, \mu_n \in \mathbb{K}$ durch

$$(28.1) \qquad \varphi x = \sum_{i=1}^{n} \lambda^i \mu_i \quad , \qquad x = \sum_{i=1}^{n} \lambda^i e_i \in X \quad ,$$

ein Funktional $\varphi \in X^*$ erklärt. Umgekehrt läßt sich jedes Funktional $\varphi \in X^*$ mit Hilfe von Skalaren $\mu_1, \mu_2, \ldots, \mu_n \in \mathbb{K}$, genannt kovariante Komponenten von φ bezüglich der gegebenen Basis für X, in der Form (28.1) darstellen; dabei sind die kovarianten Komponenten eindeutig bestimmt und durch

$$(28.2) \qquad \mu_i = \varphi e_i \quad , \quad i = 1,2,\ldots,n \quad ,$$

darstellbar.

Beweis. Es seien $\mu_1, \mu_2, \ldots, \mu_n \in \mathbb{K}$ gegeben. Dann folgt mit

$$x_1 = \sum_{i=1}^{n} \lambda_1^i e_i \; , \quad x_2 = \sum_{i=1}^{n} \lambda_2^i e_i \in X \quad \text{sowie} \quad \lambda \in \mathbb{K}, \quad x = \sum_{i=1}^{n} \lambda^i e_i$$

die Linearität des Funktionals (28.1) aus

$$\varphi(x_1 + x_2) = \sum_{i=1}^{n} (\lambda_1^i + \lambda_2^i)\mu_i = \sum_{i=1}^{n} \lambda_1^i \mu_i + \sum_{i=1}^{n} \lambda_2^i \mu_i = \varphi x_1 + \varphi x_2 \quad ,$$

$$\varphi(\lambda x) = \sum_{i=1}^{n} (\lambda\lambda^i)\mu_i = \lambda \sum_{i=1}^{n} \lambda^i \mu_i = \lambda(\varphi x) \quad .$$

Bestimmt man $\Lambda > 0$ gemäß Lemma 6.1 zur Basis $e_1, e_2, \ldots, e_n \in X$ hinzu, so ist (28.1) wegen

$$|\varphi x| \leqq \sum_{i=1}^{n} |\lambda^i| |\mu_i| \leqq \sum_{i=1}^{n} \Lambda ||x|| \, |\mu_i| = (\Lambda \sum_{i=1}^{n} |\mu_i|) ||x|| \quad , \quad x \in X \quad ,$$

auch stetig. Also gilt $\varphi \in X^*$. – Sei umgekehrt $\varphi \in X^*$ gegeben, so erhält man unmittelbar

$$\varphi x = \varphi(\sum_{i=1}^{n} \lambda^i e_i) = \sum_{i=1}^{n} \lambda^i (\varphi e_i) \quad , \quad x \in X \quad ,$$

und damit die Darstellung (28.1) mit den Skalaren (28.2). Wir nehmen an, es gäbe zwei verschiedene Darstellungen

$$\varphi x = \sum_{i=1}^{n} \lambda^i \mu_i^1 \quad , \quad \varphi x = \sum_{i=1}^{n} \lambda^i \mu_i^2 \quad , \quad x = \sum_{i=1}^{n} \lambda^i e_i \in X \ .$$

Dann folgt

$$\sum_{i=1}^{n} \lambda^i(\mu_i^1 - \mu_i^2) = 0$$

für alle $x \in X$, und man erhält, wenn $x \in X$ nacheinander die Elemente $e_1, e_2, \ldots, e_n$ durchläuft, den Widerspruch

$$\mu_1^1 - \mu_1^2 = 0 \ , \ \mu_2^1 - \mu_2^2 = 0 \ , \ \ldots \ , \ \mu_n^1 - \mu_n^2 = 0 \ .$$

Korollar 28.1. Sei X ein n-dimensionaler normierter Vektorraum über $\mathbb{K}$, n natürlich, so ist $\varphi \in X^*$ genau dann das Nullelement von X^*, wenn sämtliche kovarianten Komponenten von φ verschwinden.

Satz 28.3. Im reellen Folgenraum l^2 wird für jede Skalarenfolge $\mu_1, \mu_2, \mu_3, \ldots \in \mathbb{R}$ mit

(28.3)
$$\sum_{i=1}^{\infty} \mu_i^2 < \infty$$

durch

(28.4)
$$\varphi x = \sum_{i=1}^{\infty} x_i \mu_i \quad , \quad x = (x_1, x_2, x_3, \ldots) \in l^2 \ ,$$

ein Funktional $\varphi \in l^{2*}$ erklärt. Umgekehrt läßt sich jedes Funktional $\varphi \in l^{2*}$ mit Hilfe von Skalaren $\mu_1, \mu_2, \mu_3, \ldots \in \mathbb{R}$, die der Bedingung (28.3) genügen, in der Form (28.4) darstellen; dabei sind die Elemente dieser Folge eindeutig bestimmt und durch

(28.5)
$$\mu_i = \varphi(\delta_{i1}, \delta_{i2}, \delta_{i3}, \ldots) \quad , \quad i = 1,2,3,\ldots \ ,$$

darstellbar.

Beweis. Bei gegebenen $\mu_1, \mu_2, \mu_3, \ldots \in \mathbb{R}$, die der Bedingung (28.3) genügen, ist $\varphi \in l^{2*}$ bereits in Beispiel 24.4 gezeigt worden. – Sei also $\varphi \in l^{2*}$ gegeben. Wir definieren die Elemente

(28.6)
$$e_i \equiv (\delta_{i1}, \delta_{i2}, \delta_{i3}, \ldots) \in l^2 \quad , \quad i = 1,2,3,\ldots \ ,$$

bei denen die i^{te} Koordinate 1 und alle anderen Koordinaten 0 sind. Dann wählen wir $x = (x_1, x_2, x_3, \ldots) \in l^2$ fest, aber beliebig, und erklären hiermit die Folge von Elementen

$$(28.7) \qquad x^{(n)} \equiv \sum_{i=1}^{n} x_i e_i = (x_1, x_2, \ldots, x_n, 0, 0, \ldots) \in l^2 \quad , \quad n = 1,2,3,\ldots .$$

Da wir nun zu $\varepsilon > 0$ ein natürliches N gemäß

$$\left| \sum_{i=1}^{n} x_i^2 - \sum_{i=1}^{\infty} x_i^2 \right| < \varepsilon^2 \quad , \quad n \geqq N \ ,$$

hinzubestimmen können, folgt für alle $n \geqq N$

$$\|x^{(n)} - x\| = \|(0,0,\ldots,0,-x_{n+1},-x_{n+2},\ldots)\| = \sqrt{\sum_{i=n+1}^{\infty} x_i^2} < \varepsilon$$

und damit

$$(28.8) \qquad \lim_{n \to \infty} x^{(n)} = x \ .$$

Anwendung von φ auf (28.7) ergibt

$$(28.9) \qquad \varphi x^{(n)} = \sum_{i=1}^{n} x_i(\varphi e_i) \quad , \quad n = 1,2,3,\ldots \ ;$$

wegen der Stetigkeit von φ und (28.8) bildet die linke und damit auch die rechte Seite von (28.9) eine konvergente Zahlenfolge, und der Grenzübergang $n \to \infty$ liefert die Darstellung (28.4) mit den Skalaren (28.5). Es muß jedoch noch gezeigt werden, daß diese der Bedingung (28.3) genügen. Wir erhalten für jedes natürliche n die Abschätzung

$$\sum_{i=1}^{n} \mu_i^2 = \left| \sum_{i=1}^{n} \mu_i(\varphi e_i) \right| = \left| \varphi\left(\sum_{i=1}^{n} \mu_i e_i \right) \right| \leqq \|\varphi\| \left\| \sum_{i=1}^{n} \mu_i e_i \right\|$$

$$= \|\varphi\| \, \|(\mu_1,\mu_2,\ldots,\mu_n,0,0,\ldots)\| = \|\varphi\| \sqrt{\sum_{i=1}^{n} \mu_i^2} \quad ;$$

wenn hier nicht alle $\mu_1, \mu_2, \ldots, \mu_n$ verschwinden, folgt die Ungleichung

$$\sum_{i=1}^{n} \mu_i^2 \leqq \|\varphi\|^2 \ ,$$

die im Falle $\mu_1 = \mu_2 = \ldots = \mu_n = 0$ trivialerweise richtig ist. Damit sind die links stehenden Partialsummen monoton nicht fallend und nach oben beschränkt, folglich also konvergent. Schließlich folgt die Eindeutigkeit der Darstellung (28.4) ganz analog zum Beweis von Satz 28.2.

Anschließend einige allgemeine Eigenschaften und Anwendungen des dualen Raumes.

Satz 28.4. Ein normierter Vektorraum X über $\mathbb{K}$ und sein dualer Raum X^* haben dieselbe Dimension:

$$\dim X = \dim X^* . \tag{28.10}$$

Beweis. Wir unterscheiden drei Fälle. a.) $\dim X = 0$. Sei $\varphi \in X^*$, so folgt $\varphi 0 = 0$ und weiter $\varphi = 0$. Also gilt $X^* = \{0\}$ und damit $\dim X^* = 0$. – b.) $\dim X = n$, n natürlich. Es sei $e_1,\ldots,e_n \in X$ eine fest gewählte Basis. Dann können wir nach Satz 28.2 durch

$$\varphi^i x = \lambda^i \quad , \quad x = \sum_{k=1}^{n} \lambda^k e_k \in X \quad , \quad i = 1,\ldots,n \quad , \tag{28.11}$$

insgesamt n Funktionale $\varphi^1,\ldots,\varphi^n \in X^*$ erklären. Wählt man für $x \in X$ die Basiselemente $e_1,\ldots,e_n \in X$, so liefert (28.11)

$$\varphi^i e_k = \delta^i_k \quad , \quad i,k = 1,\ldots,n \quad . \tag{28.12}$$

Mit Skalaren $\mu_1,\ldots,\mu_n \in \mathbb{K}$ gelte nun

$$\sum_{i=1}^{n} \mu_i \varphi^i = 0 \quad .$$

Wenden wir beide Seiten auf die Basiselemente $e_1,\ldots,e_n \in X$ an, so folgt mit (28.12)

$$\Big(\sum_{i=1}^{n} \mu_i \varphi^i\Big) e_k = \sum_{i=1}^{n} \mu_i (\varphi^i e_k) = \sum_{i=1}^{n} \mu_i \delta^i_k = \mu_k = 0 \quad , \quad k = 1,\ldots,n \quad ,$$

und damit die lineare Unabhängigkeit der Funktionale $\varphi^1,\ldots,\varphi^n \in X^*$. Jetzt wählen wir $\varphi \in X^*$ fest, aber beliebig. Dieses Funktional besitzt nach Satz 28.2 mit den kovarianten Komponenten (28.2) die Darstellung (28.1). Zusammen mit (28.12) ergibt sich

$$\begin{aligned}
\varphi x &= \sum_{i=1}^{n} \lambda^i \mu_i = \sum_{i=1}^{n} \sum_{k=1}^{n} \mu_i \lambda^k \delta^i_k = \sum_{i=1}^{n} \sum_{k=1}^{n} \mu_i \lambda^k (\varphi^i e_k) \\
&= \sum_{i=1}^{n} \mu_i \Big(\sum_{k=1}^{n} \varphi^i(\lambda^k e_k)\Big) = \sum_{i=1}^{n} \mu_i \Big(\varphi^i \Big(\sum_{k=1}^{n} \lambda^k e_k\Big)\Big) \\
&= \sum_{i=1}^{n} \mu_i (\varphi^i x) = \Big(\sum_{i=1}^{n} \mu_i \varphi^i\Big) x \quad , \quad x = \sum_{k=1}^{n} \lambda^k e_k \in X \quad ,
\end{aligned}$$

und dies bedeutet

$$\varphi = \sum_{i=1}^{n} \mu_i \varphi^i \quad .$$

Also bildet $\varphi^1,\dots,\varphi^n \in X^*$ eine Basis für X^*, und man hat $\dim X^* = n$. – c.) $\dim X = \infty$. Es sei $x_1, x_2, \dots \in X$ eine fest gewählte Folge mit der Eigenschaft, daß $x_1,\dots,x_n \in X$ für jedes natürliche n linear unabhängig sind. Wir wählen eine natürliche Zahl j fest, aber beliebig. Dann bildet die lineare Hülle

$$U^j \equiv \mathscr{L}\{x_1,\dots,x_j\} \tag{28.13}$$

einen j-dimensionalen Untervektorraum von X mit der Basis $x_1,\dots,x_j \in U^j$, und wir können mit Hilfe von Satz 28.2 durch die Vorschrift

$$\varphi_o^j x = \lambda^j \quad , \quad x = \sum_{k=1}^{j} \lambda^k x_k \in U^j \quad , \tag{28.14}$$

ein stetiges lineares Funktional $\varphi_o^j: U^j \to \mathbb{K}$ erklären. Es folgt

$$\varphi_o^j x_k = \delta_k^j \quad , \quad k = 1,\dots,j \quad . \tag{28.15}$$

Anschließend setzen wir das Funktional $\varphi_o^j: U^j \to \mathbb{K}$ nach dem Satz von HAHN-BANACH zu einem stetigen linearen Funktional $\varphi^j: X \to \mathbb{K}$ fort. Dann gilt wegen $x_1,\dots,x_j \in U^j$ und (28.15)

$$\varphi^j x_k = \delta_k^j \quad , \quad k = 1,\dots,j \quad . \tag{28.16}$$

Jetzt betrachten wir die Folge $\varphi^1, \varphi^2, \dots \in X^*$. Für festes, aber beliebiges natürliches n gelte mit Skalaren $\mu_1,\dots,\mu_n \in \mathbb{K}$

$$\sum_{j=1}^{n} \mu_j \varphi^j = 0 \quad .$$

Wenden wir beide Seiten auf die Elemente $x_1,\dots,x_n \in X$ an, so folgt

$$\Big(\sum_{j=1}^{n} \mu_j \varphi^j\Big) x_k = \sum_{j=1}^{n} \mu_j (\varphi^j x_k) = 0 \quad , \quad k = 1,\dots,n \quad ;$$

diese Gleichungen lauten wegen (28.16)

$$\begin{aligned}
&\mu_1 && = 0 \,, \\
&\mu_1(\varphi^1 x_2) + \mu_2 && = 0 \,, \\
&\mu_1(\varphi^1 x_3) + \mu_2(\varphi^2 x_3) + \mu_3 && = 0 \,, \\
&\text{-------------------------------------} \\
&\mu_1(\varphi^1 x_n) + \mu_2(\varphi^2 x_n) + \mu_3(\varphi^3 x_n) + \dots + \mu_n && = 0
\end{aligned}$$

und liefern daher rekursiv $\mu_1 = \ldots = \mu_n = 0$. Also sind die Funktionale $\varphi^1, \ldots, \varphi^n \in X^*$ linear unabhängig, und aus der Willkür von n folgt $\dim X^* = \infty$.

Satz 28.5. Sei X ein normierter Vektorraum über dem Körper $\mathbb{K}$, so wird für jedes $x \in X$ durch die Vorschrift

$$\Phi\varphi = \varphi x \quad , \qquad \in X^* \quad , \tag{28.17}$$

ein stetiges lineares Funktional $\Phi : X^* \to \mathbb{K}$ mit der Norm

$$||\Phi|| = ||x|| \tag{28.18}$$

erklärt.

Beweis. Die Linearität des Funktionals Φ folgt aus

$$\Phi(\varphi_1 + \varphi_2) = (\varphi_1 + \varphi_2)x = \varphi_1 x + \varphi_2 x = \Phi\varphi_1 + \Phi\varphi_2 \quad , \quad \varphi_1, \varphi_2 \in X^* \; ,$$

$$\Phi(\lambda\varphi) = (\lambda\varphi)x = \lambda(\varphi x) = \lambda(\Phi\varphi) \quad , \quad \lambda \in \mathbb{K} \quad , \quad \varphi \in X^* \; .$$

Weiter liefert

$$|\Phi\varphi| = |\varphi x| \leqq ||\varphi|| \; ||x|| = ||x|| \; ||\varphi|| \quad , \quad \varphi \in X^* \; ,$$

die Stetigkeit von Φ sowie die LIPSCHITZkonstante

$$||x|| \geqq ||\Phi|| \; . \tag{28.19}$$

Falls $x = 0$, wird auch $\Phi = 0$, und (28.18) ist trivialerweise erfüllt. Im Falle $x \neq 0$ bestimmen wir nach Satz 27.3 ein $\psi \in X^*$ mit $\psi x = ||x||$ und $||\psi|| = 1$ hinzu und bekommen hiermit

$$\frac{|\Phi\psi|}{||\psi||} = |\psi x| = ||x|| \leqq ||\Phi|| \; . \tag{28.20}$$

Aus (28.19) und (28.20) folgt dann (28.18) auch für $x \neq 0$.

Satz 28.6. Wird einem Element x eines normierten Vektorraumes X über $\mathbb{K}$ durch jedes Funktional $\varphi \in X^*$ der Wert $\varphi x = 0$ zugeordnet, so ist $x = 0$.

Beweis. Es bezeichne $\Phi : X^* \to \mathbb{K}$ das mit dem gegebenen $x \in X$ erklärte stetige lineare Funktional aus Satz 28.5. Dieses hat nach Voraussetzung und (28.17) die Werte $\Phi\varphi = 0$, $\varphi \in X^*$. Damit gilt $\Phi = 0$, und (28.18) liefert die Behauptung $x = 0$.

Satz 28.7. In einem normierten Vektorraum X über dem Körper $\mathbb{K}$ ist eine Folge $x_1, x_2, x_3, \ldots \in X$ genau dann beschränkt, wenn die Folge $\varphi x_1, \varphi x_2, \varphi x_3, \ldots \in \mathbb{K}$ für jedes Funktional $\varphi \in X^*$ beschränkt ist.

Beweis. Notwendigkeit. Gelte $||x_n|| \leqq M$, $n = 1,2,3,\ldots$, so folgt $|\varphi x_n| \leqq ||\varphi||\ ||x_n|| \leqq ||\varphi|| M$, $n = 1,2,3,\ldots$. – Hinlänglichkeit. Durch

$$(28.21) \qquad \phi_n \varphi = \varphi x_n \quad , \quad \varphi \in X^* \quad , \quad n = 1,2,3,\ldots \ ,$$

wird nach Satz 28.5 eine Folge stetiger linearer Funktionale $\phi_1, \phi_2, \phi_3, \ldots : X^* \to \mathbb{K}$ mit den Normen

$$(28.22) \qquad ||\phi_n|| = ||x_n|| \quad , \quad n = 1,2,3,\ldots \ ,$$

erklärt. Sei dann $\varphi \in X^*$ fest, aber beliebig gewählt und bedeute $M \geqq 0$ eine nach Voraussetzung vorhandene Schranke für die Folge $\varphi x_1, \varphi x_2, \varphi x_3, \ldots \in \mathbb{K}$, so liefert (28.21)

$$|\phi_n \varphi| = |\varphi x_n| \leqq M \quad , \quad n = 1,2,3,\ldots \ ,$$

und dies bedeutet unter gleichzeitiger Beachtung von Satz 28.1, daß die Folge stetiger linearer Funktionale $\phi_1, \phi_2, \phi_3, \ldots : X^* \to \mathbb{K}$ im BANACHraum X^* elementweise beschränkt ist. Dann ist diese Folge nach dem Satz von BANACH-STEINHAUS auch normbeschränkt, und es folgt mit einer solchen Schranke $L \geqq 0$ und (28.22) die Behauptung

$$||\phi_n|| = ||x_n|| \leqq L \quad , \quad n = 1,2,3,\ldots \ .$$

Satz 28.8. In einem normierten Vektorraum X über dem Körper $\mathbb{K}$ ist eine nichtleere Menge $\mathfrak{M} \subseteq X$ genau dann beschränkt, wenn sie durch jedes Funktional $\varphi \in X^*$ in eine beschränkte Menge $\varphi\mathfrak{M} \subseteq \mathbb{K}$ abgebildet wird.

Beweis. Notwendigkeit. Aus $||x|| \leqq M$, $x \in \mathfrak{M}$, folgt $|\varphi x| \leqq ||\varphi||\ ||x|| \leqq ||\varphi|| M$, $x \in \mathfrak{M}$. – Hinlänglichkeit. Aus der Annahme, $\mathfrak{M} \subseteq X$ sei unbeschränkt, folgt die Existenz einer unbeschränkten Folge $x_1, x_2, x_3, \ldots \in \mathfrak{M}$. Da $\mathfrak{M} \subseteq X$ nach Voraussetzung durch jedes $\varphi \in X^*$ in eine beschränkte Menge $\varphi\mathfrak{M} \subseteq \mathbb{K}$ abgebildet wird, ist die Folge $\varphi x_1, \varphi x_2, \varphi x_3, \ldots \in \mathbb{K}$ für jedes $\varphi \in X^*$ beschränkt. Nach Satz 28.7 ist dann auch $x_1, x_2, x_3, \ldots \in \mathfrak{M}$ beschränkt (Widerspruch).

Abschließend bemerken wir, daß man zu dem dualen Raum wieder den dualen Raum etc. betrachten kann. Auf diese Weise entsteht bei gegebenem normierten Vektorraum X über $\mathbb{K}$ eine Folge normierter Vektorräume

(28.23) $$X, X^*, X^{**}, X^{***}, \dots \quad \text{über } \mathbb{K},$$

die nach Satz 28.4 alle dieselbe Dimension haben und nach Satz 28.1 spätestens von X^* an aufwärts vollständig sind.

§ 29. Schwache Konvergenz

Neben der bisherigen, allein auf dem Normbegriff beruhenden Konvergenz (vgl. Definition 5.1) ist in der Funktionalanalysis noch ein anderer Konvergenzbegriff von Bedeutung:

Definition 29.1. Sei X ein normierter Vektorraum über dem Grundkörper $\mathbb{K}$, so heißt eine Folge von Elementen $x_1, x_2, x_3, \dots \in X$ schwach konvergent, wenn ein Element $x \in X$ mit der Eigenschaft

(29.1) $$\lim_{n \to \infty} \varphi x_n = \varphi x \quad , \qquad \varphi \in X^* ,$$

existiert. Das Element $x \in X$ heißt schwaches Grenzelement oder schwacher Limes der Folge, in Zeichen

(29.2) $$\lim_{n \to \infty} x_n = x .$$

Man sagt auch, die Folge $x_1, x_2, x_3, \dots \in X$ konvergiere schwach oder strebe schwach gegen x, und verwendet hierfür die Kurzbezeichnung

(29.3) $$x_n \rightharpoonup x .$$

Satz 29.1. Eine schwach konvergente Folge besitzt genau einen schwachen Limes.

Beweis. Wir nehmen an, die schwach konvergente Folge $x_1, x_2, x_3, \dots \in X$ habe zwei verschiedene schwache Limites $x', x'' \in X$. Es folgt

$$\varphi(x'-x'') = \varphi x' - \varphi x'' = \lim_{n\to\infty} \varphi x_n - \lim_{n\to\infty} \varphi x_n = 0 \quad , \qquad \varphi \in X^* \; ,$$

und damit aus Satz 28.6 der Widerspruch $x' - x'' = 0$.

Satz 29.2. Jede Teilfolge einer schwach konvergenten Folge ist schwach konvergent mit demselben schwachen Limes.

Beweis folgt aus Definition 29.1 und der Tatsache, daß Teilfolgen konvergenter Zahlenfolgen denselben Grenzwert haben wie die Ausgangsfolge.

Satz 29.3. Eine schwach konvergente Folge ist beschränkt.

Beweis. Konvergiere $x_n \in X$ schwach gegen $x \in X$, so ist die Zahlenfolge φx_n für alle $\varphi \in X^*$ konvergent und daher auch für alle $\varphi \in X^*$ beschränkt. Dann liefert Satz 28.7 die Behauptung.

Satz 29.4. Eine konvergente [1] Folge ist schwach konvergent.

Beweis. Konvergiere $x_n \in X$ gegen $x \in X$, so gilt für alle Funktionale $\varphi \in X^*$ infolge ihrer Stetigkeit

$$\lim_{n\to\infty} \varphi x_n = \varphi x \quad .$$

Daß die Umkehrung von Satz 29.4 allgemein nicht richtig ist, zeigt folgendes

Beispiel 29.1. Wir betrachten die Folge

$$e_n = (\delta_{n1}, \delta_{n2}, \delta_{n3}, \ldots) \in l^2 \quad , \qquad n = 1,2,3,\ldots \quad . \tag{29.4}$$

Sie ist wegen

$$\| e_m - e_n \| = \sqrt{2} \quad , \quad m \neq n \quad , \quad m,n = 1,2,3,\ldots \quad ,$$

keine CAUCHYfolge und daher auch nicht konvergent. Wählen wir jetzt ein Funktional $\varphi \in l^{2*}$ fest, aber beliebig, so gibt es hierzu nach dem Darstellungssatz 28.3 reelle Zahlen $\mu_1, \mu_2, \mu_3, \ldots$ mit der Eigenschaft

$$\sum_{i=1}^{\infty} \mu_i^2 < \infty \quad , \quad \varphi e_n = \sum_{i=1}^{\infty} \delta_{ni}\mu_i = \mu_n \quad , \quad n = 1,2,3,\ldots \quad .$$

---

1) Um die Abgrenzung zur schwachen Konvergenz sprachlich besser zu betonen, sagt man statt Konvergenz gelegentlich auch "starke Konvergenz".

Da nun $\mu_1^2, \mu_2^2, \mu_3^2, \ldots$ und damit auch $\mu_1, \mu_2, \mu_3, \ldots$ eine Nullfolge bildet, folgt

$$\lim_{n \to \infty} \varphi e_n = 0 = \varphi 0 \quad , \quad \varphi \in l^{2*}$$

Damit besitzt die Folge (29.4) den schwachen Limes

$$\lim_{n \rightharpoonup \infty} e_n = 0 \quad . \tag{29.5}$$

Bemerkung. Es gibt normierte Vektorräume, in denen die schwache Konvergenz die (starke) Konvergenz nach sich zieht. Hierzu gehören alle endlichdimensionalen Räume [1], doch sind auch unendlichdimensionale Räume mit dieser Eigenschaft bekannt.

Beispiel 29.2. Wir wollen den Standort der schwachen Konvergenz im Raume $C[a,b]$ mit T-Norm untersuchen. Satz 29.4 liefert zunächst, daß die gleichmäßige Konvergenz im klassischen Sinne in ihrer Eigenschaft als Äquivalent zur Konvergenz bezüglich der Norm die schwache Konvergenz nach sich zieht. Es konvergiere jetzt $f_1, f_2, f_3, \ldots \in C[a,b]$ schwach gegen $f \in C[a,b]$:

$$\lim_{n \rightharpoonup \infty} f_n = f \quad . \tag{29.6}$$

Dann erklärt man mit festem, aber beliebigem $x_0 \in [a,b]$ das Deltafunktional bezüglich x_0 oder kurz das Deltafunktional $\delta_0 : C[a,b] \to \mathbb{R}$ durch

$$\delta_0 g = g(x_0) \quad , \quad g \in C[a,b] \quad . \tag{29.7}$$

Es folgt

$$\delta_0(g+h) = (g+h)(x_0) = g(x_0) + h(x_0) = \delta_0 g + \delta_0 h \qquad g,h \in C[a,b] \ ,$$

$$\delta_0(\lambda g) = (\lambda g)(x_0) = \lambda(g(x_0)) = \lambda(\delta_0 g) \ , \quad \lambda \in \mathbb{R} \ , \quad g \in C[a,b] \ ,$$

$$|\delta_0| = |g(x_0)| \leqq ||g|| \quad , \quad g \in C[a,b] \ ,$$

und damit die Linearität und Stetigkeit des Deltafunktionals, d.h. es gilt $\delta_0 \in C[a,b]^*$. Übrigens bekommt man noch

$$||\delta_0|| = \sup_{\substack{g \in C[a,b] \\ g \neq 0}} \frac{|\delta_0 g|}{||g||} = \sup_{\substack{g \in C[a,b] \\ g \neq 0}} \frac{|g(x_0)|}{\max\limits_{x \in [a,b]} |g(x)|} = 1 \ . \tag{29.8}$$

Nunmehr impliziert (29.6) den Grenzwert

$$\lim_{n \to \infty} \delta_0 f_n = \delta_0 f \quad ,$$

---

1) Bewiesen bei LJUSTERNIK-SOBOLEW [6], S. 148-149.

und dieser ist wegen (29.7) gleichbedeutend mit

(29.9) $$\lim_{n \to \infty} f_n(x_o) = f(x_o) \quad .$$

Wegen der Willkür von $x_o \in [a,b]$ zieht damit die schwache Konvergenz im Raume $C[a,b]$ mit T-Norm die punktweise Konvergenz nach sich.

Jetzt noch einige Limesregeln für die schwache Konvergenz:

Satz 29.5. In einem normierten Vektorraum X über $\mathbb{K}$ gilt, wenn $\lambda_n \in \mathbb{K}$ eine konvergente und $x_n \in X$, $y_n \in X$ schwach konvergente Folgen sind,

(29.10) $$\lim_{n \rightharpoonup \infty} (\mu x_n) = \mu \lim_{n \rightharpoonup \infty} x_n \quad , \quad \mu \in \mathbb{K} \quad ,$$

(29.11) $$\lim_{n \rightharpoonup \infty} (x_n + y_n) = \lim_{n \rightharpoonup \infty} x_n + \lim_{n \rightharpoonup \infty} y_n \quad ,$$

(29.12) $$\lim_{n \rightharpoonup \infty} (\lambda_n x_n) = (\lim_{n \to \infty} \lambda_n)(\lim_{n \rightharpoonup \infty} x_n) \quad .$$

Beweis für (29.10) kann übergangen werden, da (29.10) als Spezialfall $\lambda_n = \mu$ in (29.12) enthalten ist.

Beweis für (29.11). Gelte $x_n \rightharpoonup x$, $y_n \rightharpoonup y$, so erhält man für alle $\varphi \in X^*$

$$\lim_{n \to \infty} \varphi(x_n + y_n) = \lim_{n \to \infty} (\varphi x_n + \varphi y_n) = \varphi x + \varphi y = \varphi(x+y) \quad .$$

Beweis für (29.12). Mit $\lambda_n \to \lambda$, $x_n \rightharpoonup x$ wird für alle $\varphi \in X^*$

$$\lim_{n \to \infty} \varphi(\lambda_n x_n) = \lim_{n \to \infty} (\lambda_n(\varphi x_n)) = \lambda(\varphi x) = \varphi(\lambda x) \quad .$$

Wir ergänzen abschließend

Definition 29.2. Eine Teilmenge $\mathfrak{M}$ eines normierten Vektorraumes X über dem Körper $\mathbb{K}$ heißt schwach relativkompakt [1], wenn jede Folge $x_1, x_2, x_3, \ldots \in \mathfrak{M}$ die Auswahl einer schwach konvergenten Teilfolge $x_{\nu_1}, x_{\nu_2}, x_{\nu_3}, \ldots \in \mathfrak{M}$ gestattet.

Definition 29.3. Eine Teilmenge $\mathfrak{M}$ eines normierten Vektorraumes X über dem Körper $\mathbb{K}$ heißt schwach kompakt [2], wenn jede Folge $x_1, x_2, x_3, \ldots \in \mathfrak{M}$ die Auswahl einer gegen ein Element aus $\mathfrak{M}$ schwach konvergenten Teilfolge $x_{\nu_1}, x_{\nu_2}, x_{\nu_3}, \ldots \in \mathfrak{M}$ gestattet.

---

1) Anderer Sprachgebrauch: "Schwach kompakt".

2) Anderer Sprachgebrauch: "Schwach kompakt in sich".

§ 30. Der Basisbegriff für unendlichdimensionale Räume

Im folgenden geht es um die Ausweitung des Basisbegriffs, der bisher nur für natürlichdimensionale Vektorräume erklärt wurde, auf unendlichdimensionale Räume. Da hierbei der Konvergenzbegriff benötigt wird, müssen wir den Raum jetzt, im Gegensatz zum Endlichen, als normiert voraussetzen. Eine weitere wesentliche Unterscheidung zum Endlichen besteht darin, daß wir nicht jedem unendlichdimensionalen normierten Vektorraum eine Basis zuordnen, mithin also eine Einteilung in Räume mit und ohne Basis vornehmen:

Definition 30.1. Sei V ein unendlichdimensionaler normierter Vektorraum über dem Körper $\mathbb{K}$, so heißt eine Folge von Elementen $e_1, e_2, e_3, \ldots \in V$ eine SCHAUDERbasis oder kurz eine Basis von V, wenn

1.) die Beziehung

$$\sum_{i=1}^{\infty} \lambda^i e_i = 0 \quad , \quad \lambda^1, \lambda^2, \lambda^3, \ldots \in \mathbb{K}$$

nur für $\lambda^1 = \lambda^2 = \lambda^3 = \ldots = 0$ gültig ist und wenn

2.) jedes $u \in V$ mit Hilfe einer Folge von Skalaren $\lambda^1, \lambda^2, \lambda^3, \ldots \in \mathbb{K}$, genannt kontravariante Komponenten oder kurz Komponenten von u bezüglich der vorliegenden Basis, in der Form

$$u = \sum_{i=1}^{\infty} \lambda^i e_i$$

darstellbar ist.

Satz 30.1. Besitzt ein unendlichdimensionaler normierter Vektorraum V eine Basis $e_1, e_2, e_3, \ldots \in V$, so sind die Basiselemente $e_1, e_2, \ldots, e_n \in V$ für jedes natürliche n linear unabhängig.

Beweis. Mit $\lambda^1, \lambda^2, \ldots, \lambda^n \in \mathbb{K}$ gelte

$$\sum_{i=1}^{n} \lambda^i e_i = 0 \quad .$$

Setzen wir $\lambda^{n+1} = \lambda^{n+2} = \ldots = 0$, so folgt

$$\sum_{i=1}^{\infty} \lambda^i e_i = 0 \quad ,$$

und 1.) liefert insbesondere $\lambda^1 = \lambda^2 = \ldots = \lambda^n = 0$. Also sind $e_1, e_2, \ldots, e_n$ linear unabhängig.

Satz 30.2. In einem unendlichdimensionalen normierten Vektorraum mit Basis sind die kontravarianten Komponenten eines jeden Vektors bezüglich der gegebenen Basis eindeutig bestimmt.

Beweis. Für ein $u \in V$ gebe es zwei verschiedene Komponentendarstellungen

$$u = \sum_{i=1}^{\infty} \lambda_1^i e_i \quad , \quad u = \sum_{i=1}^{\infty} \lambda_2^i e_i \ .$$

Dann hat die Differenz

$$\sum_{i=1}^{\infty} (\lambda_1^i - \lambda_2^i) e_i = 0$$

nach 1.) das Verschwinden aller $\lambda_1^i - \lambda_2^i$ zur Folge (Widerspruch).

Beispiel 30.1. Im unendlichdimensionalen BANACHraum $C[a,b]$ mit T-Norm betrachten wir die in Fig. 20 erklärte Folge $e_0, e_1, e_2, \ldots \in C[a,b]$.

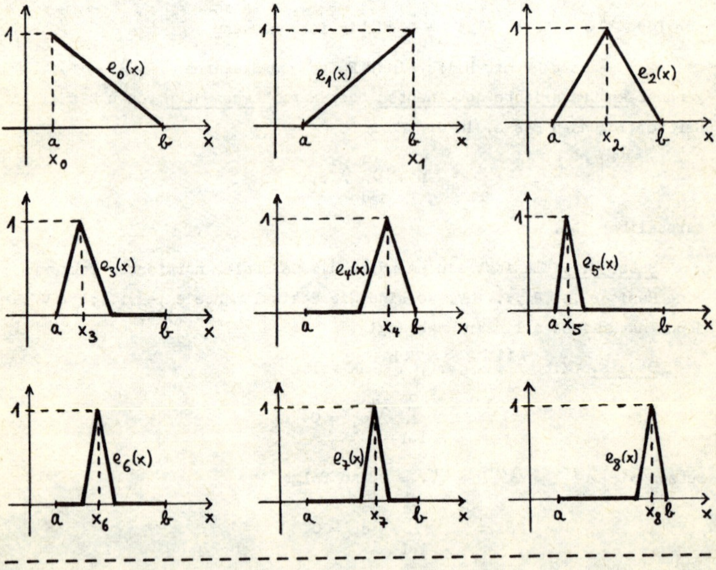

Fig. 20. Basis für den Raum $C[a,b]$ mit T-Norm

Es gelte

$$\lambda^o e_o + \lambda^1 e_1 + \lambda^2 e_2 + \dots = 0 \quad , \quad \lambda^o, \lambda^1, \lambda^2, \dots \in \mathbb{R} \quad ,$$

im Sinne der Normkonvergenz oder, was dasselbe besagt,

$$\lambda^o e_o(x) + \lambda^1 e_1(x) + \lambda^2 e_2(x) + \dots = 0 \; , \quad x \in [a,b] \; , \quad \lambda^o, \lambda^1, \lambda^2, \dots \in \mathbb{R} \; ,$$

im Sinne gleichmäßiger Konvergenz. Setzt man hier nacheinander die in Fig. 20 erklärten Stellen $x_o, x_1, x_2, \dots$ ein, so erkennt man unmittelbar, daß alle $\lambda^o, \lambda^1, \lambda^2, \dots$ notwendig verschwinden müssen, die Bedingung 1.) in Definition 30.1 also erfüllt ist. Ordnen wir sodann einem fest, aber beliebig gewählten Element $f \in C[a,b]$ eine Folge von Polygonzügen

$$(30.1) \qquad s_n(x) = \sum_{i=o}^{n} \lambda^i e_i(x) \quad , \quad x \in [a,b] \quad , \quad n = 0,1,2,\dots \quad ,$$

mit der in Fig. 21 dargestellten Bedeutung zu, so wird hierdurch zugleich eine Folge von Skalaren $\lambda^1, \lambda^2, \lambda^3, \dots \in \mathbb{R}$ eindeutig bestimmt. Zur Unter-

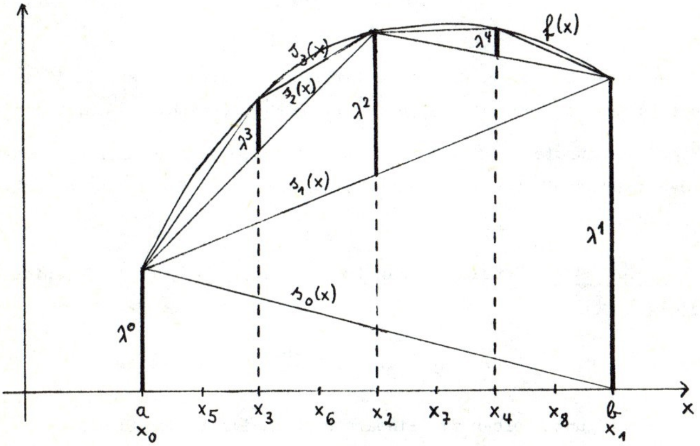

Fig. 21. Konstruktion der kontravarianten Komponenten im Raume $C[a,b]$ mit T-Norm

suchung des Konvergenzverhaltens von (30.1) bestimmen wir zu $\varepsilon > 0$ nach dem Satz von HEINE ein $\delta > 0$ gemäß

$$|f(x') - f(x'')| < \frac{\varepsilon}{2} \quad , \quad |x' - x''| \leqq \delta \quad , \quad x', x'' \in [a,b] \quad ,$$

hinzu, und es bedeute weiter $N \geqq 1$ eine Zweierpotenz mit

$$\frac{b-a}{N} < \delta \; .$$

Wählen wir dann $n \geqq N$ und $x \in [a,b]$ fest, aber beliebig, so gibt es hierzu zwei nicht weiter als $\frac{b-a}{N}$ auseinanderliegende, benachbarte Teilpunkte $x_j <$ mit

$$x \in [x_j, x_k] \quad , \quad s_n(x) = f(x_j) + \frac{f(x_k) - f(x_j)}{x_k - x_j}(x - x_j) \quad ,$$

und dies bewirkt

$$|s_n(x) - f(x)| \leqq |f(x_j) - f(x)| + |f(x_k) - f(x_j)| < \frac{\varepsilon}{2} + \frac{\varepsilon}{2} = \varepsilon \quad .$$

Also konvergiert (30.1) gleichmäßig gegen $f(x)$, d.h. es gilt

$$(30.2) \qquad f(x) = \sum_{i=0}^{\infty} \lambda^i e_i(x) \quad , \quad x \in [a,b]$$

im Sinne gleichmäßiger Konvergenz. Dies wiederum ist gleichbedeutend mit

$$(30.3) \qquad f = \sum_{i=0}^{\infty} \lambda^i e_i \quad ,$$

so daß auch die Bedingung 2.) in Definition 30.1 erfüllt ist. Damit ist der Basischarakter der Folge $e_1, e_2, e_3, \ldots \in C[a,b]$ nachgewiesen, und die gemäß Fig.21 konstruierten Skalare $\lambda^1, \lambda^2, \lambda^3, \ldots \in \mathbb{R}$ gewinnen die Bedeutung der kontravarianten Komponenten eines Elementes $f \in C[a,b]$ bezüglich dieser Basis.

<u>Beispiel 30.2.</u> Betrachtet man im Raume l^p, $p \geqq 1$, (vgl. Beispiel 24.4) die Folge

$$(30.4) \qquad e_i = (\delta_{i1}, \delta_{i2}, \delta_{i3}, \ldots) \in l^p \quad , \quad i = 1,2,3,\ldots \; ,$$

so erkennt man unmittelbar die lineare Unabhängigkeit der Elemente $e_1, e_2, \ldots, e_n \in l^p$ für jedes natürliche n und damit

$$(30.5) \qquad \dim l^p = \infty \quad , \quad p \geqq 1 \; .$$

Weiter wollen wir zunächst noch die BANACHraumeigenschaft des l^p nachweisen. Bedeute also

$$(30.6) \qquad x^{(n)} = (x_1^{(n)}, x_2^{(n)}, x_3^{(n)}, \ldots) \in l^p \quad , \quad n = 1,2,3,\ldots \; ,$$

eine feste, aber beliebige CAUCHYfolge, so gibt es zu jedem $\varepsilon > 0$ ein natürliches N gemäß

$$|x_i^{(m)} - x_i^{(n)}| \leqq \sqrt[p]{\sum_{i=1}^{\infty} |x_i^{(m)} - x_i^{(n)}|^p} = ||x^{(m)} - x^{(n)}|| < \varepsilon \quad ,$$

$$m \geqq N \quad , \quad n \geqq N \quad , \quad i = 1,2,3,\ldots \quad ,$$

und nach dem klassischen CAUCHYkriterium existieren die Grenzwerte

$$(30.7) \quad \lim_{n \to \infty} x_1^{(n)} = x_1 \ , \ \lim_{n \to \infty} x_2^{(n)} = x_2 \ , \ \lim_{n \to \infty} x_3^{(n)} = x_3 \ , \ \ldots \ .$$

Da die CAUCHYfolge (30.6) nach Satz 6.2 eine Schranke $M \geqq 0$ besitzt, folgt

$$\sum_{i=1}^{k} |x_i^{(n)}|^p \leqq \sum_{i=1}^{\infty} |x_i^{(n)}|^p = ||x^{(n)}||^p \leqq M^p \ , \quad k = 1,2,3,\ldots \ , \quad n = 1,2,3,\ldots \ .$$

Führt man hier bei festgehaltenem k den Grenzübergang $n \to \infty$ durch [1], so liefert (30.7)

$$\sum_{i=1}^{k} |x_i|^p \leqq M^p \quad , \qquad k = 1,2,3,\ldots \ .$$

Somit ist die Folge der links stehenden Partialsummen monoton nicht fallend und nach oben beschränkt, also konvergent, und dies bedeutet

$$(30.8) \qquad x \equiv (x_1, x_2, x_3, \ldots) \in l^p \ .$$

Noch einmal bestimmen wir zu $\varepsilon > 0$ ein natürliches N, diesmal mit der Eigenschaft

$$\sqrt[p]{\sum_{i=1}^{k} |x_i^{(m)} - x_i^{(n)}|^p} \leqq ||x^{(m)} - x^{(n)}|| < \frac{\varepsilon}{2} \ , \quad m \geqq N \ , \ n \geqq N \ , \ k = 1,2,3,\ldots \ ,$$

hinzu. Der bei festgehaltenen m und k durchgeführte Grenzübergang $n \to \infty$ liefert

$$\sqrt[p]{\sum_{i=1}^{k} |x_i^{(m)} - x_i|^p} \leqq \frac{\varepsilon}{2} \quad , \quad m \geqq N \quad , \quad k = 1,2,3,\ldots \ .$$

---

1) Man beachte dabei die keineswegs selbstverständliche Stetigkeit der Funktion $|x|^p$, $x \in \mathbb{R}$, $p \geqq 0$.

Beachtet man hier $x^{(m)} - x \in l^p$, so liefert der bei festgehaltenem m durchgeführte Grenzübergang $k \to \infty$

$$\|x^{(m)} - x\| \leqq \frac{\varepsilon}{2} < \varepsilon \quad , \quad m \geqq N \quad ,$$

und damit die Konvergenz der CAUCHYfolge (30.6) gegen das Element (30.8). Also ist der Raum l^p, $p \geqq 1$, ein BANACHraum.

Nach diesen ergänzenden Vorbemerkungen über den Raum l^p wollen wir nun den Nachweis erbringen, daß er die Basis (30.4) besitzt. Die Beziehung

$$\sum_{i=1}^{\infty} \lambda^i e_i = 0 \quad , \quad \lambda^1, \lambda^2, \lambda^3, \ldots \in \mathbb{R} \quad ,$$

besagt wegen (30.4), daß

$$x^{(n)} \equiv \sum_{i=1}^{n} \lambda^i e_i = (\lambda^1, \lambda^2, \ldots, \lambda^n, 0, 0, \ldots) \in l^p \quad , \quad n = 1,2,3,\ldots \quad ,$$

eine Nullfolge bildet. Dann strebt auch die Folge der zugehörigen Normen

$$\|x^{(n)}\| = \sqrt[p]{\sum_{i=1}^{n} |\lambda^i|^p} \quad , \quad n = 1,2,3,\ldots \quad ,$$

gegen Null, was aber offensichtlich nur für $\lambda^1 = \lambda^2 = \lambda^3 = \ldots = 0$ möglich ist. Anschließend wählen wir

$$(30.9) \qquad x = (x_1, x_2, x_3, \ldots) \in l^p$$

fest, aber beliebig und definieren hiermit die Folge

$$(30.10) \qquad x^{(n)} \equiv \sum_{i=1}^{n} x_i e_i = (x_1, x_2, \ldots, x_n, 0, 0, \ldots) \in l^p \quad , \quad n = 1,2,3,\ldots \quad .$$

Nun existiert zu $\varepsilon > 0$ stets ein natürliches N derart, daß die Reihenreste

$$\sum_{i=n+1}^{\infty} |x_i|^p < \varepsilon^p \quad , \quad n \geqq N \quad ,$$

ausfallen. Es folgt für alle $n \geqq N$

$$\|x^{(n)} - x\| = \|(0,0,\ldots,0,-x_{n+1},-x_{n+2},\ldots)\| = \sqrt[p]{\sum_{i=n+1}^{\infty} |x_i|^p} < \varepsilon$$

und damit die Konvergenz der Folge (30.10) gegen das Element (30.9):

$$(30.11) \qquad x = \lim_{n \to \infty} x^{(n)} = \sum_{i=1}^{\infty} x_i e_i \quad .$$

Nunmehr besitzt die Folge (30.4) nach Definition 30.1 alle Merkmale einer Basis für den Raum l^p. Insbesondere gewinnen die Koordinaten $x_1, x_2, x_3, \ldots \in \mathbb{R}$ eines Elementes $x \in l^p$ die Bedeutung der kontravarianten Komponenten von x bezüglich dieser Basis.

§ 31. Separabilität

Einen weiteren wichtigen Begriff, der in einer gewissen Verwandtschaft zum Basisbegriff steht, bringt

Satz 31.1. Eine Teilmenge $\mathfrak{M}$ eines normierten Vektorraumes V über dem Körper $\mathbb{K}$ heißt separabel, wenn eine der beiden folgenden, untereinander äquivalenten Bedingungen erfüllt ist:

I. Es gibt eine Folge $u_1, u_2, u_3, \ldots \in V$ mit der Eigenschaft, daß jedes Element $u \in \mathfrak{M}$ als Grenzelement einer Teilfolge $u_{\nu_1}, u_{\nu_2}, u_{\nu_3}, \ldots \in V$ erhalten werden kann.

II. Es gibt eine in $\mathfrak{M}$ dicht liegende Folge [1] $u_1, u_2, u_3, \ldots \in V$.

Beweis. Von I nach II. Sei $u \in \mathfrak{M}$ fest, aber beliegig gewählt, so enthält $u_1, u_2, u_3, \ldots \in V$ eine Teilfolge $u_{\nu_1}, u_{\nu_2}, u_{\nu_3}, \ldots \in V$ mit der Eigenschaft

$$u = \lim_{n \to \infty} u_{\nu_n} .$$

Damit erweist sich $u \in \mathfrak{M}$ als Berührpunkt derjenigen Menge, deren Elemente in der Folge $u_1, u_2, u_3, \ldots$ vorkommen. – Von II nach I. Liege $u_1, u_2, u_3, u_4, \ldots \in V$ dicht in $\mathfrak{M}$, so wollen wir zeigen, daß die Folge

$$(31.1) \qquad u_1, u_1, u_2, u_1, u_2, u_3, u_1, u_2, u_3, u_4, \ldots \in V$$

das Gewünschte leistet. Sei also $u \in \mathfrak{M}$ fest, aber beliebig gewählt. Dieses Element läßt sich nach II als Grenzelement einer Folge von Elementen,

---

1) Eine Folge bezeichnet man als dicht liegend, wenn die Menge ihrer Elemente dicht liegt.

die in $u_1, u_2, u_3, u_4, \ldots \in V$ vorkommen, darstellen. Wie immer nun diese Elemente angeordnet sein mögen, man findet sie in jedem Fall als Teilfolge in (31.1)vor.

Satz 31.2. Eine Teilmenge einer separablen Menge ist separabel.

Beweis folgt unmittelbar aus Definition I der Separabilität.

Satz 31.3. Die lineare Hülle einer separablen Menge ist separabel.

Beweis. Sei $\mathfrak{M}$ eine separable Menge eines normierten Vektorraumes V über $\mathbb{K}$, so wollen wir zunächst die Menge aller rationalen Skalare im Falle $\mathbb{K} = \mathbb{R}$ bzw. die Menge aller Skalare mit rationalem Real- und Imaginärteil im Falle $\mathbb{K} = \mathbb{C}$ durchnumerieren [1]:

$$(31.2) \qquad \varrho^1, \varrho^2, \varrho^3, \ldots \in \mathbb{K} \ .$$

Es folgt, daß die Menge der in dieser Folge vorkommenden Skalare dicht in $\mathbb{K}$ liegt. Weiter bedeute

$$(31.3) \qquad u_1, u_2, u_3, \ldots \in V$$

eine in $\mathfrak{M}$ dicht liegende Folge. Seien dann r,n natürliche Zahlen mit $r \leqq n$, so gibt es insgesamt n^r Möglichkeiten dafür, ein Zahlen-r-tupel $\nu_1, \ldots, \nu_r$ mit Werten aus $1,\ldots,n$ zu bilden. Auf diese Weise können wir n^r Elemente

$$(31.4) \qquad u = \sum_{i=1}^{r} \varrho^{\nu_i} u_i \in V$$

erklären und durchnumerieren; die dadurch gegebene Anordnung von n^r Elementen aus V bezeichnen wir abkürzend mit $U_r^n \in V$. Nunmehr wollen wir die Separabilität der linearen Hülle $\mathcal{L}\mathfrak{M} \subseteq V$ beweisen, indem wir zeigen, daß die Folge

$$(31.5) \qquad U_1^1,\ U_1^2,\ U_2^2,\ U_1^3,\ U_2^3,\ U_3^3,\ U_1^4,\ U_2^4,\ U_3^4,\ U_4^4,\ \ldots \in V$$

dicht in $\mathcal{L}\mathfrak{M}$ liegt.

---

1) Die in § I.7 mit Hilfe des Gitterschemas vorgenommene Abzählung der positiv rationalen Zahlen r_m, $m = 1,2,3,\ldots$, hat unmittelbar die Abzählbarkeit aller rationalen Zahlen s_m, $m = 1,2,3,\ldots$, zur Folge. Ordnet man dann die komplexen Zahlen mit rationalem Real- und Imaginärteil $t_{mn} \equiv s_m + is_n$, $m,n = 1,2,3,\ldots$, wiederum nach dem Gitterschema zu einer Folge t_m, $m = 1,2,3,\ldots$, an, so ist damit auch die Abzählbarkeit aller komplexen Zahlen mit rationalem Real- und Imaginärteil gezeigt.

Sei also $v \in \mathcal{L}\mathfrak{M}$ fest, aber beliebig gewählt, so gilt mit einer natürlichen Zahl r und Skalaren $\lambda^1, \lambda^2, \lambda^3, \ldots \in \mathbb{K}$

$$v = \sum_{i=1}^{r} \lambda^i u_i \quad . \tag{31.6}$$

Da die Folge (31.2) dicht in $\mathbb{K}$ liegt, lassen sich dann zu $\varepsilon > 0$ Skalare $\varrho^{\nu_1}, \ldots, \varrho^{\nu_r} \in \mathbb{K}$ derart angeben, daß

$$|\lambda^i - \varrho^{\nu_i}| < \frac{\varepsilon}{r(\|u_i\| + 1)} \quad , \quad i = 1, \ldots, r \quad , \tag{31.7}$$

ausfällt. Dann ist das Element

$$u \equiv \sum_{i=1}^{r} \varrho^{\nu_i} u_i \in V$$

sicher in der Folge (31.5) anzutreffen, und man erhält zusammen mit (31.6) und (31.7)

$$\|v - u\| = \left\| \sum_{i=1}^{r} (\lambda^i - \varrho^{\nu_i}) u_i \right\| \leqq \left\| \sum_{i=1}^{r} |\lambda^i - \varrho^{\nu_i}| \, \|u_i\| \right\|$$

$$\leqq \sum_{i=1}^{r} \frac{\varepsilon \|u_i\|}{r(\|u_i\| + 1)} < \sum_{i=1}^{r} \frac{\varepsilon}{r} = \varepsilon \quad .$$

<u>Satz 31.4.</u> Die abgeschlossene Hülle einer separablen Menge ist separabel.

<u>Beweis.</u> Sei $\mathfrak{M}$ eine separable Menge eines normierten Vektorraumes V und $u_1, u_2, u_3, \ldots \in V$ eine in $\mathfrak{M}$ dicht liegende Folge, deren Elemente die Menge $\mathfrak{N} \subseteq V$ bilden. Dann gilt

$$\overline{\mathfrak{N}} \supseteq \mathfrak{M} \quad .$$

Da die abgeschlossene Hülle einer Menge immer eine abgeschlossene Menge bildet (vgl. Satz II.3.5), liefert der beiderseitige Übergang zur abgeschlossenen Hülle [1)]

$$\overline{\mathfrak{N}} \supseteq \overline{\mathfrak{M}} \quad ,$$

und dies bedeutet, daß die Folge $u_1, u_2, u_3, \ldots \in V$ auch in $\overline{\mathfrak{M}}$ dicht liegt.

1) Der Leser beachte, daß $\mathfrak{B} \supseteq \mathfrak{A}$ stets $\overline{\mathfrak{B}} \supseteq \overline{\mathfrak{A}}$ nach sich zieht.

Korollar 31.1. Die abgeschlossene Hülle der linearen Hülle einer separablen Menge ist separabel.

Eine große Anzahl separabler Räume, darunter die in § 30 diskutierten unendlichdimensionalen BANACHräume $C[a,b]$ mit T-Norm und l^p, erschließt jetzt

Satz 31.5. Endlichdimensionale normierte Vektorräume und unendlichdimensionale normierte Vektorräume mit Basis sind separabel.

Beweis. Sei V der gegebene Raum, so bestehe die Folge

$$e_1, e_2, e_3, \ldots \in V \tag{31.8}$$

aus lauter Nullelementen, falls $\dim V = 0$ ist, sie bedeute eine durch lauter Nullelemente ergänzte Basis für V, falls $0 < \dim V < \infty$, und eine Basis für V, falls $\dim V = \infty$ ist. In allen drei Fällen erhält man, wenn $\mathfrak{N} \subseteq V$ die Menge der in (31.8) vorkommenden Elemente ist,

$$V = \overline{\mathcal{L}\mathfrak{N}} \quad . \tag{31.9}$$

Da nun $\mathfrak{N}$ trivialerweise separabel ist, liefert Korollar 31.1 die Separabilität von V.

Beispiel 31.1. Für den Raum t (vgl. Beispiel 24.5) findet man weitgehend analog zu Beispiel 30.2

$$\dim t = \infty \tag{31.10}$$

sowie die Eigenschaft, ein BANACHraum zu sein [1]. Wir nehmen an, t sei separabel. Es folgt die Existenz einer in t dicht liegenden Folge

$$x^{(n)} = (x_1^{(n)}, x_2^{(n)}, x_3^{(n)}, \ldots) \in t \quad , \quad n = 1,2,3,\ldots \quad . \tag{31.11}$$

Dann gehört das ∞-tupel

$$x = (x_1, x_2, x_3, \ldots)$$

mit den Koordinaten

$$x_i = \left\{ \begin{array}{ll} x_i^{(i)} + 1 \quad , & |x_i^{(i)}| \leqq 1 \quad , \\ 0 \quad , & |x_i^{(i)}| > 1 \quad , \end{array} \right\} , \quad i = 1,2,3,\ldots \quad ,$$

1) Der Leser möge dies selbst durchführen.

wegen $|x_i| \leqq 2$, $i = 1,2,3,\ldots$, sicher zu t. Es folgt für alle $n = 1,2,3,\ldots$

$$||x-x^{(n)}|| = \sup_{i=1,2,3,\ldots} |x_i - x_i^{(n)}| \geqq |x_n - x_n^{(n)}| = \begin{cases} 1 & , |x_n^{(n)}| \leqq 1 , \\ |x^{(n)}| > 1 & , |x^{(n)}| > 1 , \end{cases}$$

so daß in der 1-Umgebung von $x \in t$ kein Element der Folge (31.11) liegt (Widerspruch). Der unendlichdimensionale BANACHraum t ist also nichtseparabel und besitzt daher nach Satz 31.5 auch keine Basis.

Bemerkung. Als spezielle Konsequenz von Satz 31.5 erhält man die Aussage, daß alle unendlichdimensionalen BANACHräume mit Basis separabel sind. Ob auch umgekehrt alle unendlichdimensionalen separablen BANACHräume eine Basis besitzen, ist eine zur Zeit offene Frage. Jedenfalls besitzen alle bisher untersuchten speziellen unendlichdimensionalen separablen BANACHräume eine Basis.

Anschließend wollen wir den Begriff der Separabilität noch etwas vertiefen:

Lemma 31.1. Sei V ein normierter Vektorraum über $\mathbb{K}$ und $\mathfrak{M} \subseteq V$ eine nichtleere separable Teilmenge, so gibt es eine in $\mathfrak{M}$ dicht liegende Folge $u_1, u_2, u_3, \ldots \in \mathfrak{M}$.

Beweis. Da $\mathfrak{M}$ separabel ist, existiert eine in $\mathfrak{M}$ dicht liegende Folge $v_1, v_2, v_3, \ldots \in V$. Bedeutet dann $\rho(v_m, \mathfrak{M})$ den Abstand zwischen v_m und $\mathfrak{M}$, so existieren Folgen

$$u_{11}, u_{12}, u_{13}, \ldots \in \mathfrak{M} \quad \text{mit} \quad \lim_{n \to \infty} ||v_1 - u_{1n}|| = \rho(v_1, \mathfrak{M}) ,$$

$$u_{21}, u_{22}, u_{23}, \ldots \in \mathfrak{M} \quad \text{mit} \quad \lim_{n \to \infty} ||v_2 - u_{2n}|| = \rho(v_2, \mathfrak{M}) ,$$

$$u_{31}, u_{32}, u_{33}, \ldots \in \mathfrak{M} \quad \text{mit} \quad \lim_{n \to \infty} ||v_3 - u_{3n}|| = \rho(v_3, \mathfrak{M}) ,$$

- .

Wählen wir jetzt $u \in \mathfrak{M}$ fest, aber beliebig, so gibt es zu $\varepsilon > 0$ ein Element $v_m \in V$ mit

$$\rho(v_m, \mathfrak{M}) \leqq ||v_m - u|| < \frac{\varepsilon}{3}$$

und dann weiter ein Element $u_{mn} \in \mathfrak{M}$ mit

$$\Big|\,||v_m - u_{mn}|| - \varrho(v_m, \mathfrak{M})\Big| = ||v_m - u_{mn}|| - \varrho(v_m, \mathfrak{M}) < \frac{\varepsilon}{3} .$$

Es folgt

$$||u - u_{mn}|| = ||(u - v_m) + (v_m - u_{mn})|| \leqq ||u - v_m|| + ||v_m - u_{mn}||$$

$$< \frac{\varepsilon}{3} + \varrho(v_m, \mathfrak{M}) + \frac{\varepsilon}{3} < \frac{\varepsilon}{3} + \frac{\varepsilon}{3} + \frac{\varepsilon}{3} = \varepsilon \quad .$$

Ordnet man daher alle $u_{mn} \in \mathfrak{M}$, $m,n = 1,2,3,\dots$, zu einer Folge $u_1, u_2, u_3, \dots \in \mathfrak{M}$ an [1], so hat diese die behauptete Eigenschaft.

Satz 31.6. Ein Untervektorraum eines separablen normierten Vektorraumes ist selbst ein separabler normierter Vektorraum.

Beweis folgt unmittelbar aus Satz 31.2 und Lemma 31.1.

Wir beschließen jetzt diesen Paragraphen mit einem für die Anwendungen wichtigen Auswahlsatz. Der Vorbereitung dient

Lemma 31.2. Sei X ein normierter Vektorraum und Y ein BANACHraum, beide über dem Körper $\mathbb{K}$. Ist dann eine Folge stetiger linearer Funktionen $F_1, F_2, F_3, \dots : U \to Y$, $U \subseteq X$, normbeschränkt und auf einer in U dicht liegenden Teilmenge $\mathfrak{N} \subseteq U$ elementweise konvergent, so ist sie (im ganzen Definitionsbereich U) elementweise konvergent und ihre Grenzfunktion $F: U \to Y$ linear und stetig.

Beweis. Wegen der Normbeschränktheit existiert eine reelle Zahl $L > 0$ gemäß

$$(31.12) \qquad ||F_n|| \leqq L \quad , \quad n = 1,2,3,\dots \quad .$$

Wir wählen $x \in U$ fest, aber beliebig. Da $\mathfrak{N}$ in U dicht liegt, gibt es zu $\varepsilon > 0$ ein Element $u \in \mathfrak{N} \subseteq U$ mit

$$(31.13) \qquad ||x - u|| < \frac{\varepsilon}{3L} \quad .$$

Da die Folge $F_1u, F_2u, F_3u, \dots \in Y$ nach Voraussetzung konvergiert, können wir eine natürliche Zahl N mit der Eigenschaft

$$(31.14) \qquad ||F_m u - F_n u|| < \frac{\varepsilon}{3} \quad , \quad m \geqq N \quad , \quad n \geqq N \quad ,$$

angeben. Aus (31.12) bis (31.14) folgt dann für alle $m \geqq N$, $n \geqq N$

---

1) Dies kann wieder mit Hilfe des Gitterschemas auf S. I.36 geschehen.

$$||F_m x - F_n x|| = ||F_m(x-u) - F_n(x-u) + (F_m u - F_n u)||$$

$$\leqq ||F_m|| \; ||x-u|| + ||F_n|| \; ||x-u|| + ||F_m u - F_n u|| < L\frac{\varepsilon}{3L} + L\frac{\varepsilon}{3L} + \frac{\varepsilon}{3} = \varepsilon \; .$$

Also bildet $F_1x, F_2x, F_3x, \ldots \in Y$ eine CAUCHYfolge, die jedoch wegen der Vollständigkeit von Y konvergiert. Damit ist die elementweise Konvergenz der Funktionenfolge $F_1, F_2, F_3, \ldots: U \to Y$ bewiesen. Die jetzt vorhandene Grenzfunktion $F: U \to Y$ ist nach Lemma 24.2 linear. Infolge (31.12) gilt ferner die Abschätzung

$$||F_n x|| \leqq ||F_n|| \; ||x|| \leqq L||x|| \quad , \quad x \in U \quad , \quad n = 1,2,3,\ldots \; ;$$

führt man hier bei festgehaltenem $x \in U$ den Grenzübergang $n \to \infty$ durch, so erhält man auch die Stetigkeit der Grenzfunktion:

$$||Fx|| \leqq L||x|| \quad , \quad x \in U \; .$$

Satz 31.7. Sei X ein normierter Vektorraum über dem Körper $\mathbb{K}$ und $U \subseteq X$ ein separabler Untervektorraum, so läßt sich aus jeder normbeschränkten Folge stetiger linearer Funktionale $\phi_1, \phi_2, \phi_3, \ldots: U \to \mathbb{K}$ eine gegen ein stetiges lineares Funktional $\phi: U \to \mathbb{K}$ elementweise konvergente Teilfolge $\phi_{\nu_1}, \phi_{\nu_2}, \phi_{\nu_3}, \ldots: U \to \mathbb{K}$ aussondern [1].

Beweis. Nach Lemma 31.1 existiert eine in U dicht liegende Folge $u_1, u_2, u_3, \ldots \in U$. Bedeute ferner $L \geqq 0$ eine Schranke mit

(31.15) $$||\phi_n|| \leqq L \quad , \quad n = 1,2,3,\ldots \; ,$$

so erhält man

(31.16) $$|\phi_m u_n| \leqq ||\phi_m|| \; ||u_n|| \leqq L||u_n|| \quad , \quad m,n = 1,2,3,\ldots \; ,$$

d.h. die Folge $\phi_1, \phi_2, \phi_3, \ldots: U \to \mathbb{K}$ ist auf jedem $u_1, u_2, u_3, \ldots \in U$ beschränkt. Anschließend wählen wir aus $\phi_1, \phi_2, \phi_3, \phi_4, \ldots: U \to \mathbb{K}$ eine Folge von Teilfolgen nach folgendem Schema aus:

---

1) Elementweise konvergente Folgen stetiger linearer Funktionale mit stetigem linearen Grenzfunktional werden auch als "schwach* konvergent" bezeichnet. Eine Menge stetiger linearer Funktionale mit der Eigenschaft, daß jede ihr entnommene Folge die Auswahl einer gegen ein stetiges lineares Funktional elementweise konvergenten Teilfolge gestattet, nennt man dementsprechend "schwach* kompakt".

$$
\begin{array}{lll}
\text{Folge:} & \phi_1, \phi_2, \phi_3, \phi_4, \ldots, & \\
\text{1. Teilfolge:} & \phi_{11}, \phi_{12}, \phi_{13}, \phi_{14}, \ldots & \text{konvergiert auf } u_1, \\
\text{2. Teilfolge:} & \phi_{22}, \phi_{23}, \phi_{24}, \ldots & \text{konvergiert auf } u_2, \\
\text{3. Teilfolge:} & \phi_{33}, \phi_{34}, \ldots & \text{konvergiert auf } u_3, \\
\text{4. Teilfolge:} & \phi_{44}, \ldots & \text{konvergiert auf } u_4, \\
\text{-----------} & \text{-----------} & \text{-----------};
\end{array}
$$

dabei wird die Auswahl stets aus den darüber aufgeführten Elementen, also $\phi_{22}, \phi_{23}, \phi_{24}, \ldots$ aus $\phi_{12}, \phi_{13}, \phi_{14}, \ldots$ etc., vorgenommen. Die Existenz einer auf u_1 konvergenten 1. Teilfolge, einer auf u_2 konvergenten 2. Teilfolge, einer auf u_3 konvergenten 3. Teilfolge etc. folgt nacheinander mit Hilfe des Satzes von BOLZANO-WEIERSTRASS aus der Tatsache, daß die Zahlenfolgen

$$
\begin{array}{l}
\phi_1 u_1, \ \phi_2 u_1, \ \phi_3 u_1, \ \phi_4 u_1, \ \ldots \in \mathbb{K}, \\
\phi_{12} u_2, \ \phi_{13} u_2, \ \phi_{14} u_2, \ \ldots \in \mathbb{K}, \\
\phi_{23} u_3, \ \phi_{24} u_3, \ \ldots \in \mathbb{K}, \\
\phi_{34} u_3, \ \ldots \in \mathbb{K}, \\
\text{-----------------------}
\end{array}
$$

wegen (31.16) beschränkt sind. Jetzt bildet die Diagonalfolge $\phi_{11}, \phi_{22}, \phi_{33}, \phi_{44}, \ldots$ sicher eine Teilfolge von $\phi_1, \phi_2, \phi_3, \phi_4, \ldots$. Nach Konstruktion ist die Diagonalfolge außerdem für jedes natürliche n vom Element ϕ_{nn} an aufwärts in der n^{ten} Teilfolge enthalten und daher auf dem Element $u_n \in U$ konvergent; wegen der Willkür von n konvergiert $\phi_{11}, \phi_{22}, \phi_{33}, \phi_{44}, \ldots : U \to \mathbb{K}$ dann auf jedem $u_1, u_2, u_3, u_4, \ldots \in U$ und damit elementweise auf einer in U dicht liegenden Menge. Beachtet man jetzt noch die Vollständigkeit des Grundkörpers $\mathbb{K}$ und

$$||\phi_{nn}|| \leqq L \quad , \quad n = 1,2,3,\ldots \ ,$$

als Folge von (31.15) so liefert Lemma 31.2 die elementweise Konvergenz der Funktionale $\phi_{11}, \phi_{22}, \phi_{33}, \phi_{44}, \ldots : U \to \mathbb{K}$ sowie Linearität und Stetigkeit des zugehörigen Grenzfunktionals $\phi : U \to \mathbb{K}$.

§ 32. PraeHILBERT- und HILBERTräume

Wir kommen jetzt zur Behandlung besonders wichtiger spezieller normierter Vektorräume. Ihre Bedeutung beruht darauf, daß ihre Theorie weit vorangetrieben und vielen Anwendungen zugänglich gemacht werden konnte.

Definition 32.1. Ein normierter Vektorraum V über dem Körper $\mathbb{K}$ heißt PraeHILBERTraum über $\mathbb{K}$ oder kurz PraeHILBERTraum, wenn für jedes geordnete Paar von Elementen $u,v \in V$ eindeutig ein Skalarprodukt $(u,v) \in \mathbb{K}$ mit folgenden Axiomen erklärt ist:

1.) $(\lambda u,v) = \lambda(u,v)$, $\lambda \in \mathbb{K}$, $u,v \in V$, (Homogenität bezüglich des ersten Faktors);

2.) $(u+v,w) = (u,w)+(v,w)$, $u,v,w \in V$, (Distributivität bezüglich des ersten Faktors);

3.) $(u,v) = \overline{(v,u)}$, $u,v \in V$, (HERMITEsche [1] Symmetrie);

4.) $(u,u) = ||u||^2$, $u \in V$, (Normdarstellung).

Definition 32.2. Ein vollständiger PraeHILBERTraum heißt HILBERTraum [2].

Wir beginnen mit einer Zusammenstellung unmittelbarer Konsequenzen.

Satz 32.1. In einem PraeHILBERTraum V über $\mathbb{K}$ hat das Skalarprodukt die Eigenschaften eines sesquilinearen Funktionals, d.h. es genügt außer den Axiomen 1.) und 2.) aus Definition 32.1 den Gesetzen

$$(u,\lambda v) = \overline{\lambda}(u,v) \quad , \quad \lambda \in \mathbb{K} \quad , \quad u,v \in V \ ,$$

$$(u,v+w) = (u,v)+(u,w) \quad , \quad u,v,w \in V \ .$$

Beweis. Mit 1.) und 3.) wird

$$(u,\lambda v) = \overline{(\lambda v,u)} = \overline{\lambda}\,\overline{(v,u)} = \overline{\lambda}(u,v) \quad , \quad \lambda \in \mathbb{K} \quad , \quad u,v \in V \ ;$$

---

1) Charles HERMITE (1822-1901) war Professor an der Sorbonne. Er arbeitete auf den Gebieten der Algebra und der Analysis. Seine bedeutendsten Ergebnisse waren die Auflösung der allgemeinen Gleichung fünften Grades mit Hilfe elliptischer Funktionen sowie der Beweis der Transzendenz der Zahl e.

2) Ein HILBERTraum ist also immer zugleich ein BANACHraum.

mit 2.) und 3.) erhält man

$$(u,v+w) = \overline{(v+w,u)} = \overline{(v,u)} + \overline{(w,u)} = (u,v)+(u,w) \quad , \quad u,v,w \in V \; .$$

Beachtet man, daß die HERMITEsche Symmetrie 3.) im Falle $\mathbb{K} = \mathbb{R}$ in die gewöhnliche Symmetrie übergeht, so bekommt man das

Korollar 32.1. In einem reellen PraeHILBERTraum hat das Skalarprodukt die Eigenschaften eines symmetrischen bilinearen Funktionals.

Satz 32.2. Die Elemente $u_1, u_2, \ldots, u_n$ eines PraeHILBERTraumes V über $\mathbb{K}$ sind genau dann linear abhängig, wenn die zugehörige GRAMsche Determinante für PraeHILBERTräume

$$\det\,(u_i,u_k) = 0 \tag{32.1}$$

ist.

Beweis. N o t w e n d i g k e i t . Es seien $u_k \in V$, $k=1,\ldots,n$, linear abhängig. Dann existieren nicht sämtlich verschwindende $\lambda^k \in \mathbb{K}$, $k=1,\ldots,n$, mit

$$\sum_{k=1}^{n} \lambda^k u_k = 0 \; .$$

Skalare Multiplikation von links mit u_i, $i=1,\ldots,n$, ergibt mit Satz 32.1

$$\sum_{k=1}^{n} (u_i,u_k)\overline{\lambda^k} = 0 \quad , \quad i = 1,\ldots,n \; .$$

Da dieses Gleichungssystem in $\overline{\lambda^k} \in \mathbb{K}$, $k = 1,\ldots,n$, eine nichttriviale Lösung besitzt, folgt (32.1).

H i n l ä n g l i c h k e i t . Für $u_i \in V$, $i = 1,\ldots,n$, gelte (32.1). Dann hat

$$\sum_{k=1}^{n} (u_i,u_k)\lambda^k = 0 \quad , \quad i = 1,\ldots,n \; ,$$

eine nichttriviale Lösung $\lambda^k \in \mathbb{K}$, $k = 1,\ldots,n$. Multiplikation mit $\overline{\lambda^i} \in \mathbb{K}$, $i = 1,\ldots,n$, und anschließende Summation über $i = 1,\ldots,n$, ergibt infolge 1.), 2.) und Satz 32.1

$$\sum_{i=1}^{n} \sum_{k=1}^{n} (\overline{\lambda^i} u_i , \overline{\lambda^k} u_k) = (\sum_{i=1}^{n} \overline{\lambda^i} u_i , \sum_{k=1}^{n} \overline{\lambda^k} u_k) = 0$$

und damit wegen 4.)

$$\sum_{i=1}^{n} \overline{\lambda^i} u_i = 0 \quad .$$

Da hier nicht alle $\overline{\lambda^i}$, $i = 1,\ldots,n$, verschwinden, sind die u_i, $i = 1,\ldots,n$, linear abhängig.

Satz 32.3. Zwei Elemente u,v eines PraeHILBERTraumes heißen zueinander orthogonal oder kurz orthogonal, wenn eine der beiden folgenden, untereinander äquivalenten Bedingungen erfüllt ist:

I. $$(u,v) = 0 \quad .$$

II. $$(v,u) = 0 \quad .$$

Beweis folgt sofort aus der HERMITEschen Symmetrie des Skalarprodukts.

Satz 32.4. In einem PraeHILBERTraum ist ein Element genau dann das Nullelement, wenn es zu allen Elementen des Raumes orthogonal ist.

Beweis. Notwendigkeit. Für das Nullelement 0 eines PraeHILBERTraumes V erhält man

$$(0,u) = (0 \cdot 0,u) = 0 \cdot (0,u) = 0 \quad , \qquad u \in V \quad .$$

Hinlänglichkeit. Ist $u \in V$ zu allen Elementen eines PraeHILBERTraumes V und damit insbesondere zu sich selbst orthogonal, so liefert 4.)

$$(u,u) = ||u||^2 = 0$$

und damit u = 0.

Satz 32.5 (SCHWARZsche Ungleichung für PraeHILBERTräume). In einem PraeHILBERTraum V über $\mathbb{K}$ gilt

(32.2) $$|(u,v)| \leqq ||u|| \; ||v|| \quad , \qquad u,v \in V \quad .$$

Beweis für (u,v) = 0 trivial. Im Falle $(u,v) \neq 0$ hat man $u \neq 0$, $v \neq 0$ infolge der Sätze 32.3 und 32.4 sowie einen eindeutig bestimmten Polarwinkel $0 \leqq \varphi < 2\pi$ mit [1])

$$e^{-i\varphi}(u,v) = e^{i\varphi}\overline{(u,v)} = |(u,v)| \quad .$$

---

1) Man beachte für den Beweis im Falle $\mathbb{K} = \mathbb{R}$, daß hier nur $\varphi = 0,\pi$ infrage kommt und daher $e^{i\varphi} \in \mathbb{R}$ gilt.

Beachtet man dann die Rechenregeln für das Skalarprodukt, so folgt die Behauptung aus der Ungleichung

$$\frac{1}{2}\left\|\frac{u}{\|u\|}-e^{i\varphi}\frac{v}{\|v\|}\right\|^2=\frac{1}{2}\left(\frac{u}{\|u\|}-e^{i\varphi}\frac{v}{\|v\|},\frac{u}{\|u\|}-e^{i\varphi}\frac{v}{\|v\|}\right)$$

$$=\frac{1}{2}\left(1-e^{-i\varphi}\frac{(u,v)}{\|u\|\,\|v\|}-e^{i\varphi}\frac{\overline{(u,v)}}{\|u\|\,\|v\|}+1\right)=1-\frac{|(u,v)|}{\|u\|\,\|v\|}\geqq 0 .$$

Satz 32.6. In einem PraeHILBERTraum V über $\mathbb{K}$ gilt mit konvergenten Folgen $u_n \to u$, $v_n \to v$ aus V die als Stetigkeit des Skalarprodukts bezeichnete Limesregel

$$\lim_{n\to\infty}(u_n,v_n)=(u,v) \quad . \tag{32.3}$$

Beweis folgt mit Hilfe der SCHWARZschen Ungleichung (32.2) aus der Abschätzung

$$|(u_n,v_n)-(u,v)| = |(u_n,v_n-v)+(u_n-u,v)|$$

$$\leqq |(u_n,v_n-v)|+|(u_n-u,v)| \leqq \|u_n\|\,\|v_n-v\|+\|u_n-u\|\,\|v\| \quad ,$$

in der die rechte Seite eine Nullfolge bildet.

Satz 32.7. Ein Untervektorraum eines PraeHILBERTraumes ist selbst ein PraeHILBERTraum.

Beweis folgt unmittelbar aus Satz 4.3 und Definition 32.1.

Da eine abgeschlossene Teilmenge eines HILBERTraumes nach Korollar 6.3 immer zugleich auch vollständig ist, erhält man das

Korollar 32.2. Ein abgeschlossener Untervektorraum eines HILBERTraumes ist selbst ein HILBERTraum.

Beispiel 32.1. Der n-dimensionale komplexe Punktraum $\mathbb{C}^n$ mit euklidischer Norm

$$\|x\| = \sqrt{|x_1|^2+|x_2|^2+\ldots+|x_n|^2} \quad , \quad x\in\mathbb{C}^n \quad , \tag{32.4}$$

bildet nach Satz 6.8 einen vollständigen normierten Vektorraum. Wir zeigen, daß in diesem Raum durch

$$(x,y) \equiv x_1\overline{y_1}+x_2\overline{y_2}+\ldots+x_n\overline{y_n}\in\mathbb{C} \quad , \quad x,y\in\mathbb{C}^n \quad , \tag{32.5}$$

ein Skalarprodukt eingeführt wird, indem wir die Axiome aus Definition 32.1 nachprüfen:

1.) Für $\lambda \in \mathbb{K}$, $x,y \in \mathbb{C}^n$ erhält man

$$(\lambda x,y) = \lambda x_1\overline{y_1} + \lambda x_2\overline{y_2} + \ldots + \lambda x_n\overline{y_n} = \lambda(x,y) .$$

2.) Für $x,y,z \in \mathbb{C}^n$ wird

$$(x+y,z) = (x_1+y_1)\overline{z_1} + (x_2+y_2)\overline{z_2} + \ldots + (x_n+y_n)\overline{z_n} = (x,z) + (y,z) .$$

3.) Für $x,y \in \mathbb{C}^n$ folgt aus (32.5)

$$(x,y) = \overline{\overline{x_1}y_1 + \overline{x_2}y_2 + \ldots + \overline{x_n}y_n} = \overline{(y,x)} .$$

4.) Für $x \in \mathbb{C}^n$ liefern (32.4) und (32.5)

$$(x,x) = x_1\overline{x_1} + x_2\overline{x_2} + \ldots + x_n\overline{x_n} = ||x||^2 .$$

Der euklidische $\mathbb{C}^n$ bildet daher mit dem Skalarprodukt (32.5) einen komplexen HILBERTraum.

Beispiel 32.2. Der n-dimensionale reelle Punktraum $\mathbb{R}^n$ mit euklidischer Norm

$$(32.6) \qquad ||x|| = \sqrt{x_1^2 + x_2^2 + \ldots + x_n^2} \quad , \quad x \in \mathbb{R}^n ,$$

wird, wie man unmittelbar überblickt, mit dem Skalarprodukt der klassischen Vektorrechnung

$$(32.7) \qquad (x,y) \equiv x_1y_1 + x_2y_2 + \ldots + x_ny_n \in \mathbb{R} \quad , \quad x,y \in \mathbb{R}^n ,$$

zu einem reellen HILBERTraum.

Beispiel 32.3. Im reellen Vektorraum $C[a,b]$ mit L^2-Norm (vgl. Beispiel 4.3)

$$(32.8) \qquad ||f|| = \sqrt{\int_a^b [f(x)]^2 dx} \quad , \quad f \in C[a,b] ,$$

genügt

$$(32.9) \qquad (f,g) \equiv \int_a^b f(x)g(x)\, dx \in \mathbb{R} \quad , \quad f,g \in C[a,b] ,$$

den Axiomen des Skalarprodukts:

1.) $(\lambda f,g) = \int_a^b \lambda f(x)g(x)\, dx = \lambda(f,g) \quad , \quad \lambda \in \mathbb{R} \quad , \quad f,g \in C[a,b]$.

2.) $(f+g,h) = \int_a^b (f(x)+g(x))h(x)\, dx = (f,h)+(g,h) \quad , \quad f,g,h \in C[a,b]$.

3.) $(f,g) = \int_a^b f(x)g(x)\, dx = (g,f) \quad , \quad f,g \in C[a,b]$.

4.) $(f,f) = \int_a^b [f(x)]^2\, dx = ||f||^2 \quad , \quad f \in C[a,b]$.

Also ist der Raum $C[a,b]$ mit L^2-Norm und dem Skalarprodukt (32.9) ein reeller PraeHILBERTraum.

Bemerkung. Wir sahen in Beispiel 6.1, daß der Raum $C[-1,1]$ mit L^1-Norm unvollständig ist. Allgemeiner kann man die Unvollständigkeit des Raumes $C[a,b]$ mit L^p-Norm, $p \geqq 1$, beweisen. Insbesondere ist daher der PraeHILBERTraum $C[a,b]$ mit L^2-Norm und dem Skalarprodukt (32.9) kein HILBERTraum.

Beispiel 32.4. Im reellen BANACHraum l^2 (vlg. Beispiele 24.4 und 30.2) seien zwei Elemente $x,y \in l^2$ fest, aber beliebig gewählt. Dann ist die mit den zugehörigen Koordinaten gebildete Folge

(32.10) $$s_n \equiv \sum_{i=1}^{n} |x_i||y_i| \quad , \quad n = 1,2,3,\dots \quad ,$$

monoton nicht fallend und auf Grund der (klassischen) SCHWARZschen Ungleichung durch

$$s_n \leqq \sqrt{\sum_{i=1}^{n} x_i^2}\ \sqrt{\sum_{i=1}^{n} y_i^2} \leqq ||x||\ ||y|| \quad , \quad n = 1,2,3,\dots \quad ,$$

nach oben beschränkt. Also ist die Folge (32.10) konvergent oder, was dasselbe besagt, die Reihe

(32.11) $$(x,y) \equiv \sum_{i=1}^{\infty} x_i y_i \in \mathbb{R} \quad , \quad x,y \in l^2 \quad .$$

absolut konvergent. Wir zeigen, daß hierdurch ein Skalarprodukt erklärt wird:

1.) $(\lambda x,y) = \sum_{i=1}^{\infty} \lambda x_i y_i = \lambda (x,y) \quad , \quad \lambda \in \mathbb{R} \quad , \quad x,y \in l^2 .$

2.) $(x+y,z) = \sum_{i=1}^{\infty} (x_i+y_i)z_i = (x,z)+(y,z) \quad , \quad x,y,z \in l^2 .$

3.) $(x,y) = \sum_{i=1}^{\infty} x_i y_i = (y,x) \quad , \quad x,y \in l^2 .$

4.) $(x,x) = \sum_{i=1}^{\infty} x_i^2 = ||x||^2 \quad , \quad x \in l^2 .$

Somit gewinnt der l^2 mit dem Skalarprodukt (32.11) den Charakter eines reellen HILBERTraumes.

Es zeigt sich, daß man in der Frage der TSCHEBYSCHEFFapproximation (vgl. § 10) zu wesentlich weiterreichenden Resultaten kommt, wenn der zugrundeliegende normierte Vektorraum ein PraeHILBERT- oder HILBERTraum ist. Hinsichtlich der Existenz der besten Approximation bekommen wir folgenden, über den Fundamentalsatz der Approximationstheorie (Satz 10.2) hinausgehenden

Satz 32.8 (Fundamentalsatz der Approximationstheorie für PraeHILBERTräume). Es sei V ein PraeHILBERTraum über dem Körper $\mathbb{K}$ und $U \subseteq V$ ein vollständiger Unterverktorraum. Dann existiert zu jedem Element $v \in V$ eine beste Approximation $u_o \in U$ an $v \in V$.

Beweis. Wir wählen $v \in V$ fest, aber beliebig. Bedeute dann

$$\rho \equiv \rho(v,U) = \inf_{u \in U} ||v-u|| \tag{32.12}$$

den Abstand des Elementes v zum Untervektorraum U (vgl. Definition 9.1), so gibt es immer eine Folge $u_1, u_2, u_3, \ldots \in U$ mit der Eigenschaft

$$\rho = \lim_{n \to \infty} \rho_n \quad , \quad \rho_n = ||v-u_n|| \quad , \quad n = 1,2,3,\ldots \quad . \tag{32.13}$$

Es folgt aus (32.12) und (32.13)

$$\left|\left| v - \left(u_n + \frac{(v-u_n,u)}{||u||^2} u\right)\right|\right|^2 = \left(v-u_n - \frac{(v-u_n,u)}{||u||^2} u \, , \, v-u_n - \frac{(v-u_n,u)}{||u||^2} u \right)$$

$$= ||v-u_n||^2 - 2\,\frac{(v-u_n,u)\overline{(v-u_n,u)}}{||u||^2} + \frac{(v-u_n,u)\overline{(v-u_n,u)}}{||u||^4}\,||u||^2$$

$$= \varrho_n^2 - \frac{|(v-u_n,u)|^2}{||u||^2} \geqq \varrho^2 \quad , \quad u \in U \quad , \quad u \neq 0 \quad , \quad n = 1,2,3,\ldots ,$$

und hieraus

$$(32.14) \qquad |(v-u_n,u)| \leqq \sqrt{\varrho_n^2 - \varrho^2}\ ||u|| \quad , \quad u \in U \quad , \quad n = 1,2,3,\ldots ,$$

zunächst für $u \neq 0$, dann aber auch trivialerweise für $u = 0$. Anschließend liefert (32.14) für alle natürlichen m,n die Abschätzung

$$\begin{aligned} ||u_m - u_n||^2 &= ((v-u_n) - (v-u_m),\ u_m-u_n) \\ &= (v-u_n,\ u_m-u_n) - (v-u_m,\ u_m-u_n) \\ &\leqq |(v-u_n,\ u_m-u_n)| + |(v-u_m,\ u_m-u_n)| \\ &\leqq \sqrt{\varrho_n^2 - \varrho^2}\ ||u_m-u_n|| + \sqrt{\varrho_m^2 - \varrho^2}\ ||u_m-u_n|| \ , \end{aligned}$$

die ihrerseits

$$(32.15) \qquad ||u_m - u_n|| \leqq \sqrt{\varrho_n^2 - \varrho^2} + \sqrt{\varrho_m^2 - \varrho^2} \quad , \quad m,n = 1,2,3,\ldots ,$$

zur Folge hat; dabei kommt (32.15) zunächst nur für $||u_m - u_n|| \neq 0$ zustande, gilt aber dann trivialerweise auch für $||u_m - u_n|| = 0$. Infolge (32.13) existiert nun zu $\varepsilon > 0$ ein natürliches N gemäß

$$\sqrt{\varrho_n^2 - \varrho^2} < \frac{\varepsilon}{2} \quad , \quad n \geqq N \ ;$$

damit liefert (32.15)

$$||u_m - u_n|| < \frac{\varepsilon}{2} + \frac{\varepsilon}{2} = \varepsilon \quad , \quad m \geqq N \quad , \quad n \geqq N \ ,$$

so daß sich $u_1, u_2, u_3, \ldots \in U$ als CAUCHYfolge erweist. Da nun U nach Voraussetzung vollständig ist, folgt die Existenz eines Grenzelementes

$$(32.16) \qquad u_o = \lim_{n \to \infty} u_n \in U \ .$$

Vertauscht man schließlich in (32.13) den Grenzübergang mit der Norm, so erhält man

$$(32.17) \qquad \varrho = \lim_{n \to \infty} ||v - u_n|| = ||v - u_o|| \ ,$$

und $u_o \in U$ gewinnt die Bedeutung einer besten Approximation an $v \in V$.

Eine Eindeutigkeitsaussage liefert

Satz 32.9. Es sei V ein PraeHILBERTraum über dem Körper $\mathbb{K}$ und $U \subseteq V$ ein Untervektorraum. Dann existiert zu jedem Element $v \in V$ höchstens eine beste Approximation $u_o \in U$ an $v \in V$.

Beweis. Wir nehmen an, es gebe zwei verschiedene beste Approximationen $u', u'' \in U$ an $v \in V$. Dann folgt, wenn $\varrho \equiv \varrho(v,U)$ den Abstand zwischen v und U bedeutet,

$$\begin{aligned} ||u''-u'||^2 &= ((v-u')-(v-u''),(v-u')-(v-u'')) \\ &= 2(v-u',v-u')+2(v-u'',v-u'')-((v-u')+(v-u''),(v-u')+(v-u'')) \\ &= 2||v-u'||^2+2||v-u''||^2-4||v-\frac{u'+u''}{2}||^2 \leqq 2\varrho^2+2\varrho^2-4\varrho^2 = 0. \end{aligned}$$

und damit der Widerspruch $u' = u''$.

Korollar 32.3. Sei V ein PraeHILBERTraum über $\mathbb{K}$ und $U \subseteq V$ ein vollständiger Untervektorraum, so existiert zu jedem Element $v \in V$ genau eine beste Approximation $u_o \in U$ an $v \in V$.

Korollar 32.4. Sei V ein HILBERTraum über $\mathbb{K}$ und $U \subseteq V$ ein abgeschlossener Untervektorraum, so existiert zu jedem Element $v \in V$ genau eine beste Approximation $u_o \in U$ an $v \in V$.

In PraeHILBERTräumen kann man auch ein allgemeines Kriterium für die beste Approximation angeben:

Satz 32.10. Es sei V ein PraeHILBERTraum über dem Körper $\mathbb{K}$ und $U \subseteq V$ ein Untervektorraum. Dann ist ein Element $u_o \in U$ genau dann eine (und damit nach Satz 32.9 die einzige) beste Approximation an ein Element $v \in V$, wenn die Differenz $v-u_o \in V$ orthogonal zu U, d.h. orthogonal zu allen $u \in U$ ist.

Beweis. Notwendigkeit. Es existiere eine beste Approximation $u_o \in U$ an $v \in V$. Dann erhält man für alle $u \in U$ mit $u \neq 0$ auf Grund einer im Beweis von Satz 32.8 angewandten Umformung

$$||v-(u_o+\frac{(v-u_o,u)}{||u||^2}u)||^2 = ||v-u_o||^2 - \frac{|(v-u_o,u)|^2}{||u||^2} \geqq ||v-u_o||^2 \quad ;$$

hieraus folgt die Behauptung

$$(v-u_o,u) = 0 \quad , \quad u \in U \quad , \tag{32.18}$$

zunächst für $u \neq 0$, dann aber trivialerweise auch für $u = 0$.

H i n l ä n g l i c h k e i t . Für ein Element $u_o \in U$ sei $v-u_o \in V$ orthogonal zu allen Elementen aus U. Dann folgt für alle $u \in U$

$$||v-u||^2 = ((v-u_o)-(u-u_o),(v-u_o)-(u-u_o)) = ||v-u_o||^2+||u-u_o||^2 \geq ||v-u_o||^2$$

und damit die Behauptung.

Satz 32.11. Es sei V ein PraeHILBERTraum über $\mathbb{K}$ und $U \subseteq V$ ein Untervektorraum. Dann hat ein Element $v \in V$, das orthogonal zu U ist, von U den Abstand $||v||$.

Beweis. Da $v-0 \in V$ zu U orthogonal ist, bildet das Nullelement $0 \in U$ nach Satz 32.10 die beste Approximation an $v \in V$. Dann ist $||v-0||$ der Abstand zwischen v und U.

Folgende Definition wird durch die bisherigen Resultate sowie Fig.11 nahegelegt:

Definition 32.3. Existiert in einem PraeHILBERTraum V über dem Körper $\mathbb{K}$ zu einem Element $v \in V$ und einem Untervektorraum $U \subseteq V$ eine (und damit nach Satz 32.9 genau eine) beste Approximation $u_o \in U$ an $v \in V$, so heißt $u_o \in U$ die Projektion von v in U und das durch die Zerlegung

$$v = u_o + v_o \tag{32.19}$$

erklärte Element $v_o \in V$ das Lot von v auf U.

Korollar 32.5. In einem PraeHILBERTraum V ist das Lot $v_o \in V$ eines Elementes $v \in V$ auf einen Untervektorraum $U \subseteq V$ der Norm nach gleich dem Abstand zwischen v und U.

Korollar 32.6. In einem PraeHILBERTraum V ist das Lot $v_o \in V$ eines Elementes $v \in V$ auf einen Untervektorraum $U \subseteq V$ orthogonal zu U.

Durch "Quadrieren" von (32.19) und Benutzung von Korollar 32.6 entsteht

Korollar 32.7. In einem PraeHILBERTraum V gilt für ein Element $v \in V$ mit der Projektion $u_o \in U$ und dem Lot $v_o \in V$ bezüglich eines Untervektorraumes $U \subseteq V$ die Beziehung

$$||v||^2 = ||u_o||^2 + ||v_o||^2 \quad . \tag{32.20}$$

Satz 32.12. Sei V ein PraeHILBERTraum und $v \in V$ ein Element mit der Projektion $u_o \in U$ und dem Lot $v_o \in V$ bezüglich eines Untervektorraumes $U \subseteq V$. Dann bildet (32.19) die einzige Zerlegung von v in ein Element aus U und eines orthogonal zu U.

Beweis. Für $v \in V$ gelte (32.19) mit $u_o \in U$ und v_o orthogonal zu U. Da somit auch $v-u_o \in V$ orthogonal zu U ist, erweist sich u_o nach Satz 32.10 als Projektion von v in U. Nach Definition 32.3 ist dann v_o das Lot von v auf U.

Eine Anwendung der Begriffe Projektion und Lot bringt

Satz 32.13. In einem HILBERTraum V über dem Körper $\mathbb{K}$ liegt ein Untervektorraum $U \subseteq V$ genau dann dicht, wenn nur das Nullelement aus V orthogonal zu U ist.

Beweis. N o t w e n d i g k e i t [1]. Es liege U dicht in V. Sei dann $v \in V$ ein Element orthogonal zu U, so gibt es eine gegen v konvergente Folge $u_1, u_2, u_3, \ldots \in U$ mit $(v, u_n) = 0$, $n = 1,2,3,\ldots$. Auf Grund der Stetigkeit des Skalarprodukts folgt dann die Behauptung $v = 0$ aus

$$||v||^2 = (v,v) = \lim_{n \to \infty} (v, u_n) = 0 \quad .$$

H i n l ä n g l i c h k e i t . Es sei nur das Nullelement von V orthogonal zum Untervektorraum U. Da die abgeschlossene Hülle $\overline{U}$ von U nach Satz 5.5 einen abgeschlossenen Untervektorraum von V ergibt, können wir ein fest, aber beliebig gewähltes Element $v \in V$ nach Korollar 32.4 und Definition 32.3 gemäß $v = u_o + v_o$ in Projektion $u_o \in \overline{U}$ und Lot $v_o \in V$ bezüglich $\overline{U}$ zerlegen. Da das Lot $v_o \in V$ nach Korollar 32.6 orthogonal zu $\overline{U}$ und damit insbesondere orthogonal zu U ist, muß nach Voraussetzung $v_o = 0$ gelten. Dies bewirkt $v = u_o \in \overline{U}$ und damit die Behauptung $\overline{U} = V$.

Eine wesentliche Eigenschaft der HILBERTräume besteht darin, daß man in ihnen das Darstellungsproblem aus § 28 allgemein lösen kann. Zuvor

Lemma 32.1. Sei X ein normierter Vektorraum über $\mathbb{K}$ und $\phi : X \to \mathbb{K}$ ein stetiges lineares Funktional mit dem Nullraum $N(\phi) \subseteq X$, so gilt

$$(32.21) \qquad |\phi x| = ||\phi|| \, \rho(x, N(\phi)) \quad , \quad x \in X \quad .$$

---

1) Zum Beweis in dieser Richtung wird die Vollständigkeit des Raumes V nicht benötigt.

Beweis für $x \in N(\phi)$ trivial. Falls $x \notin N(\phi)$, d.h. $\phi x \neq 0$ ist, folgt $x \neq 0$ und $\phi \neq 0$. Wäre nun

$$\rho(x,N(\phi)) = \inf_{u \in N(\phi)} ||x-u|| = 0 \quad ,$$

so gäbe es eine Folge $u_n \in N(\phi)$ mit $||x-u_n|| \to 0$ und damit $u_n \to x$; da dies auf den Widerspruch $\phi x = \lim_{n \to \infty} \phi u_n = 0$ führt, muß $\rho(x,N(\phi)) > 0$ gelten. Weiter findet man für alle $u \in N(\phi)$

$$||x-u|| = \frac{|\phi x|}{||\phi(x-u)||} ||x-u|| \geqq \frac{|\phi x|}{||\phi||}$$

und damit auch

$$(32.22) \qquad \rho(x,N(\phi)) = \inf_{u \in N(\phi)} ||x-u|| \geqq \frac{|\phi x|}{||\phi||} \quad .$$

Für alle $v \in X$ mit $v \neq 0$ bekommt man zunächst unter der einschränkenden Bedingung $\phi v \neq 0$

$$\phi\,(x - \frac{\phi x}{\phi v} v) = \phi x - \frac{\phi x}{\phi v} \phi v = 0$$

und damit die Abschätzung

$$\frac{|\phi v|}{||v||} = \frac{|\phi x|}{||x - (x - \frac{\phi x}{\phi v} v)||} \leqq \frac{|\phi x|}{\rho(x,N(\phi))} \quad ,$$

die dann jedoch trivialerweise auch für $\phi v = 0$ richtig ist; es folgt

$$(32.23) \qquad ||\phi|| = \sup_{\substack{v \in X \\ v \neq 0}} \frac{|\phi v|}{||v||} \leqq \frac{|\phi x|}{\rho(x,N(\phi))} \quad .$$

Abschließend ergeben (32.22) und (32.23) die Behauptung (32.21).

Lemma 32.2. Sei X ein PraeHILBERTraum über $\mathbb{K}$ und $\phi : X \to \mathbb{K}$ ein stetiges lineares Funktional, so gilt für jedes zum Nullraum $N(\phi) \subseteq X$ orthogonale Element $x \in X$

$$(32.24) \qquad |\phi x| = ||\phi||\;||x|| \quad .$$

Beweis folgt unmittelbar aus Satz 32.11 und Lemma 32.1.

Satz 32.14. In einem HILBERTraum X über dem Körper $\mathbb{K}$ wird für jedes Element $y \in X$ durch

(32.25) $$\varphi x = (x,y) \quad , \quad x \in X \quad ,$$

ein Funktional $\varphi \in X^*$ mit

(32.26) $$||\varphi|| = ||y||$$

erklärt. Umgekehrt läßt sich jedes Funktional $\varphi \in X^*$ mit Hilfe eines Elementes $y \in X$ in der Form (32.25) darstellen; dieses Element ist durch die Bedingungen

(32.27) $$(u,y) = 0 \quad , \quad u \in N(\varphi) \quad ,$$

(32.28) $$\varphi y = ||\varphi||^2$$

eindeutig bestimmt.

Beweis. Aus (32.25) folgt für $x', x'' \in X$ sowie $\lambda \in \mathbb{K}$, $x \in X$

$$\varphi(x' + x'') = (x' + x'', y) = (x', y) + (x'', y) = \varphi x' + \varphi x'' \quad ,$$

$$\varphi(\lambda x) = (\lambda x, y) = \lambda(x,y) = \lambda(\varphi x) \quad ,$$

$$|\varphi x| \leqq ||y||\ ||x||$$

und damit Linearität und Stetigkeit des Funktionals φ. Zugleich erhält man für die kleinste LIPSCHITZkonstante

$$||\varphi|| \leqq ||y|| \quad .$$

Dann folgt (32.26) im Falle $y = 0$ wegen $\varphi = 0$ und im Falle $y \neq 0$ im Zusammenhang mit

$$||\varphi|| \geqq \frac{|\phi y|}{||y||} = \frac{(y,y)}{||y||} = ||y|| \quad .$$

Sei umgekehrt $\varphi \in X^*$ gegeben, so kann man zunächst folgendermaßen ein Element $y \in X$ mit den Eigenschaften (32.27) und (32.28) konstruieren. Im Falle $\varphi = 0$ erfüllt $y = 0$ diese Bedingungen. Im Falle $\varphi \neq 0$ gibt es ein Element $v \in X$ mit $\phi v \neq 0$. Da nun der Nullraum $N(\varphi) \subseteq X$ abgeschlossen ist [1], können wir v gemäß Korollar 32.4 und Definition 32.2 in Projektion $u_o \in N(\varphi)$ und Lot $v_o \in X$ bezüglich $N(\varphi)$ zerlegen. Dabei muß einerseits

---

1) Der Leser überzeuge sich von der einfachen Tatsache, daß die Nullmenge jeder stetigen Funktion abgeschlossen ist.

$\varphi v_o \neq 0$ gelten, denn sonst hätte man den Widerspruch $\varphi v = 0$, und zum anderen ist v_o nach Korollar 32.6 orthogonal zu $N(\varphi)$. Dann aber erfüllt das Element

$$y = \frac{||\varphi||^2}{\varphi v_o} v_o \in X$$

die Bedingungen (32.27) und (32.28). Anschließend zeigen wir, daß $y \in X$ in jedem Falle die gewünschte Darstellung (32.25) leistet. Falls $\varphi = 0$ ist, trifft dies wegen $y = 0$ sofort zu. Im Falle $\varphi \neq 0$ erhält man für den Betrag von (32.28) infolge (32.27) und Lemma 32.2

$$||\varphi||\;||y|| = ||\varphi||^2$$

und damit nach Division durch $||\varphi|| \neq 0$

$$||y|| = ||\varphi|| \; . \tag{32.29}$$

Werde jetzt $x \in X$ fest, aber beliebig gewählt, so liefert (32.28)

$$\varphi(x - \frac{\varphi x}{||\varphi||^2} y) = (\varphi x)(1 - \frac{\varphi y}{||\varphi||^2}) = 0 \quad ,$$

und man erhält zusammen mit (32.27) und (32.29) die Behauptung

$$(x - \frac{\varphi x}{||\varphi||^2} y, y) = (x - \frac{\varphi x}{||y||^2} y, y) = (x,y) - \varphi x = 0 \quad .$$

Es bleibt zu zeigen, daß einerseits höchstens ein $y \in X$ den Bedingungen (32.27) und (32.28) genügt und andererseits höchstens ein $y \in X$ die Darstellung (32.25) leistet. Beides zeigen wir indirekt. Es seien also $y', y'' \in X$ zwei verschiedene Lösungen von (32.27) und (32.28). Dann ist die Differenz $y \equiv y' - y'' \in X$ orthogonal zu $N(\varphi)$, und es gilt weiter $\varphi y = 0$. Wegen $y \in N(\varphi)$ ist dann aber y orthogonal zu sich selbst, und dies bewirkt $y = 0$ (Widerspruch). Seien jetzt $y', y'' \in X$ zwei verschiedene Elemente mit der Eigenschaft (32.25). Dann folgt $(x, y'-y'') = 0$, $x \in X$, so daß die Differenz $y'-y'' \in X$ zu allen $x \in X$ orthogonal und damit das Nullelement ist (Widerspruch).

Für die Anwendungen ist wiederum der folgende Auswahlsatz von besonderer Bedeutung:

<u>Satz 32.15.</u> In einem HILBERTraum X über dem Körper $\mathbb{K}$ läßt sich aus jeder beschränkten Folge $x_1, x_2, x_3, \ldots \in X$ eine schwach konvergente Teilfolge $x_{\nu_1}, x_{\nu_2}, x_{\nu_3}, \ldots \in X$ auswählen.

Beweis. Für die Folge $x_1, x_2, x_3, \ldots \in X$ gelte

$$(32.30) \qquad \|x_n\| \leqq M \quad , \quad n = 1,2,3,\ldots \quad ,$$

und es bedeute $\mathfrak{M} \subseteq X$ die Menge der in der Folge vorkommenden Elemente. Dann bildet

$$(32.31) \qquad U \equiv \overline{\mathcal{L}\mathfrak{M}} \subseteq X$$

nach Korollar 31.1 einen separablen Untervektorraum. Auf diesem können wir durch

$$(32.32) \qquad \phi_n u = (u, x_n) \quad , \quad u \in U \quad , \quad n = 1,2,3,\ldots \quad ,$$

eine Folge linearer Funktionale $\phi_1, \phi_2, \phi_3, \ldots : U \to \mathbb{K}$ erklären, die wegen

$$|\phi_n u| \leqq \|x_n\| \, \|u\| \quad , \quad u \in U \quad , \quad n = 1,2,3,\ldots \quad ,$$

stetig und daher wegen (32.30) auch normbeschränkt sind:

$$\|\phi_n\| \leqq \|x_n\| \leqq M \quad , \quad n = 1,2,3,\ldots \quad .$$

Nunmehr existiert nach Satz 31.7 eine elementweise konvergente Teilfolge $\phi_{\nu_1}, \phi_{\nu_2}, \phi_{\nu_3}, \ldots : U \to \mathbb{K}$, deren Grenzfunktional $\phi : U \to \mathbb{K}$ ebenfalls linear und stetig ist; dazu gehört wegen (32.32) eine Folge $x_{\nu_1}, x_{\nu_2}, x_{\nu_3}, \ldots \in X$ mit

$$(32.33) \qquad \phi_{\nu_n} u = (u, x_{\nu_n}) \quad , \quad u \in U \quad , \quad n = 1,2,3,\ldots \quad .$$

Jetzt beachten wir, daß U infolge (32.31) ein abgeschlossener Untervektorraum des HILBERTraumes X und daher nach Korollar 32.2 selbst ein HILBERTraum ist. Somit können wir den Darstellungssatz 32.14 auf U anwenden und das Funktional $\phi \in U^*$ in der folgenden Weise durch ein Element $x \in U$ darstellen:

$$(32.34) \qquad \phi u = (u, x) \quad , \quad u \in U \quad .$$

Führen wir anschließend bei festgehaltenem u den Grenzübergang $n \to \infty$ in (32.33) durch, so folgt mit (32.34)

$$(32.35) \qquad \lim_{n \to \infty} (u, x_{\nu_n}) = \lim_{n \to \infty} \phi_{\nu_n} u = \phi u = (u, x) \quad , \quad u \in U \, .$$

Nun wählen wir ein Funktional $\psi \in X^*$ fest, aber beliebig. Bedeute dann $\Psi \in U^*$ die Einschränkung dieses Funktionals von X auf U und $y \in U$ dasjenige Element, durch welches Ψ im Sinne von Satz 32.14 dargestellt wird, so folgt bei Beachtung von $x, x_{\nu_1}, x_{\nu_2}, x_{\nu_3}, \ldots \in U$ und (32.35)

$$\lim_{n\to\infty} \psi x_{\nu_n} = \lim_{n\to\infty} \Psi x_{\nu_n} = \lim_{n\to\infty} (x_{\nu_n}, y) = \lim_{n\to\infty} \overline{(y, x_{\nu_n})}$$

$$= \overline{(y,x)} = (x,y) = \Psi x = \psi x$$

und damit die schwache Konvergenz der Teilfolge $x_{\nu_1}, x_{\nu_2}, x_{\nu_3}, \ldots \in X$ gegen das Element $x \in X$.

Eine grundlegende Eigenschaft der HILBERTräume formulieren wir abschließend als

Satz 32.16. In HILBERTräumen sind die Begriffe "beschränkt" und "schwach relativkompakt" äquivalent.

Beweis. Da jede Folge einer beschränkten Menge $\mathfrak{M}$ eines HILBERTraumes X beschränkt ist, gestattet sie nach Satz 32.15 die Auswahl einer schwach konvergenten Teilfolge. Dann ist $\mathfrak{M}$ nach Definition 29.2 schwach relativkompakt. – Sei $\mathfrak{M} \subseteq X$ umgekehrt schwach relativkompakt, so führt die Annahme, $\mathfrak{M}$ sei unbeschränkt, analog zum Beweis von Satz 7.1 auf die Existenz einer Folge $x_1, x_2, x_3, \ldots \in \mathfrak{M}$ mit $||x_n|| > n$, $n = 1,2,3,\ldots$. Diese enthält nach Voraussetzung eine schwach konvergente Teilfolge $x_{\nu_1}, x_{\nu_2}, x_{\nu_3}, \ldots$, die somit ebenfalls unbeschränkt ist (Widerspruch zu Satz 29.3).

§ 33. Orthogonalfolgen und -reihen

Aus der Fülle der Anwendungen, die die PraeHILBERT- und HILBERTräume bieten, wollen wir jetzt einige wichtige Fragestellungen herausgreifen, die eng mit dem Orthogonalitätsbegriff in diesen Räumen verbunden sind. Diese Fragestellungen sind sowohl für endlich- als auch unendlichdimensionale Räume interessant. Da sich jedoch Methoden und Ergebnisse für unendlichdimensionale Vektorräume bzw. Untervektorräume sehr leicht in entsprechende endliche Aussagen verwandeln lassen (das Umgekehrte ist naturgemäß nicht der Fall), werden wir endlichdimensionale Fragen im folgenden weitgehend ausklammern können.

Definition 33.1. Endlich viele Elemente $u_1,u_2,\ldots,u_n$ bzw. eine Folge $u_1,u_2,u_3,\ldots$ bzw. eine Summe $\sum_{i=1}^{n} u_i$ bzw. eine Reihe $\sum_{i=1}^{\infty} u_i$ eines PraeHILBERTraumes bezeichnet man als Orthogonalelemente bzw. Orthogonalfolge bzw. Orthogonalsumme bzw. Orthogonalreihe oder kurz als O-Elemente, bzw. O-Folge bzw. O-Summe bzw. O-Reihe, wenn gilt

$$(33.1) \qquad (u_i,u_k) = 0 \quad , \quad i \neq k \; .$$

Bemerkung. Mengen mit der Eigenschaft, daß je zwei verschiedene Elemente zueinander orthogonal sind, bezeichnet man auch als Orthogonalsysteme oder kurz O-Systeme.

Definition 33.2. Endlich viele Elemente $e_1,e_2,\ldots,e_n$ bzw. eine Folge $e_1,e_2,e_3,\ldots$ eines PraeHILBERTraumes bezeichnet man als normierte Orthogonalelemente bzw. normierte Orthogonalfolge oder Orthonormalelemente bzw. Orthonormalfolge oder kurz als NO-Elemente bzw. NO-Folge, wenn gilt

$$(33.2) \qquad (e_i,e_k) = \delta_{ik} \; .$$

Bemerkung. Mengen mit der Eigenschaft, daß jedes Element die Norm 1 hat und je zwei verschiedene Elemente zueinander orthogonal sind, bezeichnet man auch als normierte Orthogonalsysteme, Orthonormalsysteme oder kurz NO-Systeme.

Satz 33.1. In PraeHILBERTräumen sind NO-Elemente linear unabhängig.

Beweis. Da die GRAMsche Determinante von NO-Elementen infolge (33.2) den Wert 1 hat, liefert Satz 32.2 die Behauptung.

Korollar 33.1. Die jeweils ersten n Elemente einer NO-Folge, n natürlich, sind linear unabhängig.

Korollar 33.2. PraeHILBERTräume mit NO-Folgen sind unendlichdimensional.

Beispiel 33.1. Im reellen PraeHILBERTraum $C[-1,1]$ mit L^2-Norm und dem Skalarprodukt (vgl. Beispiel 32.3)

$$(33.3) \qquad (f,g) = \int_{-1}^{1} f(x)g(x)\,dx \quad , \quad f,g \in C[-1,1] \; ,$$

betrachten wir die Polynome n^{ten} Grades

$$(33.4)\quad P_n(x) \equiv \frac{1}{2^n n!}\,\frac{d^n}{dx^n}(x^2-1)^n \quad,\quad x\in[-1,1] \quad,\quad n=0,1,2,\ldots\;.$$

Durch Anwendung des binomischen Lehrsatzes entsteht

$$P_n(x) = \frac{1}{2^n}\,\frac{d^n}{dx^n}\sum_{\mu=0}^{n}\binom{n}{\mu}\frac{x^{2\mu}}{n!}\cdot(-1)^{n-\mu} = \frac{1}{2^n}\sum_{\substack{\mu=0\\ \mu\geqq\frac{n}{2}}}^{n}(-1)^{n-\mu}\binom{n}{\mu}\binom{2\mu}{n}x^{2\mu-n}\;.$$

Nun durchläuft $\nu \equiv 2\mu-n$ für alle ganzen $\frac{n}{2} \leqq \mu \leqq n$ alle geraden oder alle ungeraden Zahlen aus $0,\ldots,n$, je nachdem n gerade oder ungerade ist; bezeichne daher $\sum\limits_{\nu=0}^{n}{}'$ die Summation über alle geraden oder alle ungeraden ν aus $0,\ldots,n$, je nachdem n gerade oder ungerade ist, so liefert die Indextransformation $\mu = \frac{n+\nu}{2}$

$$(33.5)\quad \begin{aligned} P_n(x) &= \frac{1}{2^n}\sum_{\nu=0}^{n}{}'\,(-1)^{\frac{n-\nu}{2}}\binom{n}{\frac{n+\nu}{2}}\binom{n+\nu}{n}x^\nu \;,\\ &\qquad x\in[-1,1] \quad,\quad n=0,1,2,\ldots\;, \end{aligned}$$

und damit die Übereinstimmung der $P_n(x)$ mit den in § III.21 erklärten LEGENDREschen Polynomen.

Aus (33.4) erhält man jetzt durch m-malige partielle Integration

$$(33.6)\quad \begin{aligned} \int_{-1}^{1} P_m(x)P_n(x)dx &= \frac{1}{2^{m+n}m!n!}\int_{-1}^{1}\frac{d^m}{dx^m}(x^2-1)^m\,\frac{d^n}{dx^n}(x^2-1)^n dx\\ &= \frac{(-1)^m}{2^{m+n}m!n!}\int_{-1}^{1}(x^2-1)^m\,\frac{d^{m+n}}{dx^{m+n}}(x^2-1)^n dx \quad,\quad m,n=0,1,2,\ldots\;; \end{aligned}$$

dies ist für $m = 0$ trivial, während man für $m > 0$ zu beachten hat, daß die jeweils ausintegrierten Anteile verschwinden, da sie einen Faktor von der Form $\frac{d^\mu}{dx^\mu}(x^2-1)^m$, $\mu = 0,\ldots,m-1$, und damit den Faktor x^2-1 besitzen. Beachtet man, daß $(x^2-1)^n$ ein Polynom $(2n)^{\text{ten}}$ Grades ist, so folgt aus (33.6)

$$(33.7)\quad (P_m,P_n) = \int_{-1}^{1} P_m(x)P_n(x)\,dx = 0 \quad,\quad m,n=0,1,2,\ldots\;,\quad m\neq n\;,$$

zunächst unter der Einschränkung $m > n$, dann aber aus Symmetriegründen für alle $m \neq n$. Die LEGENDREschen Polynome bilden also in dem zugrundeliegenden PraeHILBERTraum $C[-1,1]$ eine Orthogonalfolge. Für $m = n$ führt (33.6) dagegen auf

$$\int_{-1}^{1} [P_n(x)]^2 dx = \frac{1}{2^{2n}(n!)^2} \int_{-1}^{1} (1-x^2)^n \cdot (2n)!dx = \frac{\binom{2n}{n}}{2^{2n}} \int_{0}^{\pi} \sin^{2n+1} t \, dt \quad ,$$

und die (hier übergangene) Auswertung des letzten Integrals liefert

(33.8) $$||P_n||^2 = \int_{-1}^{1} [P_n(x)]^2 \, dx = \frac{2}{2n+1} \quad , \qquad n = 0,1,2,\ldots \quad .$$

Damit bilden schließlich die Polynome

(33.9) $$E_n(x) \equiv \sqrt{n+\frac{1}{2}}\; P_n(x) \quad , \quad x \in [-1,1] \quad , \quad n = 0,1,2,\ldots \quad ,$$

eine normierte Orthogonalfolge im Raume $C[-1,1]$ mit L^2-Norm.

Oft steht man vor der Frage, wie man in einem gegebenen PraeHILBERTraum eine NO-Folge finden kann. Ein konstruktives Verfahren liefert hierzu

Satz 33.2 (SCHMIDTsches [1] Orthogonalisierungsverfahren). In einem unendlichdimensionalen PraeHILBERTraum sei eine Folge $u_1, u_2, u_3, \ldots$ mit der Eigenschaft gegeben, daß die Elemente $u_1, u_2, \ldots, u_n$ für jedes natürliche n linear unabhängig sind. Dann wird durch die Rekursionsvorschrift

(33.10) $$e_1 = \frac{u_1}{||u_1||} \; , \quad e_{n+1} = \frac{u_{n+1} - \sum_{i=1}^{n} (u_{n+1}, e_i)e_i}{\left|\left| u_{n+1} - \sum_{i=1}^{n} (u_{n+1}, e_i)e_i \right|\right|} \; , \quad n = 1,2,3,\ldots \; ,$$

eine NO-Folge $e_1, e_2, e_3, \ldots$ mit den Eigenschaften

(33.11) $$\mathcal{L}\{u_1, u_2, \ldots, u_n\} = \mathcal{L}\{e_1, e_2, \ldots, e_n\} \quad , \quad n = 1,2,3,\ldots \quad ,$$

(33.12) $$\mathcal{L}\{u_1, u_2, u_3, \ldots\} = \mathcal{L}\{e_1, e_2, e_3, \ldots\}$$

erklärt [2].

---

1) Erhard SCHMIDT (1876-1959), ein Schüler von SCHWARZ und HILBERT, lehrte in Bonn, Zürich, Erlangen, Breslau und Berlin und war Mitglied der Preußischen Akademie. Er arbeitete auf den Gebieten der Integralgleichungstheorie und des HILBERTraumes, beschäftigte sich eingehend mit dem isometrischen Problem in Räumen konstanter Krümmung und gab eine axiomatische Begründung des Rechnens mit natürlichen Zahlen.

2) Im Hinblick auf die Vorbemerkungen zu Beginn dieses Paragraphen übertrage der Leser diesen Satz auf einen endlichdimensionalen PraeHILBERTraum und endlich viele linear unabhängige Elemente.

Beweis durch vollständige Induktion. Für n = 1 ist das NO-Element e_1 wegen $u_1 \neq 0$ durch (33.10) definiert und (33.11) offensichtlich richtig. Wir nehmen an, für ein $n \geqq 1$ seien NO-Elemente $e_1, e_2, \ldots, e_n$ durch (33.10) erklärt, und es gelte dabei (33.11). Wäre dann

$$u_{n+1} - \sum_{i=1}^{n} (u_{n+1}, e_i) e_i = 0 \quad ,$$

so würde dies, da die $e_1, e_2, \ldots, e_n$ wegen (33.11) Linearkombinationen der $u_1, u_2, \ldots, u_n$ sind, die lineare Abhängigkeit der $u_1, u_2, \ldots, u_n, u_{n+1}$ zur Folge haben (Widerspruch). Damit ist der Nenner in (33.10) ungleich Null und das Element e_{n+1} mit $||e_{n+1}|| = 1$ wohldefiniert. Durch skalare Multiplikation des Zählers in (33.10) mit e_k, $k = 1,2,\ldots,n$, von rechts entsteht ferner

$$(u_{n+1} - \sum_{i=1}^{n} (u_{n+1}, e_i) e_i, e_k) = (u_{n+1}, e_k) - \sum_{i=1}^{n} (u_{n+1}, e_i) \delta_{ik} = 0 \ ,$$

so daß $e_1, e_2, \ldots, e_n, e_{n+1}$ nunmehr NO-Elemente sind. Weiter lassen sich $u_1, u_2, \ldots, u_n$ wegen (33.11) und u_{n+1} nach Konstruktion (33.10) durch $e_1, e_2, \ldots, e_n, e_{n+1}$ linear ausdrücken; umgekehrt erkennt man, daß sich $e_1, e_2, \ldots, e_n$ infolge (33.11) und e_{n+1} nach Konstruktion (33.10) durch $u_1, u_2, \ldots, u_n, u_{n+1}$ linear ausdrücken lassen, wenn man nur beachtet, daß sich $e_1, e_2, \ldots, e_n$ in (33.10) ebenfalls wegen (33.11) durch $u_1, u_2, \ldots, u_n$ eliminieren lassen. Damit haben wir auch

$$\mathcal{L}\left\{u_1, u_2, \ldots, u_n, u_{n+1}\right\} = \mathcal{L}\left\{e_1, e_2, \ldots, e_n, e_{n+1}\right\}$$

bewiesen. Die zusätzliche Behauptung (33.12) ist schließlich eine unmittelbare Folge von (33.11).

Beispiel 33.2. Wir betrachten noch einmal den PraeHILBERTraum $C[-1,1]$ aus Beispiel 33.1. In ihm erfüllt die Folge der Potenzen

$$(33.13) \qquad u_n(x) = x^n \quad , \quad x \in [-1,1] \quad , \quad n = 0,1,2,\ldots \ ,$$

offensichtlich die Voraussetzung zu Satz 33.2, das SCHMIDTsche Orthogonalisierungsverfahren ist also durchführbar. Wir wollen induktiv nachweisen, da es auf die NO-Folge

$$(33.14) \qquad e_n(x) = \sqrt{n + \frac{1}{2}}\ P_n(x) \quad , \quad x \in [-1,1] \quad , \quad n = 0,1,2,\ldots \ ,$$

führt, die uns bei der Normierung der LEGENDREschen Polynome $P_n(x)$

in (33.9) begegnet ist [1]. Für n = 0 liefert das Verfahren zusammen mit (33.4) und (33.13) sofort

$$e_o(x) = \frac{u_o(x)}{||u_o||} = \frac{1}{\sqrt{2}} = \sqrt{\frac{1}{2}}\; P_o(x) \quad , \qquad x \in [-1,1] \quad .$$

Wir nehmen an, (33.14) gelte bis einschließlich einem $n \geqq 0$. Da die LEGENDREschen Polynome (33.4) denjenigen Grad besitzen, den ihr Index angibt, existieren eindeutig reelle Zahlen $\lambda_o, \lambda_1, \ldots, \lambda_n, \lambda_{n+1}$ mit der Eigenschaft

$$(33.15) \quad u_{n+1}(x) = x^{n+1} = \lambda_{n+1} P_{n+1}(x) + \lambda_n P_n(x) + \ldots + \lambda_1 P_1(x) + \lambda_o P_o(x) \;;$$

da die höchsten Potenzen in (33.4) stets positive Koeffizienten haben, muß ferner

$$(33.16) \qquad \lambda_{n+1} > 0$$

gelten. Anschließend ergeben die Induktionsannahme, die Orthogonalität und die Normierungsbeziehung (33.8) der LEGENDREschen Polynome sowie (33.15) für $\nu = 0,1,\ldots,n$

$$(u_{n+1}, e_\nu) = \int_{-1}^{1} \Big(\sum_{\mu=o}^{n+1} \lambda_\mu P_\mu(x)\Big) \sqrt{\nu + \frac{1}{2}}\; P_\nu(x)dx = \frac{\lambda_\nu}{\sqrt{\nu + \frac{1}{2}}} \quad ;$$

zusammen mit der Induktionsannahme sowie (33.8), (33.15) und (33.16) liefert dann das Orthogonalisierungsverfahren als nächstes Element

$$e_{n+1} = \frac{\sum\limits_{\nu=o}^{n+1} \lambda_\nu P_\nu - \sum\limits_{\nu=o}^{n} \frac{\lambda_\nu}{\sqrt{\nu+\frac{1}{2}}}\, e_\nu}{\Big|\Big| \sum\limits_{\nu=o}^{n+1} \lambda_\nu P_\nu - \sum\limits_{\nu=o}^{n} \frac{\lambda_\nu}{\sqrt{\nu+\frac{1}{2}}}\, e_\nu \Big|\Big|} = \frac{\lambda_{n+1} P_{n+1}}{||\lambda_{n+1} P_{n+1}||} = \frac{P_{n+1}}{||P_{n+1}||} = \sqrt{n + \frac{3}{2}}\; P_{n+1} \,.$$

Damit ist der Induktionsbeweis für (33.14) abgeschlossen.

Um nun zu den eigentlichen Anwendungen der Orthogonalfolgen und -reihen zu kommen, leiten wir zunächst einige vorbereitende Aussagen her.

---

1) Dem Leser sei zur Übung empfohlen, das SCHMIDTsche Orthogonalisierungsverfahren (33.10) für die ersten Elemente der Folge (33.13) durchzuführen und das Resultat an Hand von (III.21.18) und (33.14) nachzuprüfen.

<u>Lemma 33.1.</u> In einem PraeHILBERTraum V über $\mathbb{K}$ darf eine konvergente Reihe

$$s = \sum_{i=1}^{\infty} u_i \tag{33.17}$$

gliedweise von links und rechts mit einem Element $u \in V$ multipliziert werden, d.h. mit (33.17) gilt auch

$$(u,s) = \sum_{i=1}^{\infty} (u,u_i) \quad , \qquad (s,u) = \sum_{i=1}^{\infty} (u_i,u) \quad . \tag{33.18}$$

<u>Beweis</u> folgt mit der Stetigkeit des Skalarprodukts durch Grenzübergang $n \to \infty$ in

$$(u, \sum_{i=1}^{n} u_i) = \sum_{i=1}^{n} (u,u_i) \, , \quad (\sum_{i=1}^{n} u_i,u) = \sum_{i=1}^{n} (u_i,u) \quad , \quad n = 1,2,3,\dots \; .$$

<u>Lemma 33.2.</u> In einem PraeHILBERTraum V über $\mathbb{K}$ mit NO-Elementen $e_1,e_2,\dots,e_n \in V$ gelten die Identitäten

$$\left|\left| \sum_{i=1}^{n} \lambda_i e_i \right|\right|^2 = \sum_{i=1}^{n} |\lambda_i|^2 \quad , \quad \lambda_1,\lambda_2,\dots,\lambda_n \in \mathbb{K} \; , \tag{33.19}$$

$$\left|\left| u - \sum_{i=1}^{n} (u,e_i)e_i \right|\right|^2 = ||u||^2 - \sum_{i=1}^{n} |(u,e_i)|^2 \; , \quad u \in V \; , \tag{33.20}$$

$$\left|\left| u - \sum_{i=1}^{n} (u,e_i)e_i \right|\right|^2 = \left|\left| u - \sum_{i=1}^{n} \lambda_i e_i \right|\right|^2 - \sum_{i=1}^{n} |(u,e_i) - \lambda_i|^2 \; , \quad \lambda_1,\lambda_2,\dots,\lambda_n \in \mathbb{K} \; , \quad u \in V \; . \tag{33.21}$$

<u>Beweis</u> für (33.19) folgt aus

$$(\sum_{i=1}^{n} \lambda_i e_i, \sum_{k=1}^{n} \lambda_k e_k) = \sum_{i=1}^{n} \sum_{k=1}^{n} (\lambda_i e_i, \lambda_k e_k) = \sum_{i=1}^{n} \sum_{k=1}^{n} \lambda_i \overline{\lambda}_k \delta_{ik} = \sum_{i=1}^{n} \lambda_i \overline{\lambda}_i \; .$$

Durch Benutzung von (33.19) erhält man

$$(u - \sum_{i=1}^{n} (u,e_i)e_i \; , \; u - \sum_{k=1}^{n} (u,e_k)e_k)$$

$$= (u,u) - \sum_{k=1}^{n} \overline{(u,e_k)}(u,e_k) - \sum_{i=1}^{n} (u,e_i)(e_i,u) + \sum_{i=1}^{n} |(u,e_i)|^2 \quad ;$$

bei Beachtung der HERMITEschen Symmetrie des Skalarprodukts folgt hieraus (33.20). Schließlich geht (33.21) aus (33.20) hervor, indem man dort u durch $u - \sum_{i=1}^{n} \lambda_i e_i$ ersetzt.

Definition 33.3. In einem PraeHILBERTraum V über $\mathbb{K}$ mit NO-Elementen $e_1, e_2, \ldots, e_n \in V$ bzw. einer NO-Folge $e_1, e_2, e_3, \ldots \in V$ heißen die Skalare $(u,e_1), (u,e_2), \ldots, (u,e_n) \in \mathbb{K}$ bzw. $(u,e_1), (u,e_2), (u,e_3), \ldots \in \mathbb{K}$ FOURIERkoeffizienten und die O-Summe $\sum_{i=1}^{n} (u,e_i)e_i$ bzw. die O-Reihe $\sum_{i=1}^{\infty} (u,e_i)e_i$ FOURIERsumme bzw. FOURIERreihe eines Elementes $u \in V$ bezüglich der vorliegenden NO-Elemente bzw. NO-Folge.

Satz 33.3. In einem unendlichdimensionalen PraeHILBERTraum V über $\mathbb{K}$ sind die FOURIERkoeffizienten eines jeden Elementes bezüglich einer NO-Folge $e_1, e_2, e_3, \ldots \in V$ absolut quadratisch summierbar, d.h. es gilt

$$\sum_{i=1}^{\infty} |(u,e_i)|^2 < \infty \quad , \qquad u \in V \; . \tag{33.22}$$

Beweis. Die Partialsummen der Reihe (33.22) sind monoton nicht fallend und infolge (33.20) nach oben beschränkt:

$$\sum_{i=1}^{n} |(u,e_i)|^2 \leqq ||u||^2 \quad , \qquad n = 1,2,3,\ldots \quad , \qquad u \in V \; . \tag{33.23}$$

Also sind die Partialsummen konvergent.

Satz 33.4 (BESSELsche Ungleichung). In einem unendlichdimensionalen PraeHILBERTraum V über $\mathbb{K}$ gilt für die FOURIERkoeffizienten bezüglich einer NO-Folge $e_1, e_2, e_3, \ldots \in V$

$$\sum_{i=1}^{\infty} |(u,e_i)|^2 \leqq ||u||^2 \quad , \qquad u \in V \; . \tag{33.24}$$

Beweis folgt unter Benutzung von Satz 33.3 durch Grenzübergang $n \to \infty$ in (33.23).

Satz 33.5. In einem unendlichdimensionalen PraeHILBERTraum V über $\mathbb{K}$ mit einer NO-Folge $e_1, e_2, e_3, \ldots \in V$ bilden die Partialsummen der Reihe $\sum_{i=1}^{\infty} \lambda_i e_i$, $\lambda_1, \lambda_2, \lambda_3, \ldots \in \mathbb{K}$, genau dann eine CAUCHYfolge, wenn die Reihe $\sum_{i=1}^{\infty} |\lambda_i|^2$ konvergiert.

Beweis. N o t w e n d i g k e i t . Bei Beachtung von (33.19) existiert zu $\varepsilon > 0$ ein N derart, daß

$$\left\|\sum_{i=n+1}^{m} \lambda_i e_i\right\| = \sqrt{\sum_{i=n+1}^{m} |\lambda_i|^2} < \sqrt{\varepsilon} \quad , \quad m > n \geqq N \quad ,$$

ausfällt. Dann ist die Reihe $\sum_{i=1}^{\infty} |\lambda_i|^2$ nach dem CAUCHYschen Konvergenzkriterium konvergent. – H i n l ä n g l i c h k e i t . Wiederum wegen (33.19) existiert zu $\varepsilon > 0$ ein N derart, daß

$$\sum_{i=n+1}^{m} |\lambda_i|^2 = \left\|\sum_{i=n+1}^{m} \lambda_i e_i\right\|^2 < \varepsilon^2 \quad , \quad m > n \geqq N \quad ,$$

ausfällt. Damit bilden die Partialsummen von $\sum_{i=1}^{\infty} \lambda_i e_i$ eine CAUCHYfolge.

Korollar 33.3. In einem unendlichdimensionalen HILBERTraum V über $\mathbb{K}$ mit einer NO-Folge $e_1, e_2, e_3, \ldots \in V$ ist die Reihe $\sum_{i=1}^{\infty} \lambda_i e_i$ genau dann konvergent, wenn $\sum_{i=1}^{\infty} |\lambda_i|^2$ konvergiert.

Satz 33.6. In einem unendlichdimensionalen PraeHILBERTraum V über $\mathbb{K}$ mit einer NO-Folge $e_1, e_2, e_3, \ldots \in V$ bilden die Partialsummen der FOURIERreihe $\sum_{i=1}^{\infty} (u, e_i) e_i$ eines jeden Elementes $u \in V$ eine CAUCHYfolge.

Beweis folgt unmittelbar aus den Sätzen 33.3 und 33.5.

Korollar 33.4. In einem unendlichdimensionalen HILBERTraum V über $\mathbb{K}$ mit einer NO-Folge $e_1, e_2, e_3, \ldots \in V$ ist die FOURIERreihe $\sum_{i=1}^{\infty} (u, e_i) e_i$ eines jeden Elementes $u \in V$ konvergent.

Satz 33.7. In einem unendlichdimensionalen PraeHILBERTraum V über $\mathbb{K}$ mit einer NO-Folge $e_1, e_2, e_3, \ldots \in V$ gilt die FOURIERentwicklung

$$(33.25) \qquad u = \sum_{i=1}^{\infty} (u, e_i) e_i \quad , \quad u \in \overline{\mathcal{L}\{e_1, e_2, e_3, \ldots\}} \quad .$$

Beweis. Sei $u \in \overline{\mathcal{L}\{e_1, e_2, e_3, \ldots\}}$ fest, aber beliebig gewählt, so existieren zu $\varepsilon > 0$ Skalare $\lambda_1, \lambda_2, \ldots, \lambda_N \in \mathbb{K}$ mit der Eigenschaft

$$\left\|u - \sum_{i=1}^{N} \lambda_i e_i\right\| < \varepsilon \quad .$$

Wir setzen $\lambda_{N+1} \equiv \lambda_{N+2} \equiv \ldots \equiv 0$. Mit (33.21) folgt dann für alle $n \geqq N$ die Behauptung

$$\left\|u - \sum_{i=1}^{n} (u,e_i)e_i\right\| \leqq \left\|u - \sum_{i=1}^{N} \lambda_i e_i\right\| < \varepsilon \ .$$

Wir kommen jetzt zu unserer ersten Anwendung, der Orthogonalapproximation in HILBERTräumen:

Satz 33.8. In einem unendlichdimensionalen HILBERTraum V über $\mathbb{K}$ mit einer NO-Folge $e_1, e_2, e_3, \ldots \in V$ ist die beste Approximation aus dem (abgeschlossenen unendlichdimensionalen) Untervektorraum

$$U \equiv \overline{\mathscr{L}\{e_1, e_2, e_3, \ldots\}} \subseteq V \tag{33.26}$$

an ein Element $v \in V$ eindeutig bestimmt durch die FOURIERreihe

$$u_o \equiv \sum_{i=1}^{\infty} (v,e_i)e_i \in U \quad . \tag{33.27}$$

Beweis. Die Reihe (33.27) ist nach Korollar 33.4 konvergent, und das Grenzelement u_o gehört wegen der Abgeschlossenheit von U zu U. Dann besitzt ein fest, aber beliebig gewähltes $u \in U$ nach Satz 33.7 die FOURIERreihe (33.25). Weiter liefert (33.21) die Abschätzung

$$\left\|v - \sum_{i=1}^{n} (v,e_i)e_i\right\| \leqq \left\|v - \sum_{i=1}^{n} (u,e_i)e_i\right\| \quad , \qquad n = 1,2,3,\ldots \quad ,$$

aus der durch Grenzübergang $n \to \infty$

$$\|v - u_o\| \leqq \|v - u\|$$

folgt. Also ist $u_o \in U$ eine und damit nach Satz 32.9 die einzige beste Approximation an $v \in V$.

Korollar 33.5. In einem unendlichdimensionalen HILBERTraum V über $\mathbb{K}$ mit einer NO-Folge $e_1, e_2, e_3, \ldots \in V$ beschreibt

$$v = \left(\sum_{i=1}^{\infty} (v,e_i)e_i\right) + \left(v - \sum_{i=1}^{\infty} (v,e_i)e_i\right) \tag{33.28}$$

die Zerlegung eines Elementes $v \in V$ in Projektion und Lot bezüglich des Untervektorraumes $\overline{\mathscr{L}\{e_1, e_2, e_3, \ldots\}}$.

Satz 33.9. In einem unendlichdimensionalen PraeHILBERTraum V über $\mathbb{K}$ mit einer NO-Folge $e_1, e_2, e_3, \ldots \in V$ gilt

$$(33.29) \qquad \varrho(v, \overline{\mathcal{L}\{e_1, e_2, e_3, \ldots\}}) = \sqrt{\|v\|^2 - \sum_{i=1}^{\infty} |(v,e_i)|^2}\,, \quad v \in V\,.$$

Beweis. Es sei $v \in V$ fest, aber beliebig gewählt. Dann besitzt ein fest, aber beliebig gewähltes $u \in \overline{\mathcal{L}\{e_1, e_2, e_3, \ldots\}}$ nach Satz 33.7 die FOURIERentwicklung (33.25). Mit (33.20) und (33.21) folgt

$$\Big\|v - \sum_{i=1}^{n} (u,e_i)e_i\Big\| \geqq \Big\|v - \sum_{i=1}^{n} (v,e_i)e_i\Big\| = \sqrt{\|v\|^2 - \sum_{i=1}^{n} |(v,e_i)|^2}\,,$$

$$n = 1,2,3,\ldots\;;$$

führt man hier unter Beachtung der BESSELschen Ungleichung (33.24) den Grenzübergang $n \to \infty$ durch, so erhält man

$$(33.30) \qquad \|v-u\| \geqq \sqrt{\|v\|^2 - \sum_{i=1}^{\infty} |(v,e_i)|^2}\,, \quad u \in \overline{\mathcal{L}\{e_1, e_2, e_3, \ldots\}}\,.$$

Da nun die Folge $u_n \equiv \sum_{i=1}^{n} (v,e_i)e_i \in \overline{\mathcal{L}\{e_1, e_2, e_3, \ldots\}}$, $n = 1,2,3,\ldots$, wegen (33.20) und der BESSELschen Ungleichung die Eigenschaft

$$\lim_{n \to \infty} \|v-u_n\| = \lim_{n \to \infty} \sqrt{\|v\|^2 - \sum_{i=1}^{n} |(v,e_i)|^2} = \sqrt{\|v\|^2 - \sum_{i=1}^{\infty} |(v,e_i)|^2}$$

besitzt, bekommt man zusammen mit (33.30) die Behauptung (33.29).

Beispiel 33.3. Wir wollen den Approximationssatz 33.8 sinngemäß auf ein endlichdimensionales Problem anwenden. Mit einer natürlichen Zahl n seien an n+1 äquidistanten Abszissenstellen $x_o, \ldots, x_n$ Funktionswerte $y_o, \ldots, y_n$, etwa in Form von Meßdaten, gegeben. Gesucht seien Funktionswerte $u_o, \ldots, u_n$, die einerseits auf einer Geraden liegen und zum anderen von den Werten $y_o, \ldots, y_n$ in der Weise abweichen, daß die Summe der Fehlerquadrate

$$(33.31) \qquad S \equiv \sum_{\nu=o}^{n} (y_\nu - u_\nu)^2$$

ein Minimum ergibt (Fig. 22). Hierzu fassen wir die durch die Funktionswerte $y_o,\dots,y_n$ an den Stellen $x_o,\dots,x_n$ gegebenen geordneten (n+1)-tupel als Elemente des HILBERTraumes $\mathbb{R}^{n+1}$ mit euklidischer Norm und klassischem Skalarprodukt (vgl. Beispiel 32.2) auf. In diesem Raum bilden

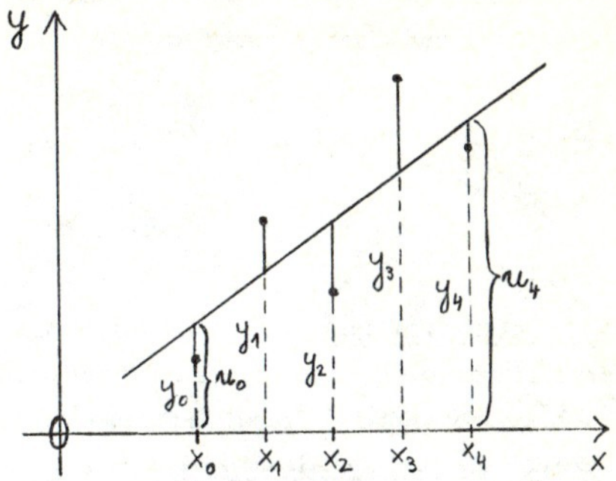

Fig. 22. Approximation im Sinne der kleinsten Fehlerquadrate

$$(33.32)\qquad e_1 = \frac{(1,1,\dots,1,1)}{\sqrt{n+1}}\ , \qquad e_2 = \sqrt{\frac{3}{n(n+1)(n+2)}}\,(-n,-n+2,\dots,n-2,n)$$

zwei NO-Elemente, wobei man $||e_1|| = 1, (e_1,e_2) = 0$ sofort erkennt und $||e_2|| = 1$ mit Hilfe der Formeln (I.2.5) und (I.2.8) leicht nachrechnet. Offensichtlich beschreiben jetzt die Elemente des Untervektorraumes

$$U \equiv \mathcal{L}\{e_1,e_2\} = \overline{\mathcal{L}\{e_1,e_2\}} \subseteq \mathbb{R}^{n+1}$$

alle auf einer Geraden liegenden Funktionswerte. Bestimmt man daher die beste Approximation $u = (u_o,\dots,u_n) \in U$ an $y = (y_o,\dots,y_n) \in \mathbb{R}^{n+1}$, so bildet

$$||y-u||^2 = \sum_{\nu=o}^{n} (y_\nu - u_\nu)^2$$

das gesuchte Minimum von (33.31). Die beste Approximation selbst erhält man als FOURIERsumme

$$(33.33)\qquad u = (y,e_1)e_1 + (y,e_2)e_2\quad ,$$

deren Koordinaten man mit (33.32) berechnet:

$$(33.34)\qquad u_\mu = \frac{1}{n+1}\sum_{\nu=o}^{n} y_\nu + \frac{3(2\mu-n)}{n(n+1)(n+2)}\sum_{\nu=o}^{n}(2\nu-n)y_\nu\ ,\qquad \mu = 0,\dots,n\ .$$

Um die Gerade mit den Funktionswerten $u_o,\dots,u_n$ in ein gegebenes Diagramm einzeichnen zu können, genügt die Berechnung der Randwerte (Fig. 22)

$$(33.35) \qquad u_{o,n} = \frac{1}{n+1}\left\{\sum_{\nu=o}^{n} y_\nu \mp \frac{3}{n+2}\sum_{\nu=o}^{n}(2\nu-n)y_\nu\right\} .$$

Wir wollen uns jetzt den PraeHILBERT- und HILBERTräumen mit Basis zuwenden:

Definition 33.4. Endlich viele Orthogonalelemente $u_1,u_2,\dots,u_n$ eines natürlichdimensionalen bzw. eine Orthogonalfolge $u_1,u_2,u_3,\dots$ eines unendlichdimensionalen PraeHILBERTraumes mit Basischarakter bezeichnet man jeweils als Orthogonalbasis oder kurz O-Basis.

Definition 33.5. Endlich viele normierte Orthogonalelemente $e_1,e_2,\dots$ e_n eines natürlichdimensionalen bzw. eine normierte Orthogonalfolge $e_1,e_2,$ $e_3,\dots$ eines unendlichdimensionalen PraeHILBERTraumes mit Basischarakter bezeichnet man jeweils als normierte Orthogonalbasis, Orthonormalbasis oder kurz NO-Basis.

Anschließend formulieren wir insgesamt vier Kriterien für den Basischarakter einer vorgelegten NO-Folge. Von diesen gelten die ersten drei in PraeHILBERT-, das letzte in HILBERTräumen. Das erste Kriterium schlägt zugleich die Brücke zu unserer zweiten Anwendung, der Orthogonalentwicklung in PraeHILBERTräumen:

Satz 33.10. In einem unendlichdimensionalen PraeHILBERTraum V über $\mathbb{K}$ bildet eine NO-Folge $e_1,e_2,e_3,\dots \in V$ genau dann eine NO-Basis, wenn jedes Element des Raumes in eine FOURIERreihe entwickelt werden kann:

$$(33.36) \qquad u = \sum_{i=1}^{\infty} (u,e_i)e_i \quad , \quad u \in V .$$

Beweis. N o t w e n d i g k e i t . Aus der Basiseigenschaft einer NO-Folge folgt für jedes $u \in V$ eine Darstellung

$$(33.37) \qquad u = \sum_{i=1}^{\infty} \lambda_i e_i \quad , \quad \lambda_1,\lambda_2,\lambda_3,\dots \in \mathbb{K} .$$

Gliedweise Multiplikation mit e_k, $k = 1,2,3,\dots$, von rechts, die nach Lemma 33.1 erlaubt ist, ergibt

$$(u,e_k) = \sum_{i=1}^{\infty} (\lambda_i e_i,e_k) = \sum_{i=1}^{\infty} \lambda_i \delta_{ik} = \lambda_k \quad , \quad k = 1,2,3,\dots .$$

Durch Einsetzen in (33.37) folgt die FOURIERreihe (33.36). –

H i n l ä n g l i c h k e i t . Da nach Voraussetzung jedes $u \in V$ die Darstellung (33.36) besitzt, braucht nur gezeigt zu werden, daß

$$(33.38) \qquad \sum_{i=1}^{\infty} \lambda_i e_i = 0 \quad , \qquad \lambda_1, \lambda_2, \lambda_3, \ldots \in \mathbb{K} \quad ,$$

nur für $\lambda_1 = \lambda_2 = \lambda_3 = \ldots = 0$ möglich ist. Tatsächlich folgt dies auf Grund von Lemma 33.1 durch gliedweise Multiplikation von (33.38) mit e_k, $k = 1,2,3,\ldots$, von rechts.

Satz 33.11. In einem unendlichdimensionalen PraeHILBERTraum V über $\mathbb{K}$ bildet eine NO-Folge $e_1, e_2, e_3, \ldots \in V$ genau dann eine NO-Basis, wenn die PARSEVALsche [1] Gleichung [2]

$$(33.39) \qquad \sum_{i=1}^{\infty} |(u,e_i)|^2 = ||u||^2 \quad , \qquad u \in V \quad ,$$

erfüllt ist.

Beweis. N o t w e n d i g k e i t . Bildet $e_1, e_2, e_3, \ldots \in V$ eine NO-Basis, so folgt (33.39) unter Benutzung von Satz 33.10 durch Grenzübergang $n \to \infty$ in (33.20). – H i n l ä n g l i c h k e i t . Erfüllt eine NO-Folge $e_1, e_2, e_3, \ldots \in V$ die Bedingung (33.39), so gibt es nach Wahl eines festen, aber beliebigen $u \in V$ zu jedem $\varepsilon > 0$ ein natürliches N gemäß

$$\left| ||u||^2 - \sum_{i=1}^{n} |(u,e_i)|^2 \right| < \varepsilon^2 \quad , \qquad n \geqq N \quad .$$

Aus (33.20) folgt, daß hier die (äußeren) Betragsstriche entfallen können, sowie

$$\left|\left| \sum_{i=1}^{n} (u,e_i)e_i - u \right|\right| = \sqrt{||u||^2 - \sum_{i=1}^{n} |(u,e_i)|^2} < \varepsilon \quad , \qquad n \geqq N \; .$$

Damit gilt die Orthogonalentwicklung

$$u = \sum_{i=1}^{\infty} (u,e_i)e_i \quad ,$$

und $e_1, e_2, e_3, \ldots \in V$ bildet nach Satz 33.10 eine NO-Basis.

---

1) Marc-Antoine PARSEVAL-DESCHÊNES (um 1760 - 1836), Mathematiker, Geograph und Liebhaberpoet, lebte zuletzt in Paris. Er hinterließ ein Buch "Histoire du calcul intégral". Die nach ihm benannte Gleichung hat er im Jahre 1799 formal hergeleitet.

2) Andere Bezeichnungen: "Vollständigkeitsrelation", "Abgeschlossenheitsrelation".

Satz 33.12 (erster STEKLOWscher [1] Satz). In einem unendlichdimensionalen PraeHILBERTraum V über IK bildet eine NO-Folge $e_1, e_2, e_3, \ldots \in V$ genau dann eine NO-Basis, wenn ihre lineare Hülle dicht in V liegt, d.h. wenn gilt

$$(33.40) \qquad \overline{\mathcal{L}\{e_1, e_2, e_3, \ldots\}} = V .$$

Beweis. N o t w e n d i g k e i t . Sei $e_1, e_2, e_3, \ldots \in V$ eine NO-Basis, so besitzt jedes Element aus V eine FOURIERentwicklung, ist also das Grenzelement der zu $\mathcal{L}\{e_1, e_2, e_3, \ldots\}$ gehörenden Partialsummen dieser Entwicklung. – H i n l ä n g l i c h k e i t . Sei $e_1, e_2, e_3, \ldots \in V$ eine NO-Folge mit der Eigenschaft (33.40), so läßt sich jedes $u \in V$ nach Satz 33.7 in eine FOURIERreihe bezüglich dieser NO-Folge entwickeln, und Satz 33.10 liefert den Basischarakter der Folge.

Satz 33.13 (zweiter STEKLOWscher Satz). In einem unendlichdimensionalen HILBERTraum V über IK bildet eine NO-Folge $e_1, e_2, e_3, \ldots \in V$ genau dann eine NO-Basis, wenn nur das Nullelement von V zu allen $e_1, e_2, e_3, \ldots$ orthogonal ist.

Beweis. N o t w e n d i g k e i t [2]. Sei $e_1, e_2, e_3, \ldots \in V$ eine NO-Basis und $u \in V$ ein Element mit der Eigenschaft $(u, e_i) = 0$, $i = 1,2,3,\ldots$, so liefert die nach Satz 33.10 mögliche FOURIERentwicklung von u sofort $u = 0$. – H i n l ä n g l i c h k e i t . Sei $e_1, e_2, e_3, \ldots \in V$ eine NO-Folge und $u \in V$ fest, aber beliebig gewählt, so wird wegen der Vollständigkeit von V und Korollar 33.4 durch

$$(33.41) \qquad v \equiv u - \sum_{i=1}^{\infty} (u, e_i) e_i$$

ein Element aus V erklärt. Nach Lemma 33.1 erlaubte gliedweise Multiplikation mit e_k, $k = 1,2,3,\ldots$, von rechts ergibt

$$(v, e_k) = (u, e_k) - \sum_{i=1}^{\infty} (u, e_i)\, \delta_{ik} = 0 \quad , \qquad k = 1,2,3,\ldots \quad ,$$

1) Wladimir Andrejewitsch STEKLOW (1864-1926) lehrte in Charkow und Leningrad und war Mitbegründer und Vizepräsident des Physikalisch-Mathematischen Instituts der Akademie der Wissenschaften der UdSSR. Er arbeitete auf den Gebieten der mathematischen Physik, der numerischen Mathematik und der Theorie der Orthonormalsysteme.

2) Zum Beweis in dieser Richtung wird die Vollständigkeit des Raumes V nicht benötigt.

so daß nach Voraussetzung $v = 0$ gelten muß. Dann aber besitzt u wegen (33.41) eine FOURIERentwicklung, und Satz 33.10 liefert die Basiseigenschaft der NO-Folge.

Beispiel 33.4. Im PraeHILBERTraum $C[0,2\pi]$ mit L^2-Norm (vgl. Beispiel 32.3) bildet

$$e_0(x) = \frac{1}{\sqrt{2\pi}} \;,\quad e_1(x) = \frac{\sin x}{\sqrt{\pi}} \;,\quad e_2(x) = \frac{\cos x}{\sqrt{\pi}} \;,$$

(33.42)

$$e_3(x) = \frac{\sin 2x}{\sqrt{\pi}} \;,\quad e_4(x) = \frac{\cos 2x}{\sqrt{\pi}} \;,\quad \ldots$$

wegen

$$\int_0^{2\pi} \cos \mu x \cos \nu x \, dx = \frac{1}{2} \int_0^{2\pi} \left\{ \cos (\mu-\nu)x + \cos (\mu+\nu)x \right\} dx = 0 \;,$$

$$\mu, \nu = 0,1,2,\ldots \;,\quad \mu \neq \nu \;,$$

$$\int_0^{2\pi} \sin \mu x \sin \nu x \, dx = \frac{1}{2} \int_0^{2\pi} \left\{ \cos (\mu-\nu)x - \cos (\mu+\nu)x \right\} dx = 0 \;,$$

$$\mu, \nu = 0,1,2,\ldots \;,\quad \mu \neq \nu \;,$$

$$\int_0^{2\pi} \cos \mu x \sin \nu x \, dx = \frac{1}{2} \int_0^{2\pi} \left\{ \sin (\mu+\nu)x - \sin (\mu-\nu)x \right\} dx = 0 \;,$$

$$\mu, \nu = 0,1,2,\ldots \;,$$

eine O-Folge; da man weiter sofort $||e_0|| = ||e_1|| = ||e_2|| = \ldots = 1$ erkennt, ist (33.42) eine NO-Folge.

Wir wählen jetzt ein Polynom $p(x)$, $x \in [0,2\pi]$, fest, aber beliebig. Dann gibt es eine eindeutig bestimmte reelle Zahl c derart, daß die Funktion $p(x) - cx$, $x \in [0,2\pi]$, für $x = 0$ und $x = 2\pi$ denselben Wert hat und daher (bei periodischer Fortsetzung in die ganze reelle Achse) nach Satz III.27.2 in eine gleichmäßig konvergente (klassische) FOURIERreihe entwickelt werden kann:

$$p(x) - cx = \frac{1}{2\pi} \int_0^{2\pi} (p(x) - cx) dx + \frac{1}{\pi} \sum_{\nu=1}^{\infty} \left\{ \int_0^{2\pi} (p(x) - cx) \cos \nu x \, dx \right\} \cos \nu x$$

$$+ \frac{1}{\pi} \sum_{\nu=0}^{\infty} \left\{ \int_0^{2\pi} (p(x) - cx) \sin \nu x \, dx \right\} \sin \nu x \;;$$

gliedweise Multiplikation mit $p(x)+cx$, die die gleichmäßige Konvergenz im Intervall $[0,2\pi]$ unberührt läßt [1], und anschließende, nach Korollar III.26.1 erlaubte gliedweise Integration liefert

$$\int_0^{2\pi}[p(x)]^2dx - \frac{8\pi^3c^2}{3} = \frac{1}{2\pi}\left\{\int_0^{2\pi}(p(x)-cx)dx\right\}\left\{\int_0^{2\pi}(p(x)+cx)dx\right\}$$

$$+\frac{1}{\pi}\sum_{\nu=1}^{\infty}\left\{\int_0^{2\pi}(p(x)-cx)\cos\nu x\,dx\right\}\left\{\int_0^{2\pi}(p(x)+cx)\cos\nu x\,dx\right\}$$

$$+\frac{1}{\pi}\sum_{\nu=1}^{\infty}\left\{\int_0^{2\pi}(p(x)-cx)\sin\nu x\,dx\right\}\left\{\int_0^{2\pi}(p(x)+cx)\sin\nu x\,dx\right\}$$

$$= \frac{1}{2\pi}\left\{\left(\int_0^{2\pi}p(x)\,dx\right)^2 - 4\pi^4c^2\right\}$$

$$+\frac{1}{\pi}\sum_{\nu=1}^{\infty}\left\{\left(\int_0^{2\pi}p(x)\cos\nu x\,dx\right)^2 - c^2\left(\left[x\,\frac{\sin\nu x}{\nu}\right]_0^{2\pi} - \int_0^{2\pi}\frac{\sin\nu x}{\nu}\,dx\right)^2\right\}$$

$$+\frac{1}{\pi}\sum_{\nu=1}^{\infty}\left\{\left(\int_0^{2\pi}p(x)\sin\nu x\,dx\right)^2 - c^2\left(\left[-x\,\frac{\cos\nu x}{\nu}\right]_0^{2\pi} + \int_0^{2\pi}\frac{\cos\nu x}{\nu}\,dx\right)^2\right\}$$

$$= \frac{1}{2\pi}\left(\int_0^{2\pi}p(x)\,dx\right)^2 - 2\pi^3c^2$$

$$+\frac{1}{\pi}\sum_{\nu=1}^{\infty}\left(\int_0^{2\pi}p(x)\cos\nu x\,dx\right)^2 + \frac{1}{\pi}\sum_{\nu=1}^{\infty}\left(\int_0^{2\pi}p(x)\sin\nu x\,dx\right)^2$$

$$- 4\pi c^2\sum_{\nu=1}^{\infty}\frac{1}{\nu^2}\;;$$

da die Reihe der reziproken natürlichen Zahlen gemäß (III.27.13) den Wert $\frac{\pi^2}{6}$ hat, folgt zusammen mit (33.42)

$$||p||^2 = (p,e_o)^2 + (p,e_2)^2 + (p,e_4)^2 + \ldots + (p,e_1)^2 + (p,e_3)^2 + \ldots$$

und damit die Gültigkeit der PARSEVALschen Gleichung für das Element $p\in C[0,2\pi]$. Ein solches Element eines PraeHILBERTraumes läßt sich aber infolge (33.20) stets in eine FOURIERreihe (im Sinne von Definition 33.3) entwickeln:

---

1) Der Leser mache sich klar, daß die gleichmäßige Konvergenz einer Funktionenfolge bzw. -reihe bei element- bzw. gliedweiser Multiplikation mit einer <u>beschränkten</u> Funktion erhalten bleibt.

(33.43) $$p = \sum_{\nu=0}^{\infty} (p,e_\nu)e_\nu \quad .$$

Wir wählen jetzt $f \in C[0,2\pi]$ fest, aber beliebig. Dann können wir nach dem WEIERSTRASSschen Approximationssatz (Satz 9.1) zu $\varepsilon > 0$ ein Polynom $p \in C[0,2\pi]$ mit

$$|f(x) - p(x)| < \frac{\varepsilon}{2\sqrt{2\pi}} \quad , \qquad x \in [0,2\pi] \quad ,$$

angeben. Es folgt

$$||f - p|| = \sqrt{\int_0^{2\pi} [f(x) - p(x)]^2 dx} < \sqrt{\int_0^{2\pi} \frac{\varepsilon^2}{8\pi} dx} = \frac{\varepsilon}{2} \quad .$$

Da p eine FOURIERreihe (33.43) besitzt, gibt es ein $q \in \mathcal{L}\{e_o,e_1,e_2,\dots\}$ mit der Eigenschaft

$$||p - q|| < \frac{\varepsilon}{2} \quad .$$

Nunmehr wird

$$||f - q|| = ||(f - p) + (p - q)|| \leqq ||f - p|| + ||f - q|| < \frac{\varepsilon}{2} + \frac{\varepsilon}{2} = \varepsilon \quad ,$$

und dies bedeutet $f \in \overline{\mathcal{L}\{e_o,e_1,e_2,\dots\}}$. Wegen der Willkür von $f \in C[0,2\pi]$ ist damit

$$\overline{\mathcal{L}\{e_o,e_1,e_2,\dots\}} = C[0,2\pi]$$

gezeigt, und (33.42) bildet nach dem ersten STEKLOWschen Satz eine NO-Basis für den PraeHILBERTraum $C[0,2\pi]$ mit L^2-Norm. Insbesondere gilt dann nach Satz 33.10 die FOURIERentwicklung

(33.44) $$f = \sum_{\nu=0}^{\infty} (f,e_\nu)e_\nu \quad , \qquad f \in C[0,2\pi] \quad .$$

<u>Bemerkung.</u> Trotz formaler Übereinstimmung von (33.44) mit der klassischen FOURIERreihe (III.27.7) und (III.27.8) besteht ein grundlegender Unterschied in den Aussagen: Hier gilt die auf der L^2-Norm beruhende Konvergenz im Mittel, dort die der T-Norm entsprechende gleichmäßige Konvergenz (wegen der Beziehungen dieser Konvergenzbegriffe zueinander vgl. § 5). Man beachte in diesem Zusammenhang auch die unterschiedlichen Voraussetzungen an die zu entwickelnden Funktionen.

Beispiel 33.5. Im HILBERTraum l^2 (vgl. Beispiel 32.4) bildet

$$(33.45) \qquad e_i = (\delta_{i1}, \delta_{i2}, \delta_{i3}, \dots) \in l^2 \quad , \qquad i = 1,2,3,\dots \quad ,$$

offensichtlich eine NO-Folge. Wir wollen den in Beispiel 30.2 bereits festgestellten Basischarakter dieser Folge jetzt noch einmal auf einem wesentlich kürzeren Wege bestätigen. Sei also

$$x = (x_1, x_2, x_3, \dots) \in l^2$$

ein zu allen $e_1, e_2, e_3, \dots$ orthogonales Element, so folgt sofort

$$(x, e_i) = \sum_{k=1}^{\infty} x_k \delta_{ik} = x_i = 0 \quad , \qquad i = 1,2,3,\dots \quad ,$$

und damit $x = 0$. Dann ist (33.45) nach dem zweiten STEKLOWschen Satz eine NO-Basis.

Wir schließen mit einer dritten, theoretischen Anwendung:

Satz 33.14. Ein unendlichdimensionaler PraeHILBERTraum besitzt genau dann eine Basis, wenn er separabel ist.

Beweis. N o t w e n d i g k e i t folgt sofort aus Satz 31.5. – H i n l ä n g l i c h k e i t . Es bedeute $u_1, u_2, u_3, \dots$ eine im PraeHILBERTraum V dicht liegende Folge. Aus dieser Folge streichen wir sukzessive alle diejenigen Elemente heraus, die zusammen mit den (von der Streichung nicht betroffenen) vorausgehenden Elementen linear abhängig sind. Würden nun durch diesen Prozeß keine oder nur endlich viele Elemente der ursprünglichen Folge übrig bleiben, so würden alle $u_1, u_2, u_3, \dots$ einem endlichdimensionalen Untervektorraum von V, nämlich der linearen Hülle der verbleibenden Elemente, angehören. Da nun die Folge $u_1, u_2, u_3, \dots$ nach Voraussetzung in V dicht liegt, ist jedes Element aus V Berührpunkt eines endlichdimensionalen Untervektorraumes, V also selbst abgeschlossene Hülle eines endlichdimensionalen Untervektorraumes. Endlichdimensionale Untervektorräume sind aber stets abgeschlossen, so daß man den Widerspruch $\dim V < \infty$ bekommt. Somit bilden die nichtgestrichenen Elemente eine Teilfolge $u_{\nu_1}, u_{\nu_2}, u_{\nu_3}, \dots \in V$. Ferner gilt

$$(33.46) \qquad \overline{\mathcal{L}\left\{u_{\nu_1}, u_{\nu_2}, u_{\nu_3}, \dots\right\}} = V \quad ,$$

denn in jeder Umgebung eines Elementes $u \in V$ liegt ein Element der Folge $u_1, u_2, u_3, \ldots$ und damit ein Element der linearen Hülle der Teilfolge $u_{\nu_1}, u_{\nu_2}, u_{\nu_3}, \ldots$. Da nun die Teilfolge $u_{\nu_1}, u_{\nu_2}, u_{\nu_3}, \ldots$ so konstruiert wurde, daß die Elemente $u_{\nu_1}, u_{\nu_2}, \ldots, u_{\nu_n}$ für jedes natürliche n linear unabhängig sind, liefert das SCHMIDTsche Orthogonalisierungsverfahren (Satz 33.2) eine NO-Folge $e_1, e_2, e_3, \ldots \in V$ mit der Eigenschaft

$$\mathcal{L}\{u_{\nu_1}, u_{\nu_2}, u_{\nu_3}, \ldots\} = \mathcal{L}\{e_1, e_2, e_3, \ldots\} .$$

Einsetzen in (33.46) ergibt

$$\overline{\mathcal{L}\{e_1, e_2, e_3, \ldots\}} = V$$

und damit nach dem ersten STEKLOWschen Satz den Basischarakter der NO-Folge $e_1, e_2, e_3, \ldots$.

Sachverzeichnis

Huang, K.
Statistische Mechanik
Band 2: 214 S. (Bd. 69)

Huang, K.
Statistische Mechanik
Band 3: 162 S. (Bd. 70)

Hund, F.
Geschichte der physikalischen Begriffe
Etwa 400 S. (Bd. 543)

Hund, F.
Geschichte der Quantentheorie
239 S. mit Abb. (Bd. 200)

Hund, F.
Grundbegriffe der Physik
234 S. mit Abb. (Bd. 449)

Kertz, W.
Einführung in die Geophysik
Band 1: Erdkörper
232 S. mit Abb. (Bd. 275)

Kertz, W.
Einführung in die Geophysik
Band 2: Obere Atmosphäre und Magnetosphäre
210 S. mit Abb. (Bd. 535)

Libby, W. F./Johnson, F.
Altersbestimmung mit der C^{14}-Methode
205 S. mit Abb. (Bd. 403)

Lipkin, H. J.
Anwendung von Lieschen Gruppen in der Physik
177 S. mit Abb. (Bd. 163)

Luchner, K.
Aufgaben und Lösungen zur Experimentalphysik
Band 1: 158 S. mit Abb. (Bd. 155)

Luchner, K.
Aufgaben und Lösungen zur Experimentalphysik
Band 2: 150 S. mit Abb. (Bd. 156)

Luchner, K.
Aufgaben und Lösungen zur Experimentalphysik
Band 3: Etwa 200 S. (Bd. 157)

Lüscher, E.
Experimentalphysik
Band 1: Mechanik, geometrische Optik, Wärme. 1. Teil
260 S. mit Abb. (Bd. 111)

Lüscher, E.
Experimentalphysik
Band 1: Mechanik, geometrische Optik, Wärme. 2. Teil
215 S. mit Abb. (Bd. 114)

Lüscher, E.
Experimentalphysik
Band 2: Elektromagnetische Vorgänge.
336 S. mit Abb. (Bd. 115)

Lüscher, E.
Experimentalphysik
Band 3: Grundlagen zur Atomphysik. 1. Teil
177 S. mit Abb. (Bd. 116)

Lüscher, E.
Experimentalphysik
Band 3: Grundlagen zur Atomphysik. 2. Teil
160 S. mit Abb. (Bd. 117)

Lynton, E. A.
Supraleitung
205 S. mit Abb. (Bd. 74)

Mittelstaedt, P.
Klassische Mechanik
324 S. (Bd. 500)

Mittelstaedt, P.
Philosophische Probleme der modernen Physik
208 S. mit Abb. (Bd. 50)

Mitter, H.
Quantentheorie
316 S. mit Abb. (Bd. 701)

Mollwo, E./Kaule, W.
Maser und Laser
219 S. mit Abb. (Bd. 79)

Neuert, H.
Experimentalphysik für Mediziner, Zahnmediziner, Pharmazeuten und Biologen
292 S. mit Abb. (Bd. 712)

Rollnik, H.
Teilchenphysik
Band 1: 188 S. mit Abb. (Bd. 706)

Rollnik, H.
Teilchenphysik
Band 2: Innere Symmetrien der Teilchen
158 S. mit Abb. (Bd. 759)

Rose, M. E.
Relativistische Elektronentheorie
Band 1: 193 S. mit Abb. (Bd. 422)